미니멀리즘과 상대주의 공간
뉴욕5 건축과 공간 운동

미니멀리즘과 상대주의 공간: 뉴욕5 건축과 공간 운동

1999년 1월 5일 | 초판 1쇄 발행
2011년 4월 15일 | 초판 8쇄 발행

지은이 | 임석재
발행인 | 전재국

발행처   (주)시공사
출판등록   1989년 5월 10일(제 3-248호)

주소 | 서울특별시 서초구 서초동 1628-1(우편번호 137-879)
전화 | 편집 (02) 2046-2843   영업 (02) 2046-2800
팩스 | 편집 (02) 585-1755   영업 (02) 588-0835
홈페이지   www.sigongart.com

이 책에 사용된 예술작품 중 일부는
IKA를 통해 ADAGP, ARS, BILD-KUNST, VAGA와의
저작권 계약을 통한 것입니다. 저작권법에 의해
한국 내에서 보호를 받는 저작물이므로 무단 전재 및
복제를 금합니다.

ISBN 978-89-7259-516-8 93540

파본이나 잘못된 책은 구입하신 서점에서 교환해 드립니다.

미니멀리즘과 상대주의 공간

뉴욕5 건축과 공간 운동

임석재 지음

시공사

서문

21세기 혹은 세 번째 밀레니엄을 앞두고 있는 현재, 세계는 점점 하나로 좁아지고 있는 가운데에서도 동시에 지역 단위의 전통을 지키려는 두 가지 상황이 함께 벌어지고 있다. 이런 가운데 모더니즘의 영원한 숙제 가운데 하나였던 세계적 보편성과 지역적 전통성 사이의 조화로운 통합과 적절한 견제는 더욱더 중요한 문제로 떠오르고 있다. 이것을 위해 가장 기본적으로 필요한 일은 물론 우리의 전통성을 확고히 찾는 작업이 되어야 할 것이다. 그러나 이것만으로는 부족하다. 왜냐하면 문화에는 동시대성(同時代性)이라는 중요한 문제가 있기 때문이다. 동시대성의 기준을 수용하지 못한 전통 회귀 노력은 유구(遺構) 복원의 입장에는 해당이 될 수 있겠지만 현재의 문화를 운용한다는 현실적 입장과는 늘 상치되는 상태로 남아 있을 수밖에 없게 된다.

20세기 모더니즘 건축이 우리에게 수입된지도 짧게는 50년, 길게는 100년의 세월이 흘렀다. 이제 모더니즘 건축을 서양 것이라 하여 우리 것과 대칭되는 개념으로 이해하는 것은 지나친 국수적 입장이 되어가고 있다. 애국심에 기초하여 서양 문화를 선별하고 배척한다는 것이 현재 이 시점에서 얼마나 무의미한가를 한 번 생각해보자. 우리는 우리 것을 지켜야 한다고 말만 할뿐 우리 것을 직접 우리 손으로 너무도 많이 손상시켰다. 이와 동시에 서양 문화를 배척하려는 민족주의적 분위기가 강한 것 같지만 실상은 서양 문화를 맹목적으로 수용하는 경향이 팽배해 있다. 이러한 자기 모순적 현상에 대한 이유에는 여러 가지가 있을 수 있지만 그 가운데 하나로 나는 서양의 근현대 건축에 대한 우리의 낮은 이해도를 들고 싶다.

이같은 낮은 이해도는 서양 근현대 건축에 대한 낮은 변별력으로 나타났다. 이런 가운데 우리에게도 서양 근현대 건축을 운용해야하는 현실적 상황은 엄존해 있다. 이런 상황들이 얽히면서 우리의 근현대 건축은 우리 것도 아니고 그렇다고 올바른 서양 것도 아닌 잘못된 방향으로 진행되어 왔다. 결국 서양 근현대 건축에 대한 낮은 이해도는 동시대성에 대한 낮은 이해도로 결론지어지는 상황이 형성되었다. 명분론적으로나 이상론적으로는 인정하기 어려운 일이겠지만 서양 근현대 건축이 우리에게 동시대성의 의미를 갖는 상황은 부정하기 어려운 현실이 되어 버렸다. 좀더 엄밀히 얘기하자면 1980년대 이후의 현대 건축에서는 서양과 동양 간의 지역 구분이 무의미해져 버린 것이 사실이다.

물론 이때 우리가 어느 정도까지 현대건축 이론을 서양과 동일하게 이해하고 운용해야 하는지에 대한 기준을 결정해야 하는 문제는 중요한 과제로 남아 있다. 그러나 여전히 한 가지 확실한 사실은 그러한 기준이 무엇이 되든 간에 세계의 동시대적 건축 상황에 대한 우리의 이해는 아직 너무 낮다는 것이다. 세계의 동시대적 상황에 대한 우리의 학문적 혹은 창작적 자생력은 매우 열악한 수준에 머물고 있다. 그렇기 때문에 서양 현대 이론을 지나치게 모방하는 상황이 되풀이되고 있고 이와 동시에 여기에 대한 보상 심리로 서양 건축을 무조건 경원시하는 이중적 상황이 되풀이 되고 있는 것이다. 이런 모든 상황들은 결국 이 시대에 맞는 우리만의 건축 모델을 찾는 데 방해 요소로 작용하고 있다. 이렇다 보니 이 시대에 맞는 우리의 건축 모델을 과거 양식의 유구적 복원으로 정의하려는 극단적 입장이 국수주의적 분위기를 타고 옳은 것처럼 유행하고 있다. 우리 것을 잘 지켜내고 우리만의 근대성을 정의해내기 위해서만이라도 동시대적 건축 상황에 대한 좀더 깊은 이해가 요구되고 있는 것이다. 왜냐하면 문화는 가장 이상적인 것처럼 보이지만 사실은 단 한 순간도 현실적이지 않은 때가 없기 때문이다.

위와 같은 배경 아래 나는 서양 근현대 건축사 및 이론에 대한 연구를 평생의 작업으로 정하고 총 25권 시리즈의 연구서를 기획하였다. 이 시리즈는 1890년에서 제2차 세계 대전까지의 서양 근대 건축이 17권, 그리고 2차 대전 이후의 서양 현대 건축이 8권으로 구성되어 있다. 이 가운데 지난 5-6년 간 연구의 결과로 근대 편 네 권이 이미 발간되어 있다. 지난 1995년에는 '추상과 감흥: 비엔나 아르누보 건축 I, II'가, 1997년에는 '장식과 구조 미학: 불어권 아르누보 건축 I, II'가 각각 출판되었다. 그리고 순서를 바꾸어 현대 편 여덟 권에 대한 연구를 시작하여 이번에 그 중 두 권을 다시 출판하게 되었다. 현대 편은 형태, 공간, 네오-모던, 해체, 팝, 테크놀로지, 역사와 고전, 도시와 자연 등 총 여덟 개의 주제로 구성되어 있다. 이 가운데 첫 두 개의 주제인 '형태주의 건

축 운동: 형태와 조형 의지'와 '미니멀리즘과 상대주의 공간: 뉴욕5 건축과 공간 운동' 편이 이번에 출판되었다. 이 책은 이 가운데 두 번째 주제인 공간 운동에 관한 내용을 다루고 있다.

공간은 형태와 함께 건축을 있게 하는 1차적 매개이다. 건축가들 중에서 한 번쯤 공간 문제에 대해 생각해보지 않은 사람이 없을 정도로 공간은 건축이 존재하는 그 순간부터 함께 존재하게 되는 당연 요소이다. 이런 면에서 건축의 역사는 공간의 역사이기도 했다. 이런 가운데 현대 건축에서 공간 운동은 특히 다양하면서도 진지하게 진행되었다. 현대 건축에서 공간 운동은 조형 예술성, 존재적 고민, 환경 요소, 기술 경제적 요소, 사회적 요소 등과 같은 포괄적 시대 고민들을 담아낸 복합 운동이었다. 공간 운동은 이처럼 현대 건축에 있어서 건축외적인 요소들과 가장 많이 연관된 중요성을 갖는다. 그럼에도 불구하고 앞의 형태주의 운동과 마찬가지로 그 동안 현대 건축에서의 공간 운동에 대한 체계적인 연구가 없었다. 이 책은 이러한 공간 운동에 대한 최초의 본격적인 연구서라는 의미를 갖는다. 25권 시리즈 전체의 집필 순서로 볼 때 현대 편의 나머지 6권을 먼저 집필한 후 다시 근대 편으로 돌아갈 것이다.

그동안 나의 연구 작업에 대해서 격려와 비판의 말들이 함께 있었다는 사실을 나는 잘 알고 있다. 일부 지인들께서는 직접 나에게 많은 충고와 조언을 해주시기도 하였다. 특히 비판의 말들 중에는 내가 하는 작업이 서양 건축을 무조건 좇자는 사대주의적 발상이 아니냐는 내용도 있었다. 그러나 위에 밝힌 바와 같이 현재 우리 나라의 건축계에서 서양 근현대 건축에 대한 좀더 깊이 있는 이해가 꼭 필요하다는 나의 생각에는 변함이 없다. 특히 서양 건축 이론에 관한 내용은 서양책 중 잘된 것을 골라 번역하면 되지 않겠느냐는 의견도 있었지만 이것은 잘못된 것으로 생각된다. 한 사회가 하나의 문화를 잘 꾸려나가기 위해서는 그 내용에 대한 학문적 자생력이 필수 조건 가운데 하나이다. 정보 차원에서 번역 작업은 물론 필요하다. 그러나 동시에 학문적 자생력 차원에서는 연구 작업도 꼭 필요한 것이다. 한국 사람이 서양 건축사와 이론을 독립적으로 연구하여 한국말로 집필된 연구서를 출판하는 일은 적지 않은 의미를 갖는다고 생각한다. 내 개인적으로는 내가 하는 연구 작업을 해외로 번역하여 수출할 계획을 가지고 있다. 그리고 그 과정에서 나의 연구가 서양에서도 인정되어 받아들여지기를 희망하고 있다.

　이번 책은 현존하는 많은 현대 건축가들의 작품을 선별하여 분석해야 하는 방대한 작업이었다. 그만큼 힘도 들고 경제적 부담도 있었지만, 또 그만큼 흥미진진한 작업이기도 하였다. 한 가지 안타까운 점은 이번 책부터 도판들에 대한 저작권료를 저자가 직접 지불해야 되기 때문에 인용된 도판의 수가 많이 줄었다는 점이다. 그동안 나의 책이 지닌 큰 장점 가운데 하나가 풍부한 도판이었던 점을 생각해볼 때 이런 상황 변화는 독자들에게도 바람직하지 않은 방향으로 작용할 것이다. 그러나 이런 상황 아래에서도 가능한 한 풍부한 도판을 싣도록 노력할 것을 약속 드린다. 혹시 부족한 도판들은 강연 등과 같은 다른 기회를 통해서 소개할 것도 아울러 약속 드린다.

　옆에서 나의 작업을 지켜보며 힘들고 외로울 때마다 격려와 꾸짖음을 아끼지 않은 지인들께 감사 드린다. 주말마다 집필 작업으로 바쁜 나를 이해하고 용서해준 식구들에게도 감사 드린다. 아직도 육필 원고를 고집하는 나를 도와 입력 작업을 해준 학생들에게도 감사 드린다. 마지막으로 졸고를 출판해주신 시공사 전재국 사장님 및 실무 작업에 도움을 주신 한국미술연구소 직원들께 감사 드린다.

1998년 9월 임 석 재

차례

서문

I 균질 공간　　　　　　　　　　　　　　　　　　　　　　11
1 형태에서 공간으로 / 11
2 모더니즘 균질 공간의 수용과 변형 / 13
3 균질 공간의 분화와 겹 공간 / 27
4 균질 공간과 네오 모더니즘(Neo-Modernism) / 35

II 미니멀리즘　　　　　　　　　　　　　　　　　　　　　43
1 미니멀리즘 공간 / 43
2 매개의 최소성과 근대적 보편성 / 52
3 미니멀리즘 건축 / 66
4 추상 공간과 구상의 흔적 / 74
5 단순성과 다양성 / 84
6 물성과 비물성 / 95
7 사각형의 한계와 공간의 확장성 / 106

III 복합 공간　　　　　　　　　　　　　　　　　　　　　117
1 단일 공간에서 복합 공간으로 / 117
2 뉴욕5(파이브) 건축 / 130
3 모서리의 확장과 모던 로코코 / 165
4 기하 충돌과 탈십자좌표 / 176
5 이쪽 공간과 저쪽 공간 / 183
6 조명과 거울 / 193

IV 상대주의 공간　　　　　　　　　　　　　　　　　　　203
1 공간의 다변성과 상대주의 공간 / 203
2 그리드와 무한반복 / 226
3 실내 광장과 후기 산업 사회 / 239
4 집 속의 집과 컨테이너 건축 / 252
5 탈(脫)포디즘과 미로 / 261
6 카오스와 무질서적 질서 / 292

참고문헌/ 309

도판목록/ 312

찾아보기/ 326

I

균질 공간

1 형태에서 공간으로

2차 대전이 끝나면서 서양 건축은 형태와 공간이라는 상반되는 주제를 동시에 떠안게 되었다. 이 두 가지 주제가 반드시 상반되는 것은 아님에도 불구하고 전쟁 후의 모더니즘 해석이라는 시대 상황하에서 이것들은 서로 상반된 입장을 견지하게 되었다. 이것은 1930년대에 서구 전역에 걸쳐 깊게 뿌리내리며 전성을 구가하기 시작한 박스형 기능주의 건물에 대한 찬반의 양 극단적 해석이 공존하게 됨을 의미했다. 박스형 건물의 단조로움을 거부하려는 자유 형태 운동 옆에는 잠시 잊혀졌던 공간 문제를 다시 거론하기 시작하는 일단의 움직임이 동시에 진행되고 있었다. 모더니즘이라는 큰 기운이 일시적으로 쇠진해가던 공백기가 끝나자 주관적 감성 운동으로 그 자리를 메우려는 경향과 모더니즘의 객관적 규범화 작업을 계속 이어가려는 경향이 공존하는 양 극단적 상황이 형성되었다. 모더니즘의 수용 문제에서 파생된 형태와 공간이라는 주제는 분명히 1940년대 후반에서 1950년대에 이르는 서양 건축을 이끈 대표적 화두였다.

    2차 대전 이후의 시대 상황을 새로운 변화가 요구되는 전환기의 개념으로 보지 않고 모더니즘 공간 모델의 연속으로 정의해내려는 경향은 기본적으로 모더니즘이 미완성이라는 시각으로부터 출발한다. 이러한 시각은 1930년대에 막 시작되었던 국제주의 양식의 융성이 2차 대전이라는 인위적 변란으로 인해 부당하게 중지된 것으로 보는 역사관을 갖는다. 그렇다고 해서 이러한 경향이 모더니즘 공간 모델의 연속을 도덕적 측면에서 주장한 것은 아니었다. 그보다는 모더니즘 공간 모델이 갖는 발전적 응용 가능성으로부터 자신들의 건축적 모티브를 찾겠다는 작품적 측면이 더 강하게 작용한 것이 사실이었다. 이들에게 있어서 1930년대의 국제주의 양식은 오랜 시간에 걸쳐 다양하게 발전해갈 모더니즘이라는 긴 여정의 시작점에 불과했다. 전쟁이 끝나면서 모더니즘 공간 모델에 대한 다양한 응용으로부터 건축적 실마리를 풀어가려는 일단의 경향이 있었으며 이러한 경향은 1960-1970년대를 거치면서 다양한 공간 창출 운동으로 발전해갔다.

2 모더니즘 균질 공간의 수용과 변형

모더니즘 공간 모델의 수용 문제를 중요한 건축적 이슈로 부각시키면서 현대 건축의 서막을 연 사람은 필립 존슨(Philip Johnson)이었다. 존슨은 1949년에 지어진 자신의 주말 주택에서 미스 반 데 로에(Mies van der Rohe)의 균질 공간을 극단화시키는 시대 역행적 충격 요법을 통해 공간 문제에 건축계의 관심을 집중시키는 데 성공하였다. 이 주택은 존슨의 글라스 하우스(Glass House)였다. 존슨의 주택은 지어지자마자 찬반의 극단적인 반응 등과 같은 많은 논쟁을 불러 일으켰다. 여기서 중요한 것은 찬반의 내용 자체는 아니었다. 찬반의 논란을 불러일으켰다는 사실이 더 중요했으며 이것은 많은 사람들이 이 문제에 관해서 지속적으로 생각과 관심을 가져왔음을 의미했다.

이후의 존슨의 행적을 볼 때 그가 아이디어가 부족해서 미스의 공간을 차용한 것은 아니었다. 시대 역행적 표절이라는 역설 자체가 존슨에게는 하나의 아이디어였다. 1949년이라는 연도는 아직 무엇인가를 새로 만들어낼 시기는 아니었다. 그보다는 사람들은 여전히 모더니즘에 대해 더 궁금해하면서도 그것이 자칫 시대에 뒤진 퇴보로 비춰질까봐 머뭇거리는 상황이 형성되어 있었다. 존슨은 이것을 정확히 읽어내고 미스 공간의 극단적 차용이라는 가장 분명한 방식으로 이 문제를 제기했다. 더욱이 존슨은 대학에서 건축을 전공한 사람이 아니다. 존슨은 하버드 대학에서 철학을 전공한 후 뉴욕 현대 미술관에서 건축 담당 디렉터로 일한 경력이 있었다. 존슨의 이런 경력은 이 건물에서 시도된 역설을 하나의 신비로운 역사 게임으로 바꾸어 놓는 데 중요한 역할을 하였다. 비평가들은 이 건물을 건축 작품이 아닌 모더니즘에 대한 역사학자의 해석이라고 말할 정도 였다. 존슨의 주택이 가치 없는 복사판이냐 아니냐 하는 논쟁은 어느새 모더니즘 공간의 변형적 수용을 추구하는 하나의 흐름으로 자연스럽게 바뀌어갔다 도 1.

존슨의 주택은 미스의 균질 공간에 대한 수용과 변형이라는 두 가지 관점에서 이해될 수 있다. 존슨 주택의 실내에서는 목욕 시설을 담는

도 1
필립 존슨(Philip Johnson),
글라스 하우스(Glass House),
뉴 캐나안(New Canaan),
코네티컷, 1949

원통형 코아(core)만을 제외하고는 내벽이 모두 사라지고 없다. 또한 외벽도 메탈 프레임(metal frame)의 사용을 최소한도로 줄이고 전면 유리로 처리되어 있다. 미스에게 남아 있던 실내 구획과 메탈 프레임을 없앤 존슨의 이러한 처리는 이후 미니멀리즘(minimalism)공간의 출현을 예고하는 중요한 전환점을 이룬다. 존슨은 목욕하는 모습을 제외하고는 다른 어떤 생활 행태도 가리지 않겠다는 균질 공간의 극단화를 통해 미니멀리즘적 공간관의 기초를 제공하였다. 이와 동시에 존슨의 주택에서는 미스의 균질 공간에 대한 변형도 함께 시도되고 있는데 그 내용은 세 가지로 요약될 수 있다도 2.

첫째는, 구상 요소의 등장이다. 존슨의 주택은 실내를 구획하는 내벽을 갖지 않기 때문에 가구가 실내 영역을 상징적으로 대표하는 기능을 갖게 된다. 예를 들면 카펫은 거실 영역을, 그리고 침대는 침실 영역을 각각 상징적으로 구획하고 있다. 이러한 가구들은 일상적 조형 흔적이라는 의미에서 건축에서의 구상 요소 중 하나로 이해될 수 있다. 미니멀리즘이라는 극단적 추상 공간에 구상 요소가 수반될 수밖에 없는 상황은 생활 행태를 담아내야 하는 건축이라는 장르만이 갖는 이율배반적 특

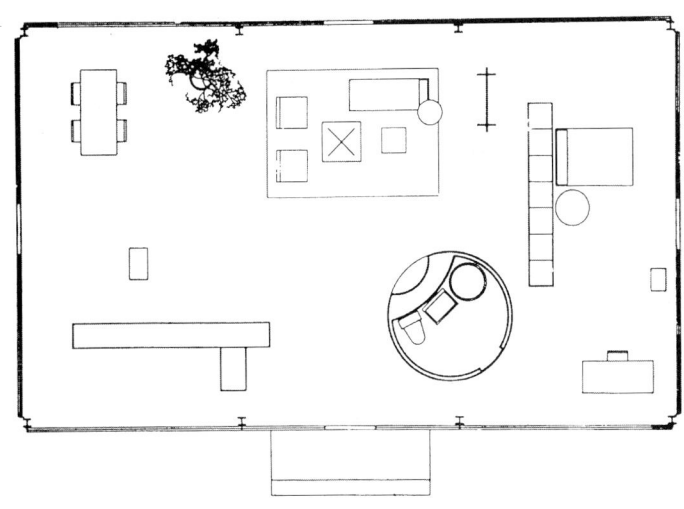

도 2
필립 존슨(Philip Johnson),
글라스 하우스(Glass House),
뉴 캐나안(New Canaan),
코네티컷, 1949

성일 수 있다. 구상 요소를 지우려 했던 균질 공간의 극대화가 결국에는 구상 요소의 등장을 초래하게 되는 상황이 벌어진 것이다. 존슨의 주택에서는 추상과 구상이라는 상반되는 요소가 공존할 수밖에 없는 '모더니즘 이후'라는 시대적 고민이 직설적으로 표현되고 있다. 이러한 고민은 이후 현대 건축, 더 넓게는 현대 조형 예술 전반에 걸쳐 계속 반복되는 현상이기도 한 것이다.

둘째는, 코아 처리에 나타난 기하 형태의 도입이다. 미스의 균질 공간을 구획하는 벽은 면으로 나타나는 일반적인 벽이었던데 반해 존슨은 이러한 벽들을 없앰과 동시에 원통형이라는 기하 형태를 하나의 공간 단위로 도입하고 있다. 미스는 벽으로 구획되는 공간들 사이의 관계적 법칙에 의해 건물을 구성하려던 추상 공간관을 추구하였다. 존슨은 이러한 미스의 공간관을 단일 공간 및 그 속에 담긴 단순 기하 형태라는 변형된 조형관으로 대체하고 있다. 존슨의 주택에 나타난 단일 공간과 기하 형태라는 주제 역시 현대 건축 전반에 걸쳐 반복적으로 시도되는 주제이다. 존슨 개인으로 보더라도 이 주택을 끝으로 더이상 공간에 대한 고민은 하지 않는 대신 형태주의 편에서 소개한 바와 같은 형태주의에 대한 고민으로 1950년대를 보내게 된다. 이 주택에 나타난 단순 기하 형태는 이후의 존슨의 변신을 예고하는 단서로 이해될 수 있다.

셋째는, 건물의 외벽이 실내의 공간 단위를 담는 하나의 총체적 물리체(holistic body)로 인식되는 점이다. 미스는 구조 프레임을 구성하는 디테일 처리를 노출시켜 외벽의 가장 중요한 조형 요소로 활용하고 있다. 이 때문에 미스의 건물에서는 외벽 자체보다는 외벽을 구성하는 메탈(metal) 부재들에 가해진 섬세한 디테일 처리에 의해 건물의 인상이 결정된다 도 3. 이에 반해 존슨의 건물에서는 메탈 부재의 사용이 훨씬 줄어든 대신 전면 유리를 통해 들여다 보이는 실내 공간이 그대로 건물의 총체적 이미지로 인식되고 있다. 이러한 처리는 밤에 조명을 밝힐 경우 더욱 두드러져서 하나의 조형 공간 단위가 그대로 건물을 구성하는 생생한 총체적 이미지로 보여지게 된다. 건물의 조형성을 구조 프레임의 구성 방식에 대한 해독이 아닌 하나의 총체적 이미지로부터 결정하려는 이러한 시도는 현대 건축에서의 형태주의 및 공간 운동 양쪽 모두의 발전과 깊은 관계를 갖는 새로운 개념이다.

공간이라는 주제와 관련되어 존슨의 주택에서 제기된 이와 같은 해석 내용들은 이후의 현대 건축 전개 방향에 대한 중요한 출발점이 되었다. 존슨의 주택이 선보인 이후에 그 영향을 받아 동일한 주제를 다룬 일련의 건물들이 최근까지도 꾸준히 지어지고 있다. 프란첸(Franzen)은 1950-1960년대 전환기 건축의 고민을 모더니즘 공간에 대한 재해석 문제로 접근한 대표적 건축가 가운데 한 명이었다. 프란첸의 프란첸 하우스(Franzen House)는 이러한 경향을 잘 보여주는 예이다. 이 주택에서는 존슨의 영향을 받은 균질 공간 모델의 변형 시도가 중요한 부분을 차지하고 있다. 프란첸은 존슨의 공간 개념에서 한 발 더 나아가 지붕을 돌출시키거나 건물 본체에서 분리시키고 불투명 벽체를 도입하여 공간을 막고 분할하는 등의 다양성을 시도하고 있다. 이러한 프란첸의 시도는 균질 공간이 외벽의 투명도, 내부 분할, 지붕의 조작 등에 의해서 분화될 수 있음을 예시한 중요성을 갖는

도 3
미스 반 데 로에(Mies van der Rohe), 일리노이 공과대학 화학관 (Chemistry Building, IIT), 시카고, 1945

도 4
울리히 프란첸(Ulrich Franzen),
프란첸 하우스(Franzen House),
웨스트체스터 카운티(Westchester Co-unty), 뉴욕 주, 1956

도 5
조지 넬슨(George Nelson),
커크패트릭 하우스(Kirkpatrick House), 캘러머주(Kalamazoo),
미시간, 1958

다도 4.

넬슨(Nelson)도 위의 프란첸의 예와 같은 균질 공간의 다양화를 시도하고 있다. 그러나 이것을 위하여 넬슨이 구사하는 매스 변화 기법은 프란첸의 그것과는 다른 개념을 보여주고 있다. 넬슨의 커크패트릭 하우스(Kirkpatrick House)는 이런 내용을 잘 보여주는 예이다. 넬슨은 이 주택에서 건물의 외벽을 존슨의 주택에서와 같이 전면 유리로 처리함과 동시에 실내 공간을 복합적으로 구성함으로써 투명한 외벽을 통하여 실내 공간의 복합적 구조가 선명히 드러나도록 했다. 넬슨의 주택에서는 각 실의 배치와 계단 등과 같은 실내 공간의 수직적, 수평적 구

도 6
로버트 피츠패트릭(Robert Fitzpatrick), 피츠패트릭 하우스 (Fitzpatrick House), 요크타운(Yorktown), 뉴욕 주, 1969

성 상태가 그대로 입면의 시각 요소로 작용하고 있다. 이 같은 실내 공간의 복합적 구조는 일상 생활에서의 기능 요소들이 조형적으로 표현된 내용에 해당된다. 넬슨의 주택은 실내의 일상적 기능을 복합 공간의 구성 요소로 활용한 중요성을 갖는다 도 5.

피츠패트릭(Fitzpatrick)은 프란첸이나 넬슨과 달리 모더니즘 균질 공간을 미니멀리즘의 개념으로 해석해낸 좋은 예를 보여준다. 피츠패트릭의 피츠패트릭 하우스(Fitzpatrick House)는 이런 내용을 잘 보여주는 예이다. 피츠패트릭의 주택은 미스의 구조 미학 요소, 프란첸의 매스 변화, 넬슨의 복합 공간 투영 등과 같은 분화적 변형 요소들을 모두 생략한 채 깔끔한 윤곽과 표면을 갖는 육면체만으로 구성되어 있다. 이 육면체에서는 하나의 주택을 구성하는 데 필요한 조형적, 구조적 요소를 어느 정도까지 최소화할 수 있는가에 대한 미니멀리즘적 탐구의 흔적이 느껴지고 있다. 그 결과 피츠패트릭의 주택은 하나의 큰 기하 단위로 인식되고 있으며 여기에 빛이 작용하여 나타나는 최종 결과물로서의 실내 모습에 대한 연상 작용 정도만이 유일한 조형 요소로 쓰이고 있다 도 6.

도 7
휴 네웰 야콥슨(Hugh Hewell Jacobsen), 휴지 하우스(Huge House), 머클레인(McLean), 버지니아, 1982

지역주의(regionalism) 경향을 추구하는 미국의 주택 중에는 위에서 소개한 것과 같은 존슨의 공간 모델에 대한 응용 내용을 활용하는 하나의 흐름이 발견된다. 이러한 경향은 주로 경치가 좋은 교외에 지어지는 주택에서 많이 나타나는데 이것은 외벽의 투명면을 늘림으로써 주변 자연 환경과의 교감을 최대한 늘려보려는 의도로 이해될 수 있다. 이 경우 박공 지붕이나 데크(deck) 등과 같은 미국 교외의 지역주의 어휘들은 최소한의 잔재만 갖는 기하 단위로 환원되어 나타남으로써 균질 공간의 분위기와 조화를 이루게 된다.

야콥슨(Jacobsen)은 이러한 경향을 대표하는 건축가이다. 야콥슨의 휴지 하우스(Huge House)는 이 같은 내용을 잘 보여주는 예이다. 야콥슨은 미국 교외의 지역주의 건축을 다소 심각한 분위기의 추상 어휘로 번안하는 독특한 경향을 추구하여 왔다. 야콥슨의 주택에서는 투명한 외벽을 통하여 들여다보이는 실내 모습이 그대로 공간 요소로 활용되고 있다. 이때 실내를 구획하는 내벽을 최소화함으로써 일상 생활의 구상적 흔적을 공간의 구성 요소로 제시하고 있다. '리얼리즘적 공간관'쯤으로 불릴 수 있는 이러한 공간 개념은 미국 중산층의 일상 생활 모습으로부터 지역주의적 대표성을 정의하려는 의도로 이해된다. 또한 이러한 공간 개념은 한때 상반되는 건축적 의미를 갖는 것으로 추구되던 추상 어휘와 구상 어휘를 혼재시키려 한 점에서 통합적 건축관의 한 종류로 이해될 수 있다. 구상의 흔적을 지우려는 목적으로 추구되었던 미스의 균질 추상 공간은 야콥슨에 의해 구상의 흔적을 담는 커다란 미니멀리즘적 용기로 변형되고 있다 도 7.

1980년대 이후의 현대 건축에서는 공간의 기본 모델은 미스의 균질 공간을 여전히 차용하면서 여기에 변형적 각색을 첨가하는 경향들이 발견된다. 이 가운데 외벽 면의 투명도를 다양화하여 실내에 유입되는 빛의 양을 조절함으로써 공간 느낌에 변화를 주려는 시도는 이러한 경향의 좋은 예에 해당된다. 이러한 시도의 초창기 예는 다시 1950년대의 필립 존슨으로 거슬러 올라간다. 존슨은 1949년에 글라스 하우스를 선보인 후 1950년대에는 다양한 경향을 추구하며 변신했다. 앞 장에서 소개한 존슨의 형태주의 건축은 이 중의 한가지이다. 이런 가운데 존슨은 1956년에 지어진 크네세스 티페레스 이스라엘 유태 교회당(Kneses Tifereth Israel Synagogue)에서 글라스 하우스의 공간 모델을 반복 사용하면서 외벽 유리면의 투명도를 다양하게 처리하는 변화를 시도하고 있다. 그 결과 마치 스펙트럼에서 분산되는 듯한 광선 줄기가 실내에 불규칙하게 쏟아져 들어옴으로써 균질 공간의 밀도에 변화를 주고 있다. 이것은 르 코르뷔지에(Le Corbusier)가 롱샹(Ronchamp)교회에서 콘크리트를 이용하여 시도했던 빛의 조작을 유리를 이용하여 시도한 예에 해당된다 도 8.

이곳 유태 교회당에서 존슨은 유리면의 이곳저곳을 불투명 재료로 막는 방법을 통해 입면의 투명도를 조작하였다. 이렇게 제시된 투명도 조작 개념은 1980년대 이후에 유리의 종류 자체를 투명도와 반사 기법에 따라 다양화시킨 후 이것들을 섞어 사용하는 경향으로 발전하고 있다. 이 과정에서 외벽면의 투명도에 대한 건축적 해석의 내용에 따라 미니멀리즘, 복합 공간, 상대주의 공간 등과 같은 다양한 공간 운동들이 파생되고 있다. 이것은 외벽면의 투명도 조작에 의해 공간 모델 자체가 균질 공간에서 다른 종류의 공간으로 변화됨을 의미한다. 외벽면은 공간을 감싸는 제1 표피이기 때문에 이처럼 외벽면의 투명도 조작은 그 안

도 8
필립 존슨(Philip Johnson), 크네세스 티페레스 이스라엘 유태 교회당(Kneses Tifereth Israel Synagogue), 포트 체스터(Port Chester), 뉴욕 주, 1954-1956

에 들어있는 공간의 기본 특성 형성에 결정적 영향을 끼치게 되는 것이다. 이러한 내용들에 대해서는 앞으로 다룰 것이고 여기에서는 존슨의 경우처럼 균질 공간을 유지하면서 투명도를 조절한 예를 소개하고자 한다.

볼아게(Wohlhage)의 르네-생트니-스쿨(Renee-Sintenis-School)은 존슨의 유태 교회당의 직접적 영향을 받았음을 보여주는 예이다. 볼아게는 장방형의 균질 공간을 수평축-수직축에 따라 분화시키는 그로피우스의 구성주의적 개념으로 건물을 구성하고 있는 가운데 장방형 공간 단위의 외벽에 존슨의 예와 매우 흡사한 투명도 조작을 시도하고 있다. 볼아게는 전면 유리로 처리된 투명 외벽면에 세로 방향의 불투명 벽체를 피아노 건반 같은 모습으로 덧붙이고 있다. 이때 불투명 벽체의 폭이 넓었다 좁아지는 등 불규칙하게 처리됨으로써 실내에 형성되는 그림자의 리듬감이 증폭되고 있다. 실내에서는 태양 각도가 바뀜에 따라 띠 모양의 길고 짧은 그림자가 생동감있게 따라 변하면서 다양한 분위기를 선사하고 있다 도 9.

에를리히(Ehrlich)의 슐만 주택(Schulman Residence)에서는 균

도 9
레온 볼아게(Leon Wohlhage),
르네-생트니-스쿨(Renee-Sintenis-
School), 베를린, 독일, 1987-1994

질 공간을 기본 모델로 삼아 여기에 구상적 요소를 다소 첨가한 후 매스 분절과의 복합을 시도하는 등 1980년대적 조형 특성이 가미되는 경향이 나타나고 있다. 이런 가운데 외벽면의 투명도 조작은 이러한 조형 변화를 구체화시켜주는 중요한 기법에 해당된다. 에를리히는 벽체의 불투명 부분을 심하게 돌출된 백색 매스로 처리함으로써 뉴욕5, 특히 마이어(Meier)의 건물과 유사한 외관을 보여주고 있다. 1980년대에 접어들어 마이어의 영향이 확산되면서 마이어의 주택과 유사한 예들이 많이 발견되는데 슐만 주택도 이런 경향에 속한다고 할 수 있다. 그러나 실내 공간을 구성하는 기본 개념에 있어서 에를리히의 슐만 주택은 마이어의 복합 공간보다는 변형된 균질 공간에 더 가까운 것으로 이해된다 도 10.

이러한 내용은 에를리히의 밀러-마자레이 주택(Miller-Mazarey Residence)의 실내에 잘 보여지고 있다. 마이어의 주택과 흡사한 외관을 갖는 이 주택의 실내에서 에를리히는 투명도 조작을 위해 동양적 공간을 직접 차용함으로써 마이어의 복합 공간과는 기본적으로 다른 공간관을 제시하고 있다. 에를리히는 이 주택의 실내에서 전면 유리로 처리된 균질 공간의 외벽에 창호지로 된 겹창을 덧붙여 동양 공간의 구성 요

도 10 ▲
스티븐 에를리히(Steven Ehrlich),
슐만 주택(Schulman Residence),
브렌트우드(Brentwood),
캘리포니아, 1989-1992

도 11 ▶
스티븐 에를리히(Steven Ehrlich),
밀러-마자레이 주택(Miller-Mazarey Residence), 로스엔젤레스,
캘리포니아, 1986

소를 직접 사용하고 있다. 분할 프레임을 모두 없앤 넓은 면의 완전 투명 유리와 잘게 분할된 반투명의 창호지면이 차분한 대조를 이룸으로써 실내의 균질 공간에는 투명도 차이에 의한 최소한의 다양성이 확보되고 있다도 11.

균질 공간을 기본 공간 모델로 삼아 변형적 각색을 첨가하려는 경향 중 또 한 가지 중요한 기법으로 구조 부재를 공예적으로 처리하여 시각 요소로 활용하려는 시도를 들 수 있다. 이러한 경향은 시기적으로 보아 하이테크(High-Tech) 건축이 모습을 드러내기 시작하는 1970년대에 들어 함께 나타난다. 건축가를 보더라도 하이테크 건축가인 홉킨스(Hopkins)가 이러한 경향의 작품을 많이 남기고 있다도 12. 그러나 이러한 경향은 엄밀한 의미에서의 하이테크 건축과는 다소 차이를 보인다. 또한 하이테크 건축처럼 구조적 측면에 대한 의존도가 높다거나 부재 사용이 현란하지 않다. 또한 건물 규모에 있어서도 하이테크 건축이 가장 많이 적용되는 규모보다는 훨씬 작은 건물에 시도되고 있다. 그보다는 주택 규모의 균질 공간 모델을 기본으로 삼은 후 이것의 단조로움을 극복하려는 수단으로 구조 구성 부재의 결합 방식을 다양화하는 정도의 기교만이 더해질 뿐이다. 이것은 에를리히의 주택이 마이어의 주택

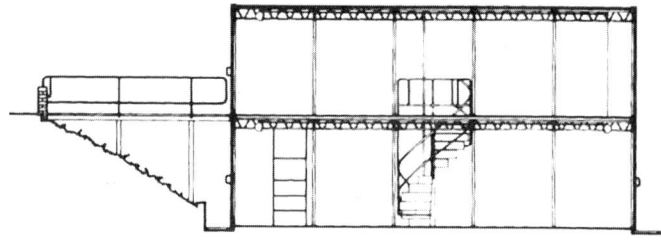

도 12
마이클 홉킨스(Michael Hopkins),
홉킨스 하우스(Hopkins House),
런던, 1977

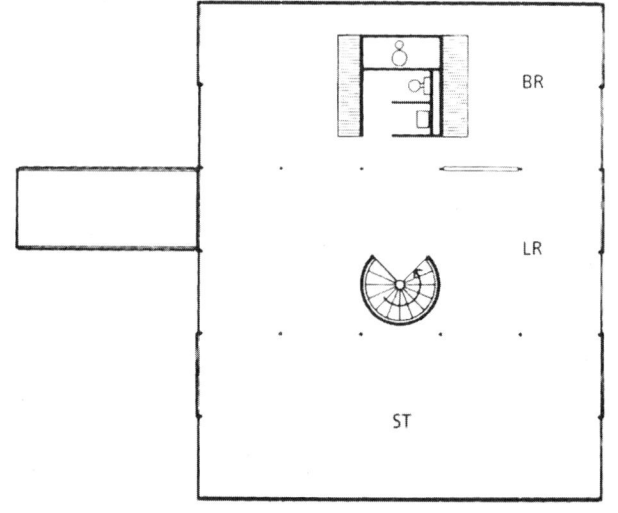

과 흡사해보이면서도 실내 공간에 있어서는 마이어의 화려한 복합 공간과는 전혀 다른 양태로 나타나는 현상과 동일 개념으로 이해될 수 있다.

　홉킨스 외에 마이어스도 역시 위와 같은 경향을 보여주고 있다. 미국에서 태어나 캐나다에서 주로 활동한 마이어스(Myers)는 1972년에 이러한 경향을 잘 보여주는 울프 하우스(Wolf House)를 설계하였다. 마이어스의 대표작이기도 한 이 주택에서는 굵기나 단면 모양 등이 다양하게 처리된 흰색의 메탈 부재들이 전면 투명 유리로 처리된 박스형 균질 공간과 잘 어우러지며 깔끔한 분위기를 만들어내고 있다. 이 주택은 균질 공간 발전사에 있어서 대표작들인 미스 반 데 로에(Mies van der Rohe)의 판스워스 하우스(Farnesworth House), 필립 존슨의 글라스 하우스, 홉킨스의 홉킨스 하우스 등을 하나로 합쳐놓은 듯한 모습으

도 13 ▲
바턴 마이어스(Barton Myers),
울프 하우스(Wolf House),
토론토(Toronto), 캐나다,
1972-1974

도 14 ▶
헬무트 슐리츠(Helmut Schulitz),
헬무트 슐리츠 하우스(Helmut
Schulitz House), 캘리포니아,
1976

로 나타난다. 파른스워스 하우스로부터는 철골의 구조적 구성력을, 글라스 하우스로부터는 유리의 투명성을, 홉킨스 하우스로부터는 구조 부재의 공예성 등을 각각 차용하여 하나로 합쳐놓은 것처럼 보인다 도 13.

슐리츠(Schulitz)의 헬무트 슐리츠 하우스(Helmut Schulitz House)에서도 마이어스의 경우와 동일한 개념의 구성 방식이 적용되고 있는 가운데 메탈 부재들이 검은색으로 처리된 차이점을 보인다. 이러한 색채 차이는 두 건물의 전체적인 인상 차이로 나타난다. 흰색으로 처리된 마이어스의 주택에서는 메탈의 밝고 경쾌한 특성이 강조된 반면 검은색을 사용한 슐리츠의 주택에서는 메탈의 산업 구조적 측면이 강조되어 보인다. 슐리츠의 주택에서는 구조 부재의 공예적 조작을 통해 산업화의 이미지가 표현되고 있는데 이러한 이미지는 이 건물의 추상적 분위기와 잘 어울리고 있다. 이 건물에서는 구상의 흔적을 지우려는 비의인화(impersonalization)의 개념으로 균질 공간이 해석되고 있으며 노출 처리된 후 검은색으로 칠해진 메탈 부재는 이러한 개념을 보강시켜주고 있다 도 14.

　　1980년대 이후 유럽에서는 목 구조가 새로이 유행하게 되는데 이러한 목 구조를 이용하여 위와 같은 경향을 시도하는 흐름이 발견되기도 한다. 목 구조와 메탈 구조는 모두 선형 부재를 이용한 접합식 구조 방식이라는 점에서 위와 같은 경향을 공유할 수 있는 가능성을 갖는다. 헤르초크(Herzog)의 슬렌더 빌딩(Slender Building)은 이러한 내용을 잘 보여주는 대표적 예에 해당된다. 헤르초그의 이 건물에서는 목재와 메탈 부재를 섞어서 만든 경쾌한 구조 방식이 투명 유리 박스를 지탱하고 있다. 목재 특유의 경량성과 메탈 부재의 선형성은 유리의 투명성과 조화를 이루며 균질 공간이 섬세하게 분할되었을 때 나타날 수 있는 색다른 모습을 창출해내고 있다 도 15.

도 15
토마스 헤르초크(Thomas Herzog),
슬렌더 빌딩(Slender Building),
베를린, 독일, 1984

3 균질 공간의 분화와 겹 공간

미스에서 존슨으로 이어지는 균질 공간은 기본적으로 단일 혹은 단겹 공간이었다. 미스의 공간에도 물론 벽체가 나타나지만 이것의 처리 내용을 볼 때 공간을 분절하여 겹 공간을 만들려는 의도보다는 추상 공간을 형성하는 데 필요한 최소한의 실내 구성 요소를 찾으려는 미니멀리즘적 의도가 더 강하게 느껴지는 것이 사실이다. 특히 벽면의 모서리 부분에 간극을 두어 느슨히 열어놓은 처리를 볼 때 더욱 그러하다. 이러한 단일 공간은 위에 살펴본 바와 같이 현대 건축이 시작되어서도 사라지지 않고 변형을 수반하며 계속 추구되었다. 어떤 면에서는 미니멀리즘 공간도 이것의 한 종류로 이해될 수 있다. 이에 반해 모더니즘 균질 공간을 단일 공간이 아닌 겹 공간으로 받아들여 발전시킨 현대 건축의 또 한 흐름이 있었다. 온화한 기후를 즐기기 위해 외부 공간을 실내 공간의 연속으로 파악하려는 건축관은 이러한 겹 공간을 추구한 대표적 경우에 해당된다. 지역적으로 보아서는 외부 공간의 필요성을 강하게 갖는 미국의 캘리포니아가 이런 경향을 대표한다. 그리고 노이트라(Neutra)는 다시 이 경우를 대표하는 건축가이다 도 16.

　　노이트라는 흔히 얘기하는 기능주의 혹은 국제주의 양식이 전성을 이루던 1930년대에 이미 미국의 캘리포니아 지방에서 활동하며 이곳을 중심으로 외부 공간을 포함하는 겹 공간에 대한 고민을 시작하였다. 노이트라의 이런 시도는 프랭크 로이드 라이트(Frank Lloyd Wright)의 영향을 강하게 받은 것으로서 기후 요소에서 파생되는 외부 영역도 공간의 구성 요소에 포함시키겠다는 새로운 공간관을 의미했다. 이것은 더 넓게 보면 국제주의 양식에 대한 미국만의 독특한 입장의 한 경우로 이해될 수 있다. 미국은 기본적으로 모더니즘에 대해 유럽 같은 종주국의 입장이 아니었다. 따라서 모더니즘 건축의 꽃이랄 수 있는 기능주의나 국제주의 양식에 대한 미국의 이해는 유럽의 경우보다 매우 피상적이었거나 아니면 적어도 유럽의 경우하고는 달랐다. 이러한 차이를 낳은 미국적 배경은 여러 가지가 있을 수 있는데 기후 요소를 중시하여 외부 영역을 실내 공간의 연장으로 보려는 '교외 이상(suburban ideal)'은 그 중의 한 가지였다. 1년 내내 옥외 활동이 가능한 온화한 기후를 자랑하는 캘리포니아 지역은 미국 내에서도 이러한 교외 이상의 개념을 가장 적극적으로 추구한 지역이었다. 라이트는 이 경향을 대표하였으며 라이트의 영향을 받은 노이트라 역시 1930년대부터 이 경향에 합류하여 1960년대까지 캘리포니아 지역에 많은 작품을 남겼다.

노이트라의 한쉬 하우스(Hansch House)는 이런 내용을 잘 보여주는 예이다. 이 주택은 위와 같은 배경하에서 처음부터 단일 육면체의 윤곽을 깨고 축을 따라 생명체가 진화하듯 분화되어가는 오가닉(organic)형태로 나타나고 있다. 이때 대지의 자연 환경과 기후 요소는 이러한 분화를 결정짓는 제1 요소로 작용하고 있다. 노이트라의 주택은 자연광의 유입과 환기를 극대화하기에 가장 적합한 양상으로 공간의 구성과 개구부의 위치 및 크기 등이 결정되고 있다. 이 과정에서 옥외 활동을 위한 외부 영역도 하나의 독립적인 공간 요소가 되었으며 내외부 공간 사이의 2분법적 구별을 뛰어넘는 상호 융통적인 겹 공간이 형성되고 있다. 실내에서 넓고 투명한 창을 통해 내다보는 옥외 공간은 별도의 영역이라기 보다는 자연스럽게 실내의 연속으로 느껴지고 있다도 17. 존슨과 넬슨의 주택에서 투명 유리를 통하여 내외부 공간 사이의 시각적 차별이 제거되었다면 노이트라의 주택에서는 내외부 공간 사이의 체험적 차별과 존재적 단절이 제거된 새로운 공간 개념이 제시되었다. 넬슨과 야콥슨의 단일 공간이 일상 생활의 모습을 조형적 구성 요소로 차용한 '구상적 리얼리즘'이라면 노이트라의 겹 공간은 생리적, 심리적으로 쾌적한 환경을 얻기 위한 포괄적 기능(super-function)의 고민에서 파생된 '바이오-리얼리즘(bio-realism)'으로 정의될 수 있다.

도 16
리처드 노이트라(Richard Neutra), 해양 메디컬 빌딩(Mariners Medical Building), 뉴 포트 비치(New Port Beach), 캘리포니아, 1963

도 17
리처드 노이트라(Richard Neutra),
한쉬 하우스(Hansch House),
시에라 마드레(Sierra Madre),
캘리포니아, 1955

형태주의 운동의 한 종류로 시작된 루돌프(Rudolph)의 새러소터 스쿨(Sarasota School) 역시 노이트라식의 겹 공간을 추구하기도 하였다. 새러소터 스쿨이 있었던 플로리다도 캘리포니아와 비슷한 기후 조건을 가지고 있었다. 루돌프의 1950년대 작품 중에는 이러한 기후를 즐기기 위해 옥외 공간을 실내 공간과의 일체적 요소로 구성하려는 의도가 드러난 예들이 많다. 루돌프의 코헨 하우스(Cohen House)는 이런 내용을 잘 보여주는 예이다. 이 주택에서도 태양을 즐기며 해바라기를 할 수 있는 옥외 공간이 건물과 분리된 마당의 개념이 아니라 건물의 일부분으로 차용되면서 겹 공간이 형성되고 있다. 그러나 이와 동시에 루돌프의 겹 공간은 노이트라의 경우처럼 축을 따라 분화되는 과정에서 생겨나기보다는 단순히 육면체 매스의 한쪽 변에 덧붙여지거나 아니면 더 큰 육면체 공간을 격자로 나눈 후 이 중 한 부분을 겹 공간으로 할당하는 차이점을 보이기도 한다. 이러한 차이점은 루돌프의 새러소터 스쿨이 갖는 형태주의적 특성에서 기인하는 것으로 이해된다 도 18.

한편 1950년대 말부터는 이러한 미국식 기능주의 공간이 유럽으

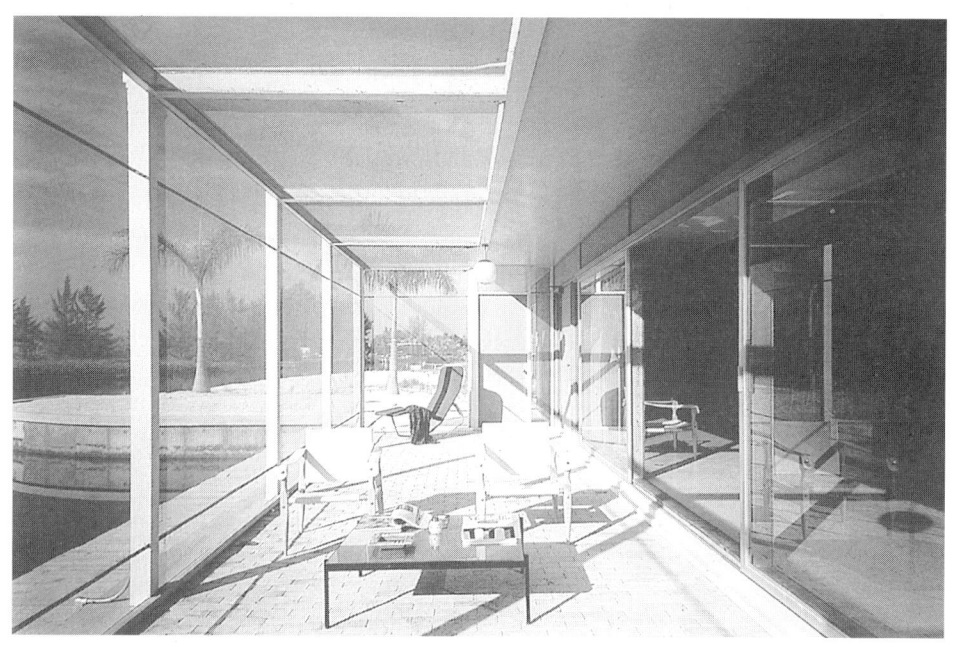

도 18
폴 루돌프(Paul Rudolph),
코헨 하우스(Cohen House),
새러소터(Sarasota), 플로리다,
1956

로 역수출되기도 한다. 노이트라는 1960년대에 스위스에 작품들을 남기면서 이러한 경향을 선도하게 된다. 오스트리아 태생이었던 노이트라는 유럽식 추상 아방가르드 공간을 버리고 미국으로 건너가 라이트의 오가닉 공간에 몰두해 있다가 그것을 가지고 유럽으로 귀환하여 유럽에 전파시키는 독특한 활동을 보여준다. 브로이어(Breuer)가 1958년에 스위스에 남긴 슈텔린 하우스(Staehelin House)도 이와 같은 범위 내에서 이해될 수 있다. 브로이어는 르 코르뷔지에의 영향 아래 콘크리트를 이용한 자유 형태 운동을 이끄는 한편으로 옥외 공간과 건물과의 일체를 통한 종합 조형 환경도 자신의 주요 건축관으로 함께 탐구하여 왔다. 슈텔린 하우스에서는 이러한 내용이 잘 보여지고 있다. 이 주택은 육면체가 십자축을 따라 분화되어 가는 과정에서 처음부터 옥외 공간의 영역이 건물의 윤곽과 함께 생각되어지고 있다. 이 과정에서 벽체를 돌출시켜 마당이 형성되고 있으며 건물 매스에 의해 둘러싸이는 중정이 만들어지고 있다. 이러한 옥외 공간들은 실내 공간의 연속으로 느껴지면서 건물 전체의 겹 공간 구도를 구성하는 하나의 독립적인 공간으로 인식된다. 실내 공간과 옥외 공간이 어우러져 형성하는 겹 공간은 단일 건물의 경우

도 19
마르셀 브로이어(Marcel Breuer),
슈텔린 하우스(Staehelin House),
펠트마일렌(Feldmeilen), 스위스,
1958

에서 보다 더 큰 범위의 조형 환경을 최종 생활 공간으로 제시하고 있다 도 19.

노이트라의 바이오-리얼리즘은 캘리포니아 지역에 큰 영향을 끼쳤는데 이것의 대표적 경우가 『예술과 건축 Arts & Architecture』이란 잡지사에서 시도한 케이스 스터디 하우스(Case Study House) 시리즈였다. 『예술과 건축』이란 1938년에서 1962년 사이에 캘리포니아 지역에서 출판된 잡지이다. 이 잡지에서는 1945년 1월부터 '전후 생활 방식에 맞는 디자인(Design for Postwar Living)'을 찾으려는 목적하에 건설 업계의 도움을 받아 케이스 스터디 하우스를 선정하여 지었다 도 20. 이 작업은 1962년까지 계속되어 총 25 채의 케이스 스터디 하우스가 지어졌는데 노이트라를 비롯하여 에임즈(Eames), 엘르우드(Ellwood), 쾨니히(Koenig)등이 대표적 건축가였다. 이들 건축가들은 케이스 스터디 하우스에서 추구한 '전후 생활 방식에 맞는 디자인'이라는 주제를 통해 '주택-실내장식-공예'에 이르는 다양한 개념들을 새롭게 제시하였다.

위와 같은 새로운 개념들 가운데 노이트라의 바이오-리얼리즘을 기초로 한 다양한 실험들은 주택 전체의 구성과 관련된 건축적 내용에 중요한 영향을 끼쳤다. 쾨니히의 케이스 스터디 하우스 #22는 이런 내용을 잘 보여주는 예이다. 이 주택에서는 노이트라의 바이오-리얼리즘을 기초로 하여 균질 공간에 대한 다양한 변형을 시도한 내용들이 나타나고 있다. 분절 프레임을 모두 없앤 큰 유리판 하나로 구획되는 내외부 공간은 이질적인 대비 요소가 아니라 겹 공간을 구성하는 두 겹의 동질적 환경 요소로 느껴지고 있다. 수경 요소의 첨가에 의해 외부 공간 자체가 겹 영역으로 구성되고 있다. 이 같은 겹 공간으로 구성되는 채 단위는 'ㄱ'자로 꺾이면서 영역의 중첩성을 높이고 있다. 1년 내내 옥외 활동이 가능한 쾌적한 기후 환경은 위와 같은 각 영역에 대한 활용도를 높여줌과 동시에 영역 간 차별성을 없앰으로써 건물 전체의 겹 공간 구도가 생활 행태와 밀접하게 일치되는 효과를 주고 있다도 21.

에임즈(Eames) 부부의 에임즈 하우스(Eames House)는 케이스 스터디 하우스 중 가장 유명한 예에 해당된다. 에임즈 하우스는 어떤 면에서는 노이트라의 바이오-리얼리즘보다는 미스의 균질 공간을 담는 글라스 박스를 기본 모델로 삼은 것으로 이해된다. 에임즈 하우스에서 시도된 새로운 공간 개념은 주로 외벽에 집중되어 나타나고 있다. 그 내용을 보면 먼저 외벽에 투명 유리 부분과 불투명 벽체 부분이 섞여 나타나면서 공간의 열린 정도를 조절하려는 시도를 들 수 있다. 그 다음으로는 외벽의 구성 요소로 잘게 나뉜 수평창과 강한 원색의 색채가 도입된 점을 들 수 있다도 22. 에임즈 하우스의 외벽에 가해진 이러한 처리는 이 건물과 같은 해에 지어진 존슨의 글라스 하우스와 비교해볼 때 분명한 차이점을 갖는다. 존슨의 글라스 하우스에서는 구상적 잔재를 포함하는 범위 내에서의 미니멀리즘적 가능성이 주요 공간 개념으로 추구되었다. 반면 에임즈 하우스에서는 외벽면에 가해지는 색채와 면 분할이라는 장식적 요소를 통해 육면체 볼륨의 분절 가능성이 암시되고 있다.

도 20
피에르 쾨니히(Pierre Koenig), 케이스 스터디 하우스 #21(Case Study House #21), 로스앤젤레스, 캘리포니아, 1958

도 21 ▲
피에르 쾨니히(Pierre Koenig), 케이스 스터디 하우스 #22(Case Study House #22), 할리우드(Hollywood), 캘리포니아, 1960

도 22 ▲▶
찰스 & 레이 에임즈(Charles & Ray Eames), 에임즈 하우스(Eames House), 퍼시픽 팰리세이데스(Pacific Palisades), 캘리포니아, 1949

도 23 ▶
요세 루이스 세르트(Jose Luis Sert), 세르트 하우스(Sert House), 케임브리지(Cambridge), 메사추세츠, 1959

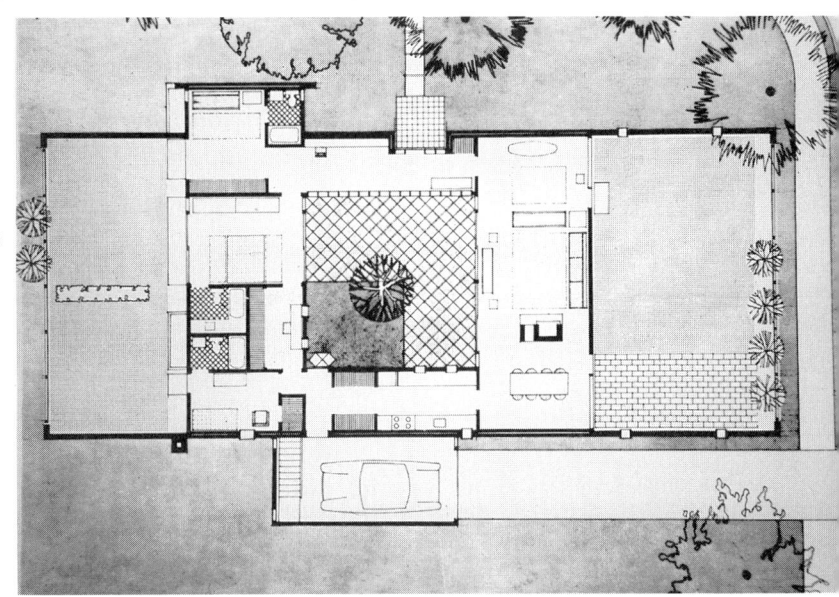

　　　　위와 같은 겹 공간은 단일 균질 공간과 함께 철골, 유리, 철근 콘크리트 등의 근대적 재료에 맞는 대표적 공간 모델로 추구되었다. 이와 같은 공간 모델이 정착되어가던 1960-1970년대를 거치면서 겹 공간은 옥외 환경과의 친화를 주요 건축관 가운데 하나로 추구하던 북미의 교외 주택에 폭넓게 퍼져나갔다. 스페인의 모더니즘을 대표하는 세르트(Sert)

가 1959년에 미국 메사추세츠 주에 세운 세르트 하우스(Sert House)는 이런 내용을 잘 보여주는 예이다. 이 주택에서는 겹 공간을 발전시켜 중정을 갖는 'ㅁ'자형 공간이 제시되고 있다. 뿐만 아니라 건물의 전면과 후면에 마당들이 각각 하나씩 첨가되면서 주택 전체적으로 보아 내외부 공간이 반복되는 다섯 겹의 겹 공간이 형성되어 있다. 이때 전면과 후면에 첨가되는 마당을 건물의 폭에 맞춘 후 양 측면에 건물 높이와 같은 담을 세움으로써 내부 공간과의 일체감을 높이고 있다 도 23.

4 균질 공간과 네오 모더니즘(Neo-Modernism)

필립 존슨이 1949년 글라스 하우스에서 던진 '균질 공간'이라는 화두는 지금까지 살펴본 바와 같이 적지 않은 관심을 끌며 1950년대에도 계속해서 중요한 건축적 주제로 탐구되었다. 이러한 경향은 현대 건축의 큰 흐름들 가운데 하나인 공간 논의가 시작됨을 알리는 시대적 중요성을 갖는다. 1950년대의 공간 논의 가운데 양식사적으로 볼 때 특히 중요한 내용으로는 '모더니즘은 끝났는가'라는 질문과 관련된 네오-모더니즘 운동이었다. 물론 1950년대의 네오-모더니즘 논쟁은 공간 문제에만 국한된 흐름은 아니었다. 뉴 부르탈리즘(New Brutalism), 구조주의(Structuralism)건축, 팀 텐(Team X)운동 등과 같은 1950년대의 주요 건축 운동들은 결과적으로 새로운 시대 상황하에서 모더니즘을 어떻게 받아들일 것인가의 문제로 고민한 운동들이었다. 그러나 다른 한편 이 시기의 네오-모더니즘 논쟁 중에는 모더니즘의 공간 모델을 건축적 모티브로 삼아 새로운 공간을 창출하려는 시도 역시 중요한 흐름으로 나타나고 있다. 이러한 시도는 아직 엄밀한 의미에서의 네오-모더니즘 양식 운동으로까지 발전하지는 못하였다. 그보다는 모더니즘 공간 모델을 지속적으로 차용하는 시기적 연속성의 중요성을 갖는 것으로 이해된다. 그 결과 이러한 시도는 1960년대 이후 미니멀리즘, 뉴욕5, 네오 데 스틸, 신 구성주의, 네오-코르뷔지안 건축 등과 같은 네오-모더니즘 운동들로 발전되어 갔다.

  모더니즘의 공간 모델을 건축적 모티브로 차용하려는 1950년대의 공간 논의는 미스의 균질 공간을 기본 단위로 삼아 르 코르뷔지에나 데 스틸의 어휘 등을 혼합하는 양상으로 나타났다. 이러한 양상은 많은 공통점과 동시에 많은 차이점을 보이며 여러 갈래로 진행되었던 1920년대의 추상 공간 모델들을 이제는 엄밀한 양식 사조별 구분없이 다양한 건축 어휘로 받아들이겠다는 입장을 의미한다. 데 스틸 건축가였던 리트벨트(Rietveld)의 말년 활동은 이것의 좋은 예에 해당된다. 테이싱 주택(Dwekking Theissing)과 같은 리트벨트의 1950-1960년대 작품들

도 24
해리 자이들러(Harry Seidler),
로즈 하우스(Rose House),
투라무라(Turramurra),
오스트레일리아, 1950

을 살펴보면 슈뢰더 하우스(Schroeder House)에서와 같은 박스 분해 경향은 완전히 사라지고 없다. 그 대신 균질 공간을 기본 단위로 삼은 후 데 스틸의 흔적이 희미하게 남아 있는 선형 프레임과 면 구성을 이용하여 약간의 조형적 조작을 가하는 경향을 보여준다. 때때로 이러한 처리에 최신 산업 재료를 접목시키려는 시도도 함께 함으로써 1920년대의 추상 공간 모델들을 1950-1960년대에는 어떻게 받아들일 것인가에 대한 고민의 내용을 보여주고 있다.

  자이들러의 초창기 건축은 미스의 균질 공간 모델에 르 코르뷔지에의 어휘를 혼합한 전형적인 예를 보여준다. 자이들러(Seidler)의 로즈 하우스(Rose House)는 이런 내용을 잘 보여주는 예이다. 자이들러는 이 주택에서 컨테이너처럼 처리된 단순 육면체를 이용하여 건물을 구성하고 있다. 이러한 단순 육면체는 미스의 균질 공간 단위에 장식적으로 사용된 강선 등의 구조 부재가 첨가됨으로써 형성되고 있다. 이렇게 처리된 균질 공간 단위는 르 코르뷔지에의 필로티(pilotis)를 이용하여 지면에서 떠워진 후 역시 르 코르뷔지에의 산책로가 출입 동선으로 삽입되면서 완성되고 있다. 또한 육면체의 벽체 구성에도 르 코르뷔지에의 수

도 25
마르셀 브로이어(Marcel Breuer),
스타키 하우스(Starkey House),
덜루스(Duluth), 미네소타, 1958

평창을 기교적으로 활용한 면 구성이 나타나고 있다 도 24.

자이들러의 스승이었던 브로이어(Breuer) 역시 위의 로즈 하우스와 흡사한 경향을 보이고 있다. 이것은 독일 근대건축의 균질 공간 단위와 르 코르뷔지에의 건축 모델이라는 두 가지 영향 요소가 브로이어를 거쳐 자이들러로 전해내려가는 한 흐름을 형성하고 있음을 보여주는 현상이다. 실제로 브로이어 자신도 그로피우스(Gropius)와 르 코르뷔지에로부터 강한 영향을 받았다. 브로이어는 이같이 자이들러의 모더니즘 공간 모델 차용 경향과 매우 흡사한 예를 1950년대에 많이 남기고 있다. 브로이어의 스타키 하우스(Starkey House)는 이런 내용을 잘 보여주는 예이다. 브로이어의 이 주택은 메탈 프레임으로 짜여진 미스의 균질 공간 단위가 사뿐히 공중에 매달린 후 동선 요소가 첨가된 처리에 있어서 자이들러의 로즈 하우스와 강한 유사성을 보여주고 있다. 이와 동시에 면처리에 있어서는 르 코르뷔지에의 수평 창보다 데 스틸의 자유로운 구성적 느낌에 더 가까운 차이점을 보여주기도 한다. 그러나 전체적인 개념에 있어서 이러한 예들은 모두 공간 논의를 모더니즘 공간 모델의 혼용으로 정의하려는 네오-모더니즘적 건축관을 공통으로 갖는다

도 26
스티븐 홀(Steven Holl),
페이스 컬렉션 쇼룸(Pace
Collection Showroom),
뉴욕 시, 1986

도 25.

위에서 언급한 바와 같이 1950년대의 이러한 모더니즘 차용 경향들은 이후 현대 건축에서의 다양한 네오-모더니즘 공간 운동들로 발전되어 간다. 이것의 자세한 내용들은 '네오-모더니즘' 편에서 다룰 것이다. 여기에서는 1980년대 이후에도 여전히 균질 공간을 기본 공간 단위로 차용하면서 네오-모더니즘적 각색 경향을 보여주는 대표적 예를 몇 개 든 후 다음 주제인 미니멀리즘으로 넘어가고자 한다.

스티븐 홀(Steven Holl)의 페이스 컬렉션 쇼룸(Pace Collection Showroom)은 이러한 경향을 잘 보여주는 예이다. 이 건물은 전면 유리로 된 박스형 균질 공간의 외벽을 몬드리안(Mondrian)의 구성 작품을 그대로 옮겨놓은 듯한 모습으로 분할함으로써 구성되고 있다. 홀은 이렇게 분할된 크고 작은 면들에 부분적으로 색유리를 사용함으로써 균질 공간의 표피를 데 스틸의 2차원 면으로 처리하겠다는 네오-모더니즘적 입장을 분명히 밝히고 있다. 면 분할된 전면 유리를 통하여 속이 훤히 들여다 보이는 모더니즘 균질 공간 단위는 이처럼 적절한 조작만 가해질 경우 1980년대에도 전혀 시대에 뒤떨어지지 않은 모습으로 나타날

도 27
코닝 아이젠베르크(Koning Eisenberg), 아이젠베르크 하우스(Eisenberg House), 샌타 모니카(Santa Monica), 캘리포니아, 1989

수 있음을 증명해보이고 있다도 26.

　아이젠베르그의 아이젠베르그 하우스(Eisenberg House)에서는 2층으로 구성된 균질 공간 단위를 구성하는 데 있어서 투명 벽체와 불투명 매스 부분을 추상성이 강한 대비 구도로 처리함으로써 미스와 로스(Loos)의 공간 모델을 혼용하여 사용하고 있다. 또한 2층 외벽에 창호의 종류를 달리하여 면 분할의 느낌이 나도록 처리한 점과 전체적으로 색채에 대한 고민이 느껴지는 점에서는 데 스틸의 기본 개념까지도 더해진 것으로 이해된다. 아이젠베르그는 이처럼 다양한 1920년대 추상 공간 단위들을 심각한 양식사적 구별없이 가벼운 장식 어휘들로 혼용해내고 있다. 이것은 모더니즘 공간 어휘들을 1980년대의 포스트 모더니즘적 해석을 위한 기본 소재로 활용하겠다는 네오-모더니즘적 역사관을 의미하는 것으로 이해된다도 27.

　콜하스(Koolhaas) 역시 네오-모더니즘적 해석을 자신의 중요한 건축관 중의 하나로 추구하고 있다. 콜하스는 1920년대에 추구되었던 거의 모든 종류의 추상 공간 모델들을 넘나들며 자신의 주요 건축 소재로 활용하고 있다. 이중 대형 공공 건물에는 주로 신 구성주의적 경향이, 그리고 소형 주택 등에는 미스의 균질 공간에 네오-코르뷔지안 경향이 혼재되어 나타나는 큰 흐름을 보인다. 콜하스의 네덜란드 건축 학교(Netherlands Architecture Institute)는 이 가운데 후자의 경향을 잘 보여주는 예이다. 이 건물에서는 전면 유리로 짜여진 미스의 균질 공간 박스가 르 코르뷔지에의 원형기둥에 의해 지탱되고 있으며 그 위에 얇은 백색 판재가 지붕으로 얹혀져 있다. 투명 유리 속에는 실내 구성을 그대로 보여주는 또 하나의 건물이 들어있다. 백색 벽으로 구성된 이 건물이 이를테면 건축 학교의 진짜 건물에 해당된다. 1930년대 아르데코 양식의 살롱 미술풍으로 그려진 이 건물의 드

로잉은 1920년대 추상 공간 단위가 단조로운 건축 어휘가 아니라 풍부한 표현적 가능성을 가진 화려한 어휘임을 잘 보여주고 있다 도 28.

도 28
렘 콜하스(Rem Koolhaas), 네덜란드 건축 학교(Netherlands Architecture Institute), 로테르담(Rotterdam), 네덜란드, 1988

콜하스의 넥서스 월드(Nexus World) 주택에서는 위의 건축 학교에서 시도되었던 네오-모더니즘적 구성이 반복되고 있다. 이 주택에서는 1920년대 추상 공간을 양식별 단위가 아닌 구성 부재별로 차용하고 있다. 이 주택은 1920년대 추상 공간을 구성하던 메탈 프레임, 유리, 원형기둥, 판재 등과 같은 건축 부재들이 가장 원형적 상태로 결합되면서 구성되고 있다. 이러한 부재들은 1920년대의 특정 양식을 지칭하고 있지 않는 대신 미니멀리즘이라는 현대 건축에서의 새로운 공간 조형관에 의해서 구성되고 있다. 콜하스에게 있어서 모더니즘 추상 어휘는 1980-1990년대의 시대 상황과 조형관까지도 포함해낼 수 있는 보편적 원형 단위로 받아들여지고 있다 도 29.

벨 & 모렐(Beel & Morel)의 지역 은행 사무소(Regional Bank Office) 역시 콜하스의 건축 학교와 유사한 모습으로 구성되고 있다. 이런 점에서 이 건물은 콜하스의 건축 학교에 나타난 네오-모더니즘적 의

도 29
렘 콜하스(Rem Koolhaas), 넥서스 월드(Nexus World),
복합 주거(Residential Complex), 후쿠오카(Fukuoka), 일본, 1991

도 30
스테파네 벨 & 뤽 모렐(Stephane Beel & Luc Morel), 지역 은행
사무소(Regional Bank Office), 브루게(Brugge), 벨기에, 1991

미와 동일한 범위 내에서 이해될 수 있다. 그러나 두 건물 사이에는 중요한 차이점도 동시에 발견된다. 벨 & 모렐의 건물에서는 르 코르뷔지에의 어휘와 백색 매스가 사라진 대신 목재와 대리석 등의 자연 재료를 이용한 문양과 색채가 등장하고 있다. 벨 & 모렐의 건물에 쓰인 재료의 고유 문양과 색채 요소는 건축에서의 미니멀리즘적 한계를 놓고 고민했던 로스의 건물들에 쓰였던 모습과 매우 흡사하게 나타나고 있다도 30.

또한 투명 유리를 통해 비치는 목재 매스와 대리석 판재 요소의 모습은 균질 공간의 구성 요소에 대한 미니멀리즘적 한계를 놓고 고민했던 미스의 실내 풍경과 매우 흡사하다. 미스는 이러한 고민을 특히 일리노이 공과대학에서의 교육을 통해 1970년대 초반까지 지속적으로 해왔다. 예를 들어 미스의 스튜디오에서 나온 코르첵(Korchek)의 공간 스터디는 이런 내용을 잘 보여주고 있다도 31. 프리-페브리케

41 균질 공간

이트(Pre-fabricated) 시스템의 시트-메탈(sheet metal)로 구성되는 균질 공간 단위를 연구한 코르첵의 이 작품에는 '피카소와 미로의 작품을 이용한 콜라주 스터디(Collage Study with Works by Picasso and Miro)' 라는 작품 설명이 붙어있다. 이것은 1970년대에도 여전히 1920년대의 추상 조형 어휘들로 구성되는 공간 단위가 대표성을 가질 수 있음을 보여주는 예라고 할 수 있다. 이처럼 균질 공간의 구성 기준을 1920년대의 미니멀리즘적 한계의 입장에서 보려는 벨 & 모렐의 시도는 1990년대에도 모더니즘적 공간관이 여전히 유효함을 입증하려는 네오-모더니즘의 전형적 예에 해당된다.

도 31
코르첵(Korchek), '피카소와 미로의 작품을 이용한 콜라주 스터디 (Collage Study with Works by Picasso and Miro)', 프리-페브리케이트 시트-메탈 하우스 (Pre-fabricated sheet-metal house), 미스(Mies)가 지도한 일리노이 공과대학 건축학과 스튜디오의 학생작품, 1969-1972

II

미니멀리즘(*Minimalism*)

1 미니멀리즘 공간

통일된 양식 운동으로서의 미니멀리즘은 기본적으로 회화와 조각 분야에 국한된 운동이었다. 기준이 되는 강령들을 더함으로써 양식의 한계를 정의하려는 다른 건축 운동들과는 달리 미니멀리즘은 그러한 것들을 줄이려는 운동이다. 그렇기 때문에 일정량의 실용적 기능을 반드시 가져야만 하는 건축이라는 장르적 특성과 이러한 미니멀리즘적 특징은 상치되는 것일 수 있다. 건물의 종류나 프로그램 혹은 대지 상황이나 법규 등과 같은 실용적 조건들에 의해 주어지는 기능적 한계치가 건축가에 의해 설정된 조형적 최소치를 넘어버릴 경우 건축에서의 미니멀리즘은 처음부터 성립되기가 불가능하다. 이런 이유로 인해 건축가들은 일관되게 미니멀리즘을 추구할 기회를 갖지 못하게 되며 미니멀리즘으로 제시되는 건축적 내용들의 편차 또한 건축가와 각각의 건물에 따라 큰 것이 사실이다. 심지어 한 건축가에게 있어서도 작품에 따라 큰 편차가 발견되는 것이 상례이다. 현대 건축 운동을 정리하는 이론가들이나 건축사가들도 미니멀리즘을 독립적인 양식 운동으로 분류하지 않는 경우도 많다. 그럼에도 불구하고 현대 건축 운동 중에는 하나의 건물을 존재하게 해주는 최소한의 기준을 찾는 작업이 공통적 흐름을 형성하고 있으며 이것을 통칭하여 미니멀리즘 건축이라고 부르는 것도 큰 무리가 없어보인다.

회화나 조각 등과 같은 미술 분야에서의 미니멀리즘은 한 마디로 큐비즘으로 대표되는 모더니즘 추상 회화 이후 현대 예술에서의 진정한 리얼리티(reality)를 찾는 작업에서 시작되었다. 이 주제는 미술사에 해당되는 내용이기 때문에 여기서 다룰 문제는 아니다. 다만 건축에서의 미니멀리즘을 이해하는 데 도움이 되는 관점에서 볼 때 미술 분야에서의 미니멀리즘이 추구했던 진정한 리얼리티는 다음의 세 가지 내용으로 요약될 수 있다.

첫째는 모더니즘에서의 추상 세계를 아직도 예술적 각색(illusion)의 잔재가 남아있는 미완성의 거짓 세계로 반대하며 사물의 본성 그 자체만으로 구성되는 예술 세계를 진정한 리얼리티로 추구하였다. 몬드리안의 구성 시리즈 작품은 구상의 잔재가 완전히 지워진 완성된 추상 세계인 것처럼 보이지만 여기에는 여전히 연상과 암시, 혹은 상징 등과 같은 예술적 해석에 의존하는 간극이 존재한다. 미니멀리즘은 사물의 본성과 제시되는 예술 세계 사이에 존재하는 이러한 간극을 예술적 불완전성으로 단정지으며 이것이 없는 완결적 예술 세계를 진정한 리얼리티로 추구하였다. 그 결과 미니멀리즘에서는 하나의 현상(그것이 사물이건 공간 환경이건 혹은 예술적 스토리이건)을 존재하게 해주는 가장 최소의 요소만으로 하나의 예술 세계를 구성하려는 조형관을 개진하였다.

둘째는 이러한 완결적 예술 세계에 도달하는 수단으로 하나의 예술 세계를 구성하는 데 필요한 최소한의 매개를 찾는 작업이 시도되었다. 그 결과 단일색으로 칠해진 캔버스, 철이라는 재료의 물성을 숨김없이 드러낸 커다란 철판, 혹은 나무 토막 등이 그대로 하나의 완결된 예술 세계로 제시되었다. 예를 들어 안드레(Andre)는 '파이어: 요소 시리즈(Pyre: Element Series)'라는 작품에서 화장(火葬)용 장작 여덟 개를 한 쌍씩 엇갈려 쌓은 것만으로도 하나의 예술 세계가 완성될 수 있음을 주장하였다. 뿐만 아니라 예술가의 예술적 각색이 최소화된 이 같은 예술 세계에서는 작품과 현실 사이의 괴리적 불일치가 없기 때문에 오히려 진정한 리얼리티가 얻어진다는 것이었다.

셋째는 진정한 리얼리티를 찾으려는 미니멀리즘의 노력은 '실제로 체험하는 공간(real space)'을 하나의 예술 세계로 제시하며 공간이라는 화두를 현대미술에서의 중요한 주제로 부각시켰다. 큐비즘에서 제시된 공간은 2차원 평면에 머문 한계를 지녔으며 따라서 체험의 대상이라기 보다는 해석의 대상이었다. 이것은 곧 실제 세계와 예술 세계 사이

도 32
엘스워스 켈리(Ellsworth Kelly),
'베스트팔렌 지역 박물관을 위한
프로젝트(Projet pour
Westfalisches Landesmuseum)',
1992

에 그만큼 불일치적인 간극이 존재함을 의미했다. 이에 반해 미니멀리즘에서는 3차원 공간 구조물과 같이 실제로 관찰자를 담아내는 공간적 환경 개념에 의해 예술 세계를 정의했다. 예를 들어 켈리(Kelly)는 '베스트팔렌 지역 박물관을 위한 프로젝트(Projet pour Westfalisches Landesmuseum)'라는 작품에서 바닥을 붉은색으로 처리함으로써 색을 공간 속의 체험 요소로 바꾸어 놓고 있다. 몬드리안의 평면 구성을 연상시키는 붉은색이 켈리의 작품에서는 박물관 공간을 구성하는 요소로 발전하고 있다. 이제 색은 캔버스에 갇혀 해석의 대상에 머물던 모더니즘의 한계를 깨고 실제 공간 속의 한 요소로 제시됨으로써 직접 체험의 대상으로 바뀌게 되었다 도 32.

     이상과 같은 내용은 기본적으로 미술에서의 미니멀리즘 운동을 촉발시킨 고민들이었지만 건축의 경우도 이와 크게 다르지 않은 예술적 고민들에 의해 미니멀리즘이 추구되었다. 건축에서의 미니멀리즘 역시 모더니즘의 추상 공간 모델을 아직도 해석적 요소(르 코르뷔지에의 공간)나 위계 질서(로스의 공간), 혹은 구조 디테일(미스의 공간) 등과 같은 낭비적 잔재가 남아 있는 불완전한 공간으로 비판하는 데에서 출발한다. 여기에서 불완전하다 함은 하나의 예술 세계로 제시되는 건축 공간과 체험적 결과로서의 리얼리티 사이에 간극이 존재함을 의미한다. 이러한 배경하에서 건축에서도 하나의 건물을 완결된 상태로 존재할 수 있게 해주는 최소한의 구성 요소를 찾는 미니멀리즘 운동이 시작되었다. 건축에서의 미니멀리즘 운동 역시 미술에서와 마찬가지로 매개의 최소적 한계를 찾는 작업과 체험적 현실 세계로서의 공간을 정의하려는 작업의 두 방향으로 전개되었다. 이 가운데 전자의 작업은 형태주의 건축 운동 중 단순 기하 형태를 추구하는 경향과 함께 진행되었다. 이 내용은 형태주의 건축 운동에서의 〈기하 미학과 형태주의〉편에서 다루었다. 그리고 후자의 작업은 '미니멀리즘 공간' 쯤으로 명칭 붙여질 수 있는 공간 운동의 한 종류로 진행되었다.

　　　현대 건축의 공간 운동에 있어서 미니멀리즘적 단서를 가장 먼저 제기한 사람은 필립 존슨이었다. 존슨은 건축 공간의 완성점에 대한 기준을 놓고 미니멀리즘과 최적(optimum) 조건 사이에서 고민하던 미스의 균질 공간을 이어받아 이 가운데 미니멀리즘의 가능성을 극대화시킨 공간 모델을 제시하였다. 앞에서 소개한 존슨의 글라스 하우스는 이것을 대표하는 작품이다. 이러한 존슨의 균질 공간 모델은 크게 두 가지 방향으로 전개되었다. 첫째는, 균질 공간 자체가 하나의 독립적인 주제로서 이후의 현대 건축에서 계속해서 추구되었다. 이 내용에 대해서는 앞에서 살펴보았다. 둘째는, 균질 공간은 미니멀리즘 건축 운동에 중요한 영향을 끼쳤다. 균질 공간은 미니멀리즘 공간을 구성하는 개념 가운데 하나인 체험적 환경이 형성되는 데 중요한 영향을 끼쳤다. 균질 공간은 기본적으로 미니멀리즘적 공간관을 일정 부분 공유하는데 이러한 특성은 미니멀리즘 공간의 한 유형으로 발전 변화되어 갔다. 이 내용에 대해서는 아래에서 언급할 것이다.

　　　글라스 하우스를 필두로 존슨에 의해서 제기된 균질 공간관은 이처럼 미니멀리즘 공간의 기본 개념에 영향을 끼쳤다. 그러나 정작 존슨 자신은 이후 1950-1960년대를 거치면서 형태주의나 대중 건축 운동 쪽으로 방향을 바꾸면서 미니멀리즘과는 별 상관이 없게 되었다. 존슨 이후에 미니멀리즘 공간이 형성되는 대 중요한 영향을 끼친 건축가는 루이스 칸(Louis Kahn)이었다.

칸의 건축은 미니멀리즘 한 가지만으로 정의되기에는 복합적 의미를 갖는 것이 사실이다. 칸의 건축을 이해하기 위해서는 공간 개념과 함께 기능에 대한 재해석, 축조성과 생산성의 문제, 현대 건축에서의 모뉴멘탈리티(monumentality) 문제 등을 함께 고려해야 한다. 그리고 최종 결과물을 놓고 보더라도 칸의 건물은 미니멀리즘으로 분류되기에는 일단 구성 요소의 수가 너무 많은 것 또한 사실이다. 그러나 칸의 공간 개념 속에는 여전히 미니멀리즘 공간관에 중요한 영향을 끼친 내용이 제시되고 있다. 그것은 공간을 사용자의 체험과 일치되는 완결된 방의 단위로 추구한 점이다. 칸에 있어서 건축 공간은 최소한(minimum)의 고유한 특징을 지닌 하나의 독립된 방이었다. 여기서 '최소한의 고유한 특징'이란 건축가 개인의 작위적 독단이 배제된 보편적 공간 본질을 의미했다. 이것은 곧 건축가와 사용자의 구별을 떠나서 인간이라는 가장 보편적 존재가 공통으로 느끼는 최소한의 공간 특성만으로 하나의 방을 구성하려는 의도를 의미했다. 이렇게 함으로써 사용자의 체험과 공간의 존재 상태 사이에 간극이 없는 완벽한 건축적 리얼리티가 얻어지는 것이다.

칸의 이러한 사실적 공간관은 미스의 균질 공간에 대한 비판적 대안으로 이해될 수 있다. 미스의 균질 공간은 벽체 등을 지움으로써 실내 구성 요소를 최소화한 점에서 기본적으로 미니멀리즘 공간관을 공유한 것으로 판단할 수 있다. 그러나 다른 한편 미스의 균질 공간은 공간의 존재적 특성을 비워냈기 때문에 체험의 대상이라는 관점에서 보았을 때 공간적 리얼리티가 상실된 물리적 용기일 뿐이다. 공간을 하나의 완결된 방의 단위로 정의한 칸의 사실적 공간과 비교해보았을 때 미스의 이러한 균질 공간은 물리적 용량 단위로 환산되는 중성화된 면적일 뿐이다. 미스의 균질 공간에는 체험의 문제와 같은 리얼리즘의 주제는 처음부터 배제되어 있었다. 그보다는 철골이라는 근대적 산업 생산 체계가 만들어낼 수 있는 이상적인 육면체의 윤곽을 짜는 문제가 미스의 주요 관심사였으며 노출 철골을 이용한 깔끔한 디테일 처리는 이것의 핵심적 내용이었다 도 33.

이처럼 미스의 공간은 확산적 균질성으로 인해 공간의 체험적 리얼리티를 형성하지 못한 한계를 지녔다. 이것은 미니멀리즘 공간의 관점에서 볼 때 아직 불완전한 단계를 의미한다. 이에 반해 칸의 공간은

도 33
미스 반 데 로에(Mies van der Rohe), 뉴 내셔널 갤러리(New National Gallery), 베를린, 독일, 1962-1968

체험적 리얼리티와의 일치를 추구한 점에서 미니멀리즘 공간의 기본 개념에 좀더 근접한 완결성을 확보하게 되었다. 이 같은 일치의 기준이 되는 보편적 공간 본질을 얻기 위한 칸의 구성 매개는 기하학적 윤곽, 빛, 콘크리트의 물성, 방위의 네 가지였다. 칸의 데카 국회 의사당(National Assembly Building at Decca)은 이런 내용을 잘 보여주는 예이다. 칸은 공간을 실체적 매스 속에 형성되는 체험적 리얼리티로 보았다. 이러한 실체적 매스는 명확한 윤곽을 갖는 기하 형태로 제시되었으며 그 속으로 빛을 끌어들이기 위해 어긋나기, 찢기 등과 같은 최소한의 조형적 조작이 가해졌다. 이곳 국회 의사당에서도 원, 팔각형, 사각형 등과 같은 기본 기하 형태들이 건물 전체의 윤곽을 형성하고 있다. 그리고 방위에 맞춘 십자 분할 등과 같은 실내의 조형 조작을 거친 후 빛이 첨가되면서 체험적 리얼리티로서의 실내 공간이 형성되고 있다. 이렇게 형성되는 건축 공간이 건축가 개인의 예술적 유희를 뛰어넘어 사용자의 체험적 리얼리티와 일치하기 위해서는 최소한의 보편적 구성 매개가 요구되는

도 34
루이스 칸(Louis Kahn),
데카 국회 의사당(National
Assembly Building at Decca),
방글라데시, 1962-1974

데 콘크리트의 물성과 방위는 바로 그러한 구성 매개였다 도 34.

칸은 콘크리트가 지니는 근대적 산업 재료로서의 최대 장점을 노출 상태의 물성에서 느껴지는 재료적 솔직함에서 찾았다. 이러한 입장은 르 코르뷔지에에 의해서 1930년대부터 체계적으로 추구되었으며 특히 브루탈리즘으로 통칭되는 1950-1960년대의 르 코르뷔지에 말기 작품은 이러한 내용을 잘 보여준다. 그러나 이와 동시에 콘크리트의 물성과 관련지어서 르 코르뷔지에와 칸 사이에는 중요한 차이점이 있다. 르 코르뷔지에는 콘크리트의 물성적 특징을 거친 표면과 조형적 가변성에서 찾았다. 르 코르뷔지에는 콘크리트를 기본적으로 잡아늘어뜨릴 수 있는 연성 재료로 파악했으며 이를 이용한 자유 형태 추구에 자신의 말년을 보냈다.

이에 반해 칸은 콘크리트의 물성적 특징을 공간의 존재 상태와 체험적 리얼리티 사이의 간극을 최소화시켜주는 사실성에서 찾았다. 칸의 브린모어 대학 기숙사(Dormitory at Brynmawr College)는 이런 내용을 잘 보여주는 예이다. 칸에게 있어서 콘크리트는 축조 과정을 가장 솔직하게 드러내놓는 재료였다. 따라서 일단 한 번 형성된 콘크리트 공간은 더이상의 변형과 가감, 혹은 늘어뜨림이 불가능한 물리적 완결체였다. 이 기숙사의 실내에서도 이런 내용은 잘 드러나고 있다. 이곳에서 콘크리트는 다른 재료는 가질 수 없는 가소적 특징을 보여주고 있지만 이와 동시에 일단 한 번 지어지고 난 후에는 변형적 조작을 허용하지 않는 물성적 엄격함도 함께 느껴지게 하고 있다. 여기에 공간의 존재를 알려주는 빛이 가해짐으로써 그러한 공간은 암시와 상징과 해석에서 자유로운, 있는 그대로의 체험적 리얼리티가 되는 것이다. 마지막으로 공간을 이와 같이 존재체로서 느끼게 해주는 최소한의 수단으로 방위라는 보편적 존재 축을 도입하였다. 예를 들어 동쪽으로 열린 콘크리트 공간에 빛이 들어오면서 그 반대편인 서쪽의 어두운 부분과 대비 구도가 형성될 때 그 속에 들어있는 사람이 갖는 공간 체험은 곧바로 존재적 리얼리티가 되는 것이다 도 35.

도 35
루이스 칸(Louis Kahn), 브린모어 대학 기숙사 (Dormitory at Brynmawr College), 펜실베이니아, 1960-1965

칸은 이러한 자신의 공간관에 대한 단서를 피라미드로부터 찾아내었다. 칸은 세계 문명의 발상지들을 중심으로 여러 지역을 여행하면서 많은 스케치를 남겼다. 아름다운 스케치 솜씨로 유명한 이 작품들 가운데에서도 1951-1952년 사이의 피라미드 스케치들은 이 시기에 칸의 미니멀리즘적 공간관이 형성되고 있음을 보여주고 있다. 예를 들어 칸의 '이집트의 모티브에 기초한 벽체 연구(Study for a Wall Based on Egyptian Motives)'라는 제목이 붙은 피라미드 스케치는 이런 내용을 잘 보여준다 도 36.

1951년이 지나면서 칸의 피라미드 스케치는 두 가지 면에서 중요한 변화를 보이기 시작한다. 첫째는, 피라미드가 밝은 면과 어두운 면의 두 부분만으로 구성된 기본 기하 형태로 단순화되어 있다. 둘째는, 이렇게 분리된 밝은 면과 어두운 면이 위에 소개한 바와 같은 체험적 리얼리티로서의 3차원 미니멀리즘 공간으로 발전하고 있다. 피라미드의 윤곽은 사라진 대신 피라미드의 해석으로부터 나온 이 같은 공간 구성 요소들이 3차원 건축 공간으로 발전하고 있다. 칸은 피라미드를 육중한 매스 덩어리로 보지 않고 동일한 밀도의 벽체로 둘러싸인 공간체로 본 것이다.

칸이 피라미드로부터 찾아낸 이러한 가능성들은 미스의 불완전한 균질 공간을 대체하는 새로운 공간 모델을 낳는 밑거름 역할을 하였다. 자기 실체를 명확하게 정의하는 단순 기하 윤곽, 더이상 변형이 용납되지 않는 물리적 완결체로서의 벽체, 지구 중력과 방위에 대한 분명한 존

도 36
루이스 칸(Louis Kahn), 〈이집트의 모티브에 기초한 벽체 연구 Study for a Wall Based on Egyptian Motives〉, 1951-1953

재론적 인식, 이런 것들이 칸이 피라미드로부터 찾아낸 미니멀리즘 공간의 가능성들이었다. 이것을 근대적 공간의 모습으로 구체화시켜주는 최소한의 매개로 칸은 노출 콘크리트와 빛을 사용하였다. 그 결과 칸은 축조 과정에 대한 솔직한 증거 제시를 통해 체험적 보편성을 획득한다는 미니멀리즘 공간관에 대한 기본 개념을 확립할 수 있었다.

2 매개의 최소성과 근대적 보편성

미니멀리즘을 정의하는 가장 기본적인 말뜻인 매개의 최소성은 모더니즘 추상 예술의 불완전성에 대한 비판에서 시작된다. 서양 건축사나 예술사를 살펴볼 때 추상이라는 개념은 상당히 이른 시기부터 중요한 예술 전략으로 등장하고 있다. 비교적 최근의 예로는 18세기 말의 혁명기 건축이나 19세기 독일의 신 고전주의 건축 등을 들 수 있는데 이때의 추상은 아직 부재 줄이기(reduction)나 단순화(simplification) 수준에 머물렀다. 1920년대의 여러 추상 예술 운동들에서 추상의 개념은 일단계 완성되었다. 무엇보다도 구상의 잔재가 완전히 지워졌으며 그야말로 몇 개의 간단한 추상 요소들만으로 하나의 예술 세계가 완성되었다. 이것은 건축에서도 마찬가지여서 구성주의, 순수주의, 데 스틸, 로스의 공간, 미스의 공간 등과 같은 여러 추상 공간 모델들이 제시되었다.

　　미니멀리즘은 앞에서도 밝힌 바와 같이 이렇게 한 번 완성된 것으로 평가받는 1920년대 추상 운동을 불완전한 것으로 비판하며 그 완결적 대안을 찾는 작업으로 시작되었다. 더이상 뺄 것이 없을 것처럼 완벽해 보이던 몬드리안의 그림도 아직 너무 많은 요소들 간의 상징적 관계와 해석이 남아있는 것으로 비판받기 시작하였다. 그 대안으로 하나의 예술 세계를 존재하게 해주는 최소한의 매개를 찾는 작업이 시작되었다. 그 결과 1차 구조물(primary structure), 사물성(thingness), 특정 객관체(specific objects) 등과 같은 개념들 및 이것을 구체화시켜주는 최소한의 매개들이 제시되었다. 이러한 미니멀리즘의 기본 개념들은 예술가 개인별로는 1950년대 말부터 시도되기 시작하였으며 통일된 양식 운동으로서의 미니멀리즘은 1970년대에 전성기를 맞았다. 예를 들어 조각 분야에서의 미니멀리즘을 대표하는 세라(Serra)는 〈라이트의 삼각형 Wright's Triangle〉이라는 작품에서 모든 조형적 각색이 절제된 몇 장의 단순 철판만으로 하나의 완결된 공간 세계를 제시해내고 있다.

　　건축에서의 미니멀리즘은 위와 같은 미술 분야에서의 경우와는 다르게 진행되었다. 무엇보다도 서두에 밝힌 바와 같이 장르적 특성상 건축에서는 미니멀리즘이 성립될 수 없다는 의견도 적지 않은 것이 사실이다. 이렇기 때문에 건축에서의 미니멀리즘은 기본 개념이나 구성 요소의 성격에 있어서 미술에서의 미니멀리즘과는 다소 다르게 나타나고 있다. 경우에 따라서는 미술적 관점에서 보았을 때 미니멀리즘이라고 정의되기 힘든 내용들이 건축에서는 미니멀리즘으로 분류되기도 하는 차이점을 갖는다. 한편, 현대 건축에서도 위와 같은 미니멀리즘적 건축관을 추구하는 공통적 흐름이 발견되고 있는데 그렇더라도 건축에서의 미니멀리즘은 미술에서의 경우와 시간상 큰 차이를 보인다. 이렇듯 건축에서의 미니멀리즘은 미술에서의 미니멀리즘으로부터 일정 부분 영향을 받았으면서도 동시에 실제 진행되어가는 과정에서는 적지 않은 차이점을 갖게 된다.

건축에서의 미니멀리즘은 지금까지 살펴본 바와 같이 1950-1960년대 균질 공간 운동과 칸의 새로운 공간 개념에 의해 그 초창기 경향이 주도되었다. 그러나 이 시기의 공간 운동들은 아직 미니멀리즘이라는 통일된 양식 운동의 이름으로 불릴 단계는 아니었다. 이러한 현상은 1970-1980년대에도 계속되었다. 1970년대 건축에서의 공간 운동은 뉴욕5 건축으로 대표되는 복합 공간 운동에 의해 대표되었다. 1980년대에는 해체적 공간이 주류를 이루는 가운데 상대주의 공간 운동이 형성되기 시작하였다. 이러한 공간 운동들은 모두 미니멀리즘 공간과는 거리가 멀거나 반대되는 공간 개념을 갖는다. 한편 1960-1980년대의 현대 건축에는 공간이 아닌 형태적 측면에서 미니멀리즘적 조형관을 공유하는 운동들이 발견된다. 그러나 이런 운동들 역시 아직 미니멀리즘이라는 통일된 양식 운동으로 발전하지는 못하였다. 그보다는 신 합리주의나 형태주의 등과 같은 다른 양식 운동을 구성하는 기본 건축관 정도로 추구되었다. 이와 같은 배경하에 건축에서의 본격적인 미니멀리즘은 1980년대 후반에서 1990년대 초의 시기에 형성되었다. 이 내용은 아래에서 다시 소개될 것이고 여기에서는 1970-1980년대에 나타났던 형태적 측면에서의 미니멀리즘 경향에 대해 살펴보고자 한다.

미니멀리즘을 매개의 최소성으로부터 정의하려는 경향은 예술가에 의해 제시되는 예술 세계가 단순할수록 오히려 더 많은 현실 이야기를 담아낼 수 있다는, 그렇기 때문에 현실 세계와 더 가까워질 수 있다는 역설적 보편성의 개념에 기초한다. 건축의 경우도 미니멀리즘이라

명명하기는 힘들지만 이처럼 매개적 최소성으로부터 건축의 보편성을 정의하려는 공통적 경향이 1970-1980년대에 있었다. 이러한 경향은 크게 지역주의(Regionalism)와 형태주의(Formalism)의 두 방향으로 전개되었다.

지역주의는 한 지역 단위 내의 전통 건축 양식을 직설적으로 복고하려는 경향에서부터 미니멀리즘적 경향에 이르기까지 매우 다양한 형태로 진행되었다. 이 가운데 미니멀리즘적 경향을 통한 지역주의 건축은 근대성(modernity)과 지역성(regionalism) 사이의 공통 매개로부터 이 시대의 보편적 건축 가치를 결정하려는 건축관을 추구하였다. 이때 미니멀리즘적 건축관은 이것을 구체화시켜주는 조형 전략의 역할을 하였다. 20세기의 후반부는 이미 근대라는 새로운 문명 방식이 초기 조건적 상태로 주어져 있기 때문에 지역주의 건축 양식 역시 이러한 새로운 시대 상황에 맞게 변모된 모습으로 나타나야 한다. 초기 조건으로 주어지는 근대성의 내용들로는 생산성, 효율성, 규격화, 추상성 등을 들 수 있는데 미니멀리즘의 매개적 최소성은 지역 건축 양식과 이러한 조건들 사이의 공통 매개를 창출해내는 데 매우 적합한 조형 전략일 수 있다. 이때 이러한 목적으로 추구되는 매개적 최소성은 다음과 같은 두 단계를 거쳐 시도되었다.

첫째는, 건축 구성 요소들을 가장 단순한 상태의 벽체, 기하 형태, 프레임, 격자판 등으로 최소화시키는 단계이다. 이 단계는 위에 열거한 것과 같은 근대성의 조건들에 맞추기 위한 단계로 이해될 수 있다. 둘째는, 이렇게 형성된 구성 요소들에 색과 물과 빛이라는 최소한의 표현 요소를 실은 후 이것들을 최소한의 개수로 조합하여 하나의 건물을 짓는 것이다. 이 단계는 근대성의 조건들에 맞춘 건축 요소를 이용하여 지역성의 가치를 표현하는 단계이다. 그 결과 건축 요소는 근대성과 지역성을 동시에 갖게 된다. 이것은 곧 근대적 보편성을 획득하게 됨을 의미한다. 이처럼 최소한의 매개로 구성되는 건축 요소는 근대성과 지역성이라는 서로 상반되는 가치를 동시에 포괄해냄으로써 근대적 보편성을 획득할 수 있게 된다. 이것이 바로 매개가 최소화될수록 오히려 더 다양한 건축적 내용을 얘기해줄 수 있고 그렇기 때문에 더 많은 예술적 가능성을 가질 수 있다는 미니멀리즘의 역설적 보편성이 지역적 가치의 표현에 적용된 경우에 해당된다.

도 37
루이스 바라간(Luis Barragan),
카푸치나스 사크라멘타리아스 델
푸리스모 코라존 데 마리아
(Chapel for the Capuchinas
Sacramentarias del Purismo
Corazon de Maria), 멕시코 시티,
1952-1955

　　이러한 경향을 체계화하여 하나의 양식 운동으로 발전시킨 사람은 루이스 바라간(Luis Barragan)이었다. 바라간은 지역성의 개념을 미니멀리즘적 조형관으로 해석해내는 데 성공함으로써 지역주의가 근대적 보편성의 의미를 획득할 수 있음을 가장 잘 보여준 건축가였다. 바라간의 카푸치나스 사크라멘타리아스 델 푸리스모 코라존 데 마리아 채플(Chapel for the Capuchinas Sacramentarias del Purismo Corazon de Maria)은 이런 내용을 잘 보여주는 예이다. 이 건물에서는 멕시코가 갖는 고대 문명의 신비감과 라틴 문화의 경쾌함이라는 2중적 지역성이 근대건축의 어휘로 적절히 표현되고 있다. 그리고 이러한 지역성을 표현해주는 건축 어휘는 미니멀리즘적으로 처리된 격자 블럭이다. 정사각형이 급하게 반복되며 형성되는 격자 블럭을 통해 들어오는 빛은 실내에 단순함과 신비감을 동시에 던져주고 있다도 37. 멕시코는 과거에는 잉카 문명과 라틴 문명 사이에서 그리고 근대기에는 다시 라틴 문명과 국제주의적 근대 문명 사이에서 2중적 대립 문명 구도를 가져왔다. 미니멀리즘이 갖는 보편적 최소성은 바라간에 의해 멕시코의 이러한 복합적 대립 구도를 조화해낼 수 있는 포괄적 가능성으로 구현되어 나타나고 있다.

도 38
리카르도 레고레타(Ricardo Legoretta), 르노 공장(Renault Factory), 두랑고(Durango), 멕시코, 1984

　　1960년대에 완성된 모습을 드러낸 바라간의 미니멀리즘적 지역주의 건축은 1970년대 이후 주로 라틴권에서 레고레타(Legoretta), 로카(Roca), 타베이라(Taveira) 등에게 큰 영향을 끼치며 하나의 공통된 경향으로 자리잡았다. 레고레타의 르노 공장(Renault Factory)은 이런 경향을 잘 보여주는 예이다. 이 건물에서는 육면체를 기본 매개로 삼아 여기에 최소한의 조형 조작만을 가함으로써 전체 구성이 이루어지고 있다. 넓고 얇은 육면체는 벽체가 되고 육중한 덩어리 육면체는 매스가 된다. 가늘고 긴 육면체는 기둥이 되고 이외에도 이러저러하게 처리된 육면체는 보가 되고 방이 된다. 또한 정사각형 윤곽이 또렷이 새겨진 육면체는 창이 되고 있다. 이렇게 처리된 육면체 윤곽에 빛이 작용하고 색이 첨가되면서 멕시코의 지역성은 분명한 모습으로 표현되고 있다. 레고레타의 공장은 육면체를 매개적 최소성으로 삼는 미니멀리즘적 조형관에 의해 지역성이 표현되고 있는 대표적 예 가운데 하나이다 도 38.
　　넓게 보면 알도 로시(Aldo Rossi)의 신 합리주의(Neo-Rationalism)도 고전 건축이라는 이탈리아만의 특유한 지역 전통에 위와 같은 미니멀리즘적 조형관이 적용되어 형성된 것으로 이해될 수 있는 측면이 많다. 물론 신 합리주의 건축에 있어서 미니멀리즘은 주도적 건축관은 아니다. 그러나 신 합리주의 건축은 고전 어휘를 단순 기하 형태로 환원하는 방식에 의해 근대기라는 새로운 시대 상황에 맞게 변형된 이 시대의 보편적 고전주의를 추구하려 한 점에서 미니멀리즘적 조형관을 일정

도 39
알도 로시(Aldo Rossi), 세그라테 비밀 결사대 기념비(Monument ai Partigliani a Segrate), 세그라테 시청 광장(City Square at Segrate), 이탈리아, 1965

부분 공유하고 있는 것으로 이해될 수 있다. 로시가 신 합리주의를 형성해가던 1960년대의 초창기 작품들 중에는 이러한 미니멀리즘적 건축관을 보여주는 예들이 특히 눈에 많이 띈다.

1965에 설계된 로시의 세그라테 비밀 결사대 기념비(Monument ai Partigliani a Segrete)는 이런 내용을 잘 보여주는 예이다. 이 기념비에서는 원통형, 삼각 기둥, 육면체의 세 개의 기하 매개들 사이의 조합으로부터 근대기라는 이 시대에 맞는 보편적 고전주의 모델이 제시되고 있다. 원통형은 오더를, 옆으로 누운 삼각 기둥은 페디먼트(pediment) 및 신전 파사드를, 그리고 육면체는 건물 본체 및 벽체를 각각 상징하고 있다. 로시의 기념비에서는 이처럼 세 개의 기본 기하 형태를 매개적 최소성으로 삼는 미니멀리즘적 조형관에 의해 근대적 보편성을 획득한 고전 어휘를 창출해내고 있다도 39. 종합적으로 보아 신 합리주의 건축은 미니멀리즘 이외에도 더 다양한 복합적 배경을 가지므로 여기에서는 더이상의 언급은 않기로 하겠다. 이 내용은 신 합리주의 편에서 다룰 것이다.

1970년대 이후의 형태주의 건축 운동 중에는 단순 기하 형태로 건물을 구성하면서 미니멀리즘 경향을 추구하는 큰 흐름이 발견된다. 이러한 흐름은 동 시대 미술 분야에서 미니멀리즘이 융성한 데 따른 대칭 현상으로 이해된다. 형태주의 건축 운동이 처음에는 단순 육면체의 단조로움에 반대하는 자유 형태 운동으로 시작되었다가 1970년대를 지나면서 갑자기 단순 기하 형태로 회귀하는 현상이 나타나게 된다. 이 시대에 미술 분야에서 유행하던 미니멀리즘으로부터의 영향은 이러한 변화에 대한 중요한 배경으로 이해된다. 단순 기하 형태를 차용하는 형태주의 건축 운동에 대해서는 앞에서 자세히 살펴보았으므로 여기에서는 이 가운데 미니멀리즘적 경향을 나타내는 대표적인 예를 몇 가지만 들기

도 40
롤랑 시무네(Roland Simounet), 툴롱 개인 주택(Private House at Toulon), 바르(Var), 프랑스, 1975

로 하겠다.

    하나의 건축 단위 혹은 공간 단위를 구성하는 최소한의 매개를 찾는 작업은 단순 기하 형태 운동의 대표적 경향이다. 건축 공간은 사람이 들어가서 살아야 하는 공간이기 때문에 미술에서의 미니멀리즘이 제시하는 최소적 한계보다는 기본적으로 더 많은 매개가 요구된다. 이때 단순 기하 형태는 건축에서의 이러한 미니멀리즘적 입장을 정의해주는 유용한 매개가 될 수 있다. 시무네(Simounet)의 툴롱 개인 주택(Private House at Toulon)은 이러한 내용을 잘 보여주는 예이다. 이 주택에서는 크고 작은 몇 개의 육면체의 조합만으로 하나의 건축 단위가 형성되고 있다. 각 육면체들은 하나씩의 공간 단위를 이루고 있고 이것들이 모여서 건물 전체를 구성하게 된다. 이때 육면체 매스에는 출입구 하나만을 제외하고는 개구부가 극도로 자제되고 있으며 마감 처리도 단일 무채색으로 되어 있다. 그 대신 매스의 들쑥거림에서 오는 음영이 공간의 깊이를 조절해주고 있다. 이러한 처리로부터 건축가는 서너 개의 흰색 단

도 41
엔리크 브라운(Enrique Browne),
달팽이 하우스(Snail House),
산티아고(Santiago), 칠레, 1987

순 육면체와 한 개의 출입구를 하나의 완결된 공간 단위를 이루는 최소한의 매개로 생각하고 있음을 추측해볼 수 있다 도 40.

　브라운(Browne)은 기하 형태들에 대한 작도 분할 및 이렇게 분할된 기하 조각들에 건축 단위를 대응시키는 작업으로부터 주택을 구성하는 예를 보여준다. 브라운의 달팽이 하우스(Snail House)는 이런 내용을 잘 보여주는 예이다. 이 주택은 하나의 원형을 기본 기하 형태로 삼아 이것에 작도 분할을 가함으로써 공간 단위들이 얻어지고 있다. 이렇게 분할된 브라운의 기하 조각들에는 각 실들과 물이 담긴 원형 풀, 그리고 부드러운 곡선 벽체 등의 공간 단위들이 할당되고 있다. 이 건물의 명칭인 달팽이라는 단어는 이 같은 구성과 잘 부합하고 있다. 이때 이러한 공간 단위들은 초기에 설정된 매개적 최소성의 윤곽을 강하게 지킴으로써 미니멀리즘의 장면을 제시해내고 있다. 여기에 마지막으로 조명이 더해지면서 하나의 완결된 건축 단위가 형성되고 있다. 수면과 매끄러운 벽면에 가해지는 조명은 이러한 공간 단위를 하나의 거대한 막처럼 느끼게 해준다 도 41.

59 미니멀리즘(Minimalism)

단순 기하 형태를 차용하는 경향 중에는 공간의 위계에 대한 최소한의 언급으로부터 미니멀리즘적 입장을 정의하려는 예들도 있다. 칸의 건물에서는 빛을 이용한 방위의 암시가 그러한 수단이었다. 주르다 & 페로댕(Jourda & Perraudin)의 기념비 전시(Memorial Exhibit) 건물에서는 벽면에 기단부와 본체를 나타내는 최소한의 차별적 표현을 통해 공간의 둘러싸임(enclosure)을 완결짓고 있다. 이러한 차별적 표현은 기단부에 가장 단순한 형태의 회색 가구식 구조를, 그리고 본체부에는 아무런 첨가물도 없는 흰 벽면을 각각 배당함으로써 얻어지고 있다. 이러한 처리로부터 이들은 위아래의 위계를 최소한으로 표현해주는 네 면의 벽체를 하나의 공간 단위를 정의하기 위한 미니멀리즘적 요소로 생각하고 있음을 추측해볼 수 있다 도 42.

도 42
주르다 & 페로댕(Jourda & Perraudin), 기념비 전시(Memorial Exhibit), 리옹(Lyon), 프랑스, 1987

크리샤니츠(krischanitz)는 신세계 학교(Neue Welt Schule)에서 안과 밖이라는 공간의 위계를 표현해주는 최소한의 매개로부터 자신의 미니멀리즘적 건축관을 정의하고 있다. 크리샤니츠는 창이 없는 검은색의 단순 육면체와 이것을 뚫고 들어가는 흰색의 경사로라는 미니멀리즘적 대비 구도를 통해 안과 밖이라는 공간의 위계를 표현함으로써 하나의 공간 단위를 결정하고 있다. 이러한 처리로부터 크리샤니츠는 가장 단순한 육면체 매스와 여기에 덧붙여지는 이동 요소를 미니멀리즘적 최소 기준으로 생각하고 있음을 추측해볼 수 있다 도 43.

육면체와 이동 요소만으로 공간 단위를 결정하려는 예는 이외에도 구드(Goode)에게서 더 찾아질 수 있다. 구드는 '무제: 계단(Untitled: Staircase)'이라는 설치 조형물에서 가장 단순한 형태의 4각 백색 공간 속에 담겨 있는 계단을 통해 하나의 공간을 결정해주는 존재론적 최소치에 대한 진지한 탐구의 자세를 보여주고 있다. 모든 디테일이 생략된 극도로 단순한 형태의 계단이 흰 벽의 한쪽 면에 가파른 경사를 형

도 43
아돌프 크리샤니츠(Adolf Krischanitz), 신세계 학교(Neue Welt Schule), 비엔나(Vienna), 오스트리아, 1994

도 44
호에 구드(Joe Goode), '무제: 계단(Untitled: Staircase)', 1971

61 미니멀리즘(Minimalism)

도 45
이나시오 비센스 & 호세 에이 알
아벤고자르(Ignacio Vicens & Jose
A. R. Abengozar), 사회 과학 빌딩
(Social Sciences Building),
팜프로나(Pamplona), 스페인,
1994-1996

성하며 부착되어 있는 모습은 현실 세계를 결정짓는 자잘한 요소들을 일거에 뛰어넘는 형이상학적 의미를 내포하고 있다. 구드의 작품에 나타난 이런 계단은 이후 동양 공간을 미니멀리즘적으로 해석하려는 일본 현대 건축에 자주 등장하는 건축 어휘가 되었다 도 44.

　미니멀리즘적 조형관은 1980년대 이후에 나타나는 컨테이너 건축(Container Architecture)에 잘 부합되는 특징을 보여준다. 컨테이너 건축 가운데에서도 축조성의 흔적이 모두 지워진 거대한 단순 상자로 건물의 윤곽을 처리하려는 경향이 특히 그러하다. 비센스 & 아벤고자르(Vicens & Abengozar)의 사회 과학 빌딩(Social Sciences Building)은 이러한 내용을 잘 보여주는 예이다. 이 건물에서는 스케일감이나 층 구분 혹은 구조 시스템 등과 같은 축조성의 흔적이 모두 지워진 거대한 콘크리트 상자만으로 공간 윤곽이 결정되고 있다. 실내에 빛을 끌어 들이기 위해 가해진 따내기(subtraction)의 조형 조작만이 유일하게 추가된 구성 요소이다. 안드레가 하나의 예술 세계를 구성하는 매개적 최소성으로 육면체의 나무 토막을 제시한 이래 35년이 지난 이곳에서 육면체는 거대 컨테이너로 크기만 커진 채 반복되어 나타나고 있다 도 45.

도 46
루디 릭시오티(Rudy Ricciotti),
비르토롤레스 스타디움(Le Stadium Vitrolles), 비르토롤레스, 프랑스,
1994-1995

    릭시오티(Ricciotti)의 비트롤 스타디움(Le Stadium Vitrolles)은 위와 같은 경향이 더욱 극단적으로 발전한 예를 보여준다. 이 건물에서는 위의 예에서와 같은 추가적 조형 처리조차도 없는 단일 육면체만으로 컨테이너 공간의 윤곽이 결정되고 있다. 검고 거칠게 처리된 노출 콘크리트는 거석 문화적인 단순 매스감을 한층 강화시켜주고 있다. 이처럼 심각한 분위기로 처리된 거석 매스는 일차적으로 플라톤의 형태(Platonic Form) 정도로 정의될 수 있을 것 같아 보인다. 그러나 여기에 더하여 별 모양의 창을 뚫어 붉은 빛이 새어나와 반짝이게 처리함으로써 현대 문명에서의 대중 문화적 취향을 함께 나타내주고 있다. 이러한 장면은 육면체라는 매개적 최소성이 시대를 초월하여 여러 사조의 문화적 가치를 담아내는 포괄적 융통성을 가짐을 의미하는 것으로 이해된다 도 46.

    단순 기하 형태를 차용하는 미니멀리즘 건축 가운데에는 피라미드 등과 같은 원형성이 강한 플라톤의 형태를 명백하게 추구하는 경향도 있다. 이러한 경향에는 피라미드 이외에도 구, 원통형, 육면체 등과 같

도 47
에두아르드 소투 모라(Edouard Souto Moura), 알그레이브 하우스 (Algrave House), 알그레이브, 포르투갈, 1989

은 가장 원형적 기하 윤곽을 갖는 입체들이 함께 차용되는 것이 통례이다. 모라(Moura)의 알그레이브 하우스(Algrave House)는 이런 내용을 잘 보여주는 예이다. 이 주택에서는 기단 개념의 넓적한 장방형 매스를 기단으로 삼아 위에 열거한 대표적인 플라톤의 형태로 처리된 구조물들이 군집을 이루고 있다. 이때 피라미드 형태는 이집트적 상징성이 완전히 지워진 사각뿔로 단순화되며 크기도 거석 문화적 스케일보다는 아담한 휴먼 스케일로 축소되어 있다. 나머지 구조물들도 이것과 마찬가지로 휴먼 스케일의 크기로 축소된 후 백색으로 처리됨으로써 문화적 상징성을 지우려는 건축가의 미니멀리즘적 조형관을 잘 나타내주고 있다. 모라는 극단적 추상 소품으로 정의되는 플라톤의 형태를 하나의 미니멀리즘 세계에 대한 매개적 최소성으로 제시하고 있다도 47.

부스만 & 하버러(Busmann & Haberer)의 미팅 센터(The Meeting Center) 역시 피라미드, 원통형, 육면체라는 세 개의 플라톤의 입체를 나란히 병렬시킴으로써 구성되고 있다. 이때 이 세 개의 입체를 각각 노출 콘크리트, 메탈, 조적으로 처리함으로써 백색으로 모두 가려버

도 48
부스만 & 하버러(Busmann & Haberer), 미팅 센터(The Meeting Center), 부퍼탈(Wuppertal), 독일, 1994

린 모라의 경우와 달리 재료를 이용한 건축적 대표성을 미니멀리즘의 요소로 함께 차용하고 있다. 그러나 입체들의 조형 윤곽을 처리한 점이나 이것들을 병렬시킨 양상 등에 있어서 부스만 & 하버러의 이 건물은 모라의 경우보다 훨씬 더 심각하고 근엄한 느낌을 주고 있다. 모라의 건물에서 플라톤의 형태는 소품화된 장난감 같은 분위기로 처리되어 있다. 반면 부스만 & 하버러의 건물에서는 이것들이 강인하고 단단한 매스의 느낌을 풍기며 서 있다. 특히 이러한 매스들이 상대방의 몸체에 짙은 음영을 드리우며 앞뒤로 나란히 서 있는 모습은 플라톤의 형태에 대한 근원주의적으로 해석으로부터 미니멀리즘의 매개적 최소성을 정의하려는 부스만 & 하버러의 조형관을 잘 보여주고 있다 도 48.

3 미니멀리즘 건축

1980년대까지의 미니멀리즘 건축은 이상과 같이 1950-1960년대에는 공간을 중심으로, 그리고 1960-1980년대에는 주로 형태를 중심으로 각각 진행되어 왔다. 한편 앞에서도 밝힌 바와 같이 공간 운동이라는 한 가지 주제만 놓고 볼 때 1970년대는 주로 복합 공간 개념에 의해, 그리고 1980년대는 해체주의 공간에 의해 각각 대표되고 있다. 이후 1980년대 후반부부터 공간 운동은 양극단적인 두 방향으로 발전하고 있다. 이 가운데 한 가지는 이 같은 1970-1980년대의 공간 개념이 더욱 발전하여 상대주의 공간 개념으로 발전하는 경향이고 다른 한 가지는 미니멀리즘 건축이 더욱 본격화되는 현상이다. 이처럼 1990년을 전후한 시기에 본격화되는 미니멀리즘 건축은 그 이전 시기에 따로 추구되었던 위와 같은 공간과 형태의 두 가지 측면이 하나로 합쳐지면서 완성된 상태로 나타나고 있다. 여기서 '완성된 상태'라 함은 상대적으로 그 이전 시기의 미니멀리즘 경향이 단편적 가능성만 추구되었을 뿐 총체적 결과물을 보았을 때는 아직 불완전한 상태였음을 의미한다. 예를 들어, 칸의 건축에서는 공간적 개념에서의 미니멀리즘적 가능성이 추구되었지만 전체 형태는 미니멀리즘으로 분류되기에는 너무 많은 다른 요소들을 함께 가지고 있었다. 똑같은 원리로 비센스 & 아벤고자르의 건물은 형태적 측면에서는 미니멀리즘의 가능성을 잘 나타내고 있지만 공간 구성은 미니멀리즘으로 분류되기에는 너무 복잡한 것이 또한 사실이었다.

    이렇게 보았을 때 1990년을 전후한 시기에 완성된 상태로 나타나는 미니멀리즘 건축은 일단 크게 보아 1970-1980년대에 형태 중심으로 전개되어온 미니멀리즘 경향에 그 이전의 칸의 공간 개념이 영향을 끼쳐 형성된 것으로 이해될 수 있다. 이러한 내용은 바에사(Baeza)의 그라시아 마르코스 하우스(Gracia Marcos House)에 잘 나타나 있다. 1990년대의 미니멀리즘을 대표하는 신예 건축가 바에사의 이 주택은 칸의 공간에서 시도되었던 빛과 방위의 개념 및 기하 형태주의의 매개적 최소성의 개념이 적절히 혼합되어 구성되고 있다. 그라시아 마르코스 하우스는

도 49
캄포 바에사(Campo Baeza),
그라시아 마르코스 하우스
(Gracia Marcos House),
마드리드(Madrid), 1991

하늘에서 떨어지는 빛과 땅을 치고 반사되어 들어오는 빛에 의해서 실내 공간이 구성되고 있다. 모든 축조적 흔적이 지워진 극단적 백색 추상 공간 속에 이처럼 방위적 질서를 형성해주는 빛을 채움으로써 실내는 체험적 리얼리티로 발전하고 있다. 또한 건물의 윤곽은 플라톤의 형태에 가까운 백색 육면체 매스들의 조합으로 이루어짐으로써 기하 형태주의적 개념을 배경으로 한 매개적 최소성에 의해서 정의되고 있다 도 49.

한편, 조형 예술 전반의 관점에서 보았을 때 미술에서의 미니멀리즘은 1980년대 이후 주도적 예술 운동으로서의 생명이 끝난 상태이다. 이것에 비추어 볼 때 최근에 건축에서 일고 있는 미니멀리즘 유행은 일단 뒤늦은 현상으로 이해될 수 있다. 유독 건축 분야에서 이처럼 뒤늦은 시기에 미니멀리즘이 유행하게 된 이유에 대해서는 아직 통일된 의견이 제시되지 않고 있는데 나는 그것을 건축 분야에서의 1990년대가 지니는 시대적 의미 속에서 찾을 수 있다는 생각이다. 그 결과 나는 최근의 미니멀리즘 유행 현상에 대한 이유를 다음의 네 가지로 요약하고 싶다.

첫째는, 1980년대 후반부터 건축에 나타나고 있는 모던 리바이

도 50
루이지 스노치(Luigi Snozzi), 베르나스코니 하우스(Bernasconi House), 카로나(Carona), 스위스, 1989

벌 현상의 일환으로 미니멀리즘의 유행을 이해할 수 있다. 건축 분야의 경우 1960년대 후반부터 뉴욕5 건축이나 후기 모더니즘 등과 같은 모더니즘 재해석 운동들이 꾸준히 있었다. 그러나 이들 운동들은 모더니즘 건축에 대한 변형적 수용의 입장 쪽에 가까웠으며 아직 본격적인 리바이벌 단계는 아니었다. 1980년대 후반부에 접어들면서 건축 분야에서는 1920년대 하이 모더니즘기의 추상 건축 운동들을 총체적 양식 단위로 리바이벌 시키려는 네오-데 스틸, 신 구성주의, 네오-코르뷔지안 건축 등의 모던 리바이벌 현상이 두드러진 특징 중의 하나로 나타나고 있다. 미니멀리즘도 위에 살펴본 바와 같이 모더니즘의 추상 운동에 대한 극단적 리바이벌의 성격이 강한 것이 사실이다. 이렇게 보았을 때 미니멀리즘 유행은 모던 리바이벌이라는 1990년대의 큰 흐름의 한 현상으로 이해될 수 있다.

예를 들면 스노치(Snozzi)의 베르나스코니 하우스(Bernasconi House)는 위와 같은 내용을 잘 보여준다. 스노치는 마리오 보타(Mario Botta)가 이끄는 티치노 스쿨(Ticino School)의 건축가로 분류된다. 양식 사조별로는 보타의 형태 합리주의와 네오-코르뷔지안 건축의 혼합 양상을 나타낸다. 최종적으로 스노치의 건축은 이런 배경들을 기초로 삼아 미니멀리즘적 해석의 경향을 강하게 나타낸다. 이 가운데에서도 특히 르 코르뷔지에의 빌라 건축을 모델로 삼는 네오-모더니즘 경향을 추구하되 이것을 미니멀리즘적으로 해석해내는 특징을 보여준다. 이곳 베르나스코니 하우스에서도 수평창이나 원형 기둥 등과 같은 르 코르뷔지에의 어휘를 기본 모델로 삼은 네오-모더니즘 경향이 1차적으로 나타나고 있다. 그 다음 단계로 육면체를 매개적 최소성으로 삼는 미니멀리즘적 조형관에 의해 이러한 네오-모더니즘을 해석해내고 있다. 이처럼 네오-모더니즘은 미니멀리즘의 유행을 촉발시킨 1차적 동인 역할을 하고 있다도 50.

둘째는, 장르 간 전파 현상의 한 예로써 1970년대에 미술 분야에서 전성을 맞았던 미니멀리즘이 10여 년의 시차를 보이며 1980년대 후반부터 건축 분야에서 유행하게 된 것으로 이해할 수 있다. 서양 예술사 전반을 뒤돌아 볼 때 하나의 새로운 양식 운동이 탄생할 때마다 건축, 회화, 조각, 문학 분야 사이의 장르 간 전파 현상은 중요한 이해의 단서가 되어왔다. 예를 들면 미래파 운동은 문학에서 시작되어 각 조형 예술로, 또한 데 스틸은 회화에서 시작되어 건축으로 파생되었다. 반면 포스트 모더니즘은 건축에서 먼저 시작되어 다른 장르로 전파된 것으로 얘기되어진다. 이렇게 보았을 때 미술에서 먼저 시작된 미니멀리즘이 일정한 시차를 가지면서 건축에서 뒤늦게 나타나는 현상은 서양 예술사에서 늘 있어왔던 장르 간 전파 현상의 하나로 이해될 수 있다.

예를 들어 파우슨 & 실베스트린(Pawson & Silvestrin)의 핸드툴스 전시회(Handtools Exhibition)작품은 이런 내용을 잘 보여준다. 영국의 미니멀리즘 건축을 대표하는 이들 파트너는 건축 이외에도 실내 디자인이나 조명 예술 등과 같은 조형 예술 전반의 미니멀리즘으로부터 건축적 모티브를 차용함으로써 미니멀리즘과 관계된 이 같은 장르 간 교류(inter-disciplinary) 현상을 대표한다. 특히 실베스트린은 흰 벽을 바탕으로 삼아 조명색을 바꿔 가면서 실내의 분위기를 디자인 하는 조명 예술가이기도 하다. 주로 영국의 주택들에서 미니멀리즘 경향을 실험하고 있는 이들 파트너는 위와 같은 장르 간 교류 현상에 대한 증거로 이곳 전시회에서도 건축적 성격이 짙은 설치 조각 작품을 남기고 있다. 이 작품에서는 건물의 벽체를 연상시키는 부정형 매스 두 개가 직각으로 마주

도 51
파우슨 & 실베스트린(Pawson & Silvestrin), 핸드툴스 전시회 (Handtools Exhibition)

보며 서 있다. 매스에 뚫린 창은 건물에 대한 연상 작용을 더욱 확실하게 해주고 있다. 이 작품은 미니멀리즘 조각가인 세라(Serra)의 철판 작품과 파우슨 & 실베스트린의 미니멀리즘 건축 사이의 강한 연관성을 보여주고 있다 도 51.

셋째는, 해체 건축, 반(反)조형 운동, 신 표현주의 등과 같이 1980년대에 건축 분야에서 극에 달했던 비정형 혹은 앵포르멜(informal) 경향에 대한 반작용 현상으로 극단적인 정형화(formal)경향인 미니멀리즘이 유행하게 된 것으로 이해될 수 있다. 대립되는 쌍 개념 사이의 '작용 – 반작용' 현상으로 양식 운동의 전개 과정을 파악하려는 시각은 서양 예술사를 바라보는 유용한 통사적 방법론 가운데 하나일 수 있다. 이러한 쌍 개념은 서양 건축사 혹은 예술사를 통틀어 수십 가지가 있을 수 있는데 '정형 – 비정형'은 그 중의 대표적 한 예이다. 그리스– 로마– 초기 기독교– 비잔틴– 고딕-르네상스-바로크로 이어지는 양식사의 발전 과정은 바로 이러한 정형– 비정형의 교대 현상으로 서양 건축사 전체를 파악한 대표적 예에 해당된다. 정형– 비정형의 대립적 쌍 개념은 20세기 서양 건축의 전개 과정을 10-20년 단위로 자잘하게 나누어 파악하는

도 52
피터 메르클리(Peter Maerkli),
다소릴리에비 주택 및 한스 조셉손
스쿨(Casa per Dassorilievi e
Sculture di Hans Josephsohn),
조르니코(Giornico), 스위스,
1990-1992

데 여전히 유용한 시각이 되고 있다. 이러한 해석의 일환으로 1990년대의 미니멀리즘은 1980년대의 비정형 운동에 대한 대립적 쌍 개념으로서의 정형화 운동으로 이해될 수 있다.

예를 들어 메르클리(Maerkli)의 다소릴리에비 주택 및 한스 조셉손 스쿨(Casa per Dassorilievi e Sculture di Hans Josephsohn)을 보자. 이 건물은 무표정한 육면체 덩어리만으로 전체 구성이 이루어지고 있다. 이런 구성은 주변 자연 환경이나 지역 전통과 아무런 연관성을 갖지 못하며 그렇다고 네오-모더니즘 같은 시대 해석적인 내용을 얘기해 주고 있지도 않다. 더욱이 이 건물이 주택 겸 학교인 점을 감안하면 창이 없는 육면체 덩어리만으로 이루어지는 이 같은 구성은 건물의 기본적 기능까지도 무시해야할 정도로 더 절박한 얘기 거리가 있었음을 의미하는 것으로 보여진다. 그리고 이것은 바로 1980년대에 비정형 경향이 무차별적으로 유행했던 데 대한 반발 작용으로서 1990년대는 정형화 경향에 의해 시대적 특징을 결정짓겠다는 의도인 것으로 보인다 도 52.

넷째는, 1990년대의 미니멀리즘은 세기말적 허무주의의 한 현상으로 이해될 수 있다. 미니멀리즘은 구상 운동의 극단인 팝 아트에 대한 반대 개념으로서의 극단적인 추상 운동으로 시작되었다. 외형만 볼 때 미니멀리즘의 깔끔한 모습은 세기말적 허무주의와는 아무 연관성을 못 갖는 것으로 보일 수도 있다. 그러나 이와 동시에 미니멀리즘은 '예술의 본질은 이제 이것밖에 남지 않았다' 라는 극단적인 항변의 몸짓인 점에서 다다(Dada)나 팝 아트의 냉소적 허무주의를 배경적 예술관으로 공유하고 있기도 하다. 미니멀리즘과 팝 아트는 이제 예술가 개인의 인위적 각색은 더이상 예술 분야에서 필요치 않다는 전제 위에 그 대안으로 있는 그대로의 사물을 예술 소재로 차용하겠다는 자기 부정적 예술관을 공유한다. 이것을 표현하는 예술 전략에 있어서 팝 아트는 사물의 외형적 모습을 그대로 차용하는 반면 미니멀리즘은 사물의 마지막 남은 본성을 찾아내려는 차이점을 가질 뿐이다.

도 53
캄포 바에사(Campo Baeza), 알리카르테 대학 도서관(Library at the University of Alicarte), 알리카르테(Alicarte), 스페인, 1995

20세기 후반부에 대도시의 환경 파괴나 건축물의 극단적 상업화 등과 같은 부정적 현상들을 겪으면서 건축의 역할이나 나아가 건축의 본질이 과연 무엇인가에 대한 회의와 반성이 1990년대 이후 잦아지고 있다. 미니멀리즘은 이러한 회의적 시각이 세기말적 허무주의와 맞물리면서 건축의 역할과 본질을 극단적으로 축소시키려는 자기 부정의 현상으로 이해될 수 있다. 예를 들어 바에사(Baeza)의 알리카르테 대학 도서관(Library at the University of Alicarte) 계획안을 보자. 이 계획안은 기능별 유형이나 생산성 등과 같은 통상적 기준에 의해 건물의 개념을 정의하려는 상식적 규범을 처음부터 강하게 부정하고 있다. 그보다는 건물을 구성하는 기본 요소는 매스와 유리와 벽체밖에 남지 않았다는 세기말적 허무가 더 강하게 느껴지고 있다 도 53.

이상과 같은 복합적 배경 아래 1990년대에 들어오면서 건축에서의 미니멀리즘은 하나의 통일된 양식을 보이며 유행하고 있다. 실용적 기능을 만족시켜야 한다는 장르적 특성상 건축에서의 미니멀리즘은 미술에서만큼 극단적인 단순화 단계로까지는 발전하지 못하고 있다. 그러나 건축에서의 미니멀리즘도 미술 못지 않게 다양한 내용을 실험하고 있다. 건축에는 기본적으로 요구되는 실용적 사항들이 많기 때문에 이것들의 최소적 한계를 찾는 작업은 그만큼 다양한 내용으로 나타날 수 있다. 나는 이러한 내용들을 '추상 공간과 구상의 잔재', '단순성과 다양성', '물성과 비물성', '사각형의 한계와 공간의 확장성'의 네 가지로 요약하여 소개하고자 한다.

4 추상 공간과 구상의 흔적

예술 세계와 체험적 현실 사이의 일체를 추구하는 사실적 공간관은 미니멀리즘을 형성시킨 중요한 동인 가운데 하나였다. 예를 들어 단일색으로 칠해진 거대한 캔버스는 외연(外延:externalization)적 해석으로부터 자유롭게 되면서 관찰자에게 색 그 자체에 대한 체험적 감상만을 요구하게 된다. 이것은 예술 체계가 관찰자의 체험적 존재를 포괄하는 색채적 환경으로 발전함을 의미한다. 이처럼 미니멀리즘은 '환경(environment)' 이라는 개념을 도입함으로써 2차원 평면의 틀을 깨고 예술 세계를 3차원의 사실적 공간으로 확장시켜 나갔다. 미니멀리즘 예술가 가운데에서도 특히 모노크롬(monochrome) 운동을 이끈 클렝(Klein)이나 뉴만(Newman) 등이 이런 경향을 대표하였다. 예를 들면 뉴만의 〈일체화 투 Onement II〉라는 작품은 제목에서도 암시되듯이 붉은 단일색만으로 칠해진 캔버스를 감상자의 체험적 현실과 일체가 되는 예술 세계로 제시하고 있다.

위와 같은 사실적 공간관은 세라(Serra)나 자드(Judd) 등에 의해 더욱 발전되었다. 이들은 회화도 조각도 아닌 '3차원 작품'이라는 새로운 장르를 선보이며 예술가 개인의 예술적 조작(illusion)이 하나도 남아 있지 않은 극도의 객관화된 실제 공간을 예술 세계로 제시하였다. 세라의 '쌍둥이: 토니와 메리 에드너에게(Twins: To Tony and Mary Edna)' 라는 작품은 이런 내용을 잘 보여주는 예이다. 이 작품은 삼각형 모양의 철판 벽체 두 장으로 백색 육면체 공간을 분할함으로써 구성되고 있다. 이 작품에서는 감상자가 실제 구조물로 제시되는 작품 속이나 그 사이를 걸어다니면서 갖는 느낌과 체험 등의 감상 내용이 그대로 예술 세계가 되고 있다. 세라나 자드의 작품에 '무제(untitled)' 라는 제목이 유난히 많은 것도 작가 쪽에서의 선험적 정의를 최소화하여 순수 중립적 상태를 감상자에게 제시하겠다는 의도로 풀이된다. 이들은 추상을 이용한 외연적 해석마저도 구상의 마지막 잔재로 거부하며 극단적 추상 요소만으로 하나의 예술 세계를 구성하였다. 그 대신 감상자 개개인이 갖는

도 54
리처드 세라(Richard Serra),
'쌍둥이: 토니와 메리 에드너에게
(Twins: To Tony and Mary
Edna)', 1972
ⓒ Richard Serra/ARS,
New York-IKA, Seoul, 1999

실제 체험이라는 존재적 상태가 무형의 구상 요소로 새롭게 정의되었다. 미니멀리즘의 예술 세계에서 구상 요소는 완전히 지워졌거나 아니면 최소한 추상 요소와 분리되어 무형의 상태로 정의되었다 도 54.

건축에서도 이와 동일한 고민이 미니멀리즘 건축가들에 의해 제기되었다. 건축은 장르적 특성상 미술에서와 같은 구상 요소는 갖지 않는다. 그러나 개념상으로 보아 가구나 생활 공예품과 같은 사용자의 일상적 흔적이 건축에서의 구상에 해당되는 것으로 정의될 수 있다. 건축에서의 구상이 이와 같이 정의될 경우 건축도 미술과 마찬가지로 이러한 구상의 흔적을 어떻게 건물의 미니멀리즘적 추상 분위기에 맞출 것인가 하는 문제를 갖게 된다. 공공 건물은 그 안에서 일어나는 행태의 종류가 한정되어 있기 때문에 이런 문제가 덜 심각할 수 있다. 이에 반해 특정인이 상주하며 모든 종류의 행태가 다 일어나는 주택의 경우는 이 문제가 미니멀리즘 건축의 성립 여부 자체에 영향을 끼칠 정도로 결정적일 수 있다. 일부 건축가들은 실내 공예를 건축과 별개의 장르로 보면서 자신이 설계한 건물의 예술적 한계를 그러한 공예 요소들이 첨가되기 전의 순수 건물 상태까지로 정의하기도 한다. 건물이 지어진 다음에 사람들이 들어가 살면서 초래되는 변화는 건축가의 예술적 책임이 될 수 없다는 생각인 것이다. 그러나 이와 반대로 일부 미니멀리즘 건축가들은 실

도 55
크리스토프 위에(Christophe Huet), 율리 하우스(Joly House), 루시요(Roussillon), 프랑스, 1989

내 공예까지 포함하는 범위에서 미니멀리즘을 정의하려는 시도를 보여주기도 한다도 55. 이 경우 미술에서 정의되었던 추상과 구상 사이의 관계는 건축에서도 그대로 적용될 수 있다. 건축에서의 이 주제는 다음과 같은 두 방향으로 전개되었다.

첫째는 실내 공예까지도 건물의 추상 분위기에 맞춰 건축가가 결정하려는 입장이다. 이러한 입장은 주로 1920년대 추상 건축을 이끌었던 미스, 로스, 데 스틸 건축가들의 주택에서 구체화되었다. 이들은 '예술적 통일성(artistic unity)'이라는 유럽의 전통적인 공예관을 이어받아 이것을 '토탈 디자인(Total Design)'이라는 근대적 공예관으로 발전시켰다. 이러한 공예관은 건축가가 건물에서부터 실내 공예에 이르는 모든 생활 조형 환경을 총 책임지고 동일한 양식 모티브를 이용한 세트의 개념으로 디자인해야 된다는 기본 입장을 견지했다. 데 스틸 건축가들이나 로스는 이런 생각이 특히 강하여 이들이 설계한 주택에서는 가구를 하나만 움직여도 전체적 공간 구성이 훼손될 정도였다.

실내를 가능한 한 비워둠으로써 균질 공간을 추구하려 했던 미스

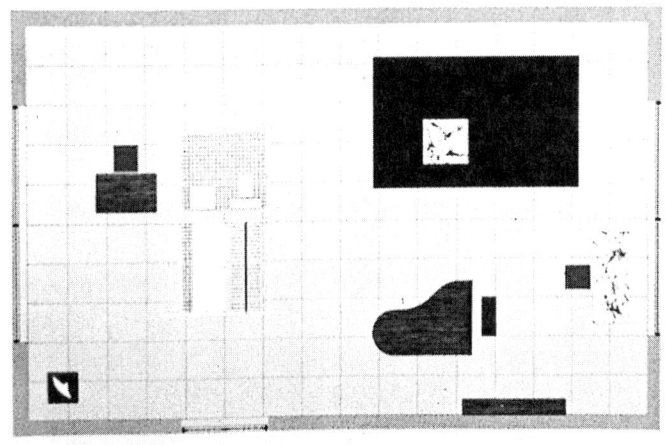

도 56
미스 반 데 로에(Mies van der Rohe), '단순 주거에 대한 콜라주 스터디(Collage Studies of a Simple Dwelling House)', 일리노이 공과대학 건축학과 4학년 스튜디오 지도 작품

의 경우에도 이러한 생각은 아직 남아있었다. 미스는 주택에 들어가는 모든 가구를 디자인하지는 않았으며 더욱이 실내 공간 개념에 있어서 데스틸에서와 같은 붙박이 가구는 처음부터 배제했다. 그러나 미스도 일부 가구는 자신의 건물 분위기에 맞춰 직접 디자인하였으며 그 외의 실내 공예 요소도 크기, 모양, 위치 등은 건축가 쪽에서 결정하여야 한다는 입장이었다. 미스가 일리노이 공과대학에서 지도한 스튜디오의 학생이 남긴 '단순 주거에 대한 콜라주 스터디(Collage Studies of a Simple Dwelling House)' 라는 작품은 이런 내용을 잘 보여주는 예이다. 이 도면에서는 하나의 주거 공간 단위를 결정짓는 미니멀리즘적 조건에 대한 탐구가 시도되고 있다. 이런 가운데 미스는 평소 자신의 지론이던 단일 균질 공간을 이러한 조건에 대한 건축적 틀로 제시한 후 이것에 맞는 실내 공예 요소를 함께 탐구하고 있다. 미스에게 있어서 실내의 구상 흔적은 가능한 한 최소화시켜야 할 대상이었지만 그렇다고 완전히 지워질 수는 없는 양면적 한계를 갖는 미니멀리즘적 요소였다.도 56

둘째는 이상과 같은 모더니즘 거장들의 추상 공간을 아직도 구상적 제약이 많이 남아 있는 불완전한 추상 상태로 보고 그에 대한 대안으로 미술에서와 마찬가지로 구상의 흔적을 모두 지운 극단적 추상 공간을 시도하는 입장이다. 바키니(Vacchini)의 코스타-테네로 하우스(House in Costa-Tenero)는 이런 내용을 잘 보여주는 예이다. 이 주택

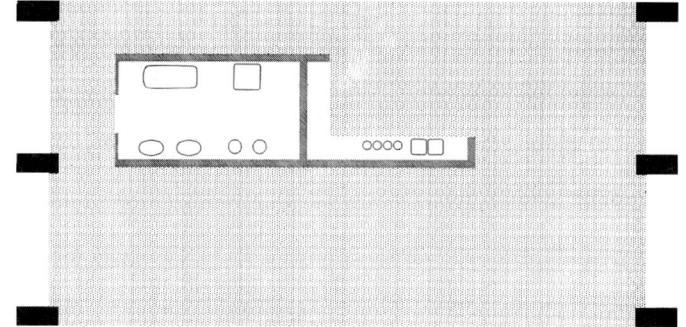

도 57
리비오 바키니(Livio Vacchini),
코스타-테네로 하우스(House in
Costa-Tenero), 티치노(Ticino),
스위스, 1990

에서는 주거 공간을 구성하는 데 필요한 구상적 공예 요소를 극단적으로 간략화시킨 후 이것을 별도의 공간 안에 담아버림으로써 실제 사용 공간은 아무런 요소도 갖지 않는 텅빈 추상 공간으로 나타나고 있다. 목욕탕 기능을 원형 코어 안에 담은 후 나머지 공간을 가구로 채웠던 필립 존슨(Philip Johnson)의 균질 공간이 이곳에서는 모든 가구가 비워진 극단적 상태로 발전하고 있다 도 57.

 이상과 같은 입장은 실내 공예품이 갖는 오브제(object)로서의 특성이 건물이 갖는 추상 공간에 대하여 구상적 제약을 가하는 것으로 본다. 건축가가 가구 같은 실내 공예품까지도 디자인하여 제시할 경우 이것은 곧 사용자의 공간 체험을 처음부터 건축가 쪽에서 결정해버리는 것이 된다. 미술에서의 경우로 유추해보자면 예술가가 설정한 허구적 가정을 감상자의 체험으로 강요하는 것과 같은 얘기가 된다. 이러한 경우 사용자가 체험하는 예술 세계로서의 공간과 실제 존재하는 건축 공간 사이에는 영원히 메워질 수 없는 간극이 존재하게 된다. 이러한 두 공간 사이의 완벽한 일치를 추구하는 미니멀리즘 건축은 이를 위하여 실내 공예품을 공간 구성 요소에서 완전히 제외시킨 극단적인 추상 공간을 추구한다.

 위와 같은 미니멀리즘적 입장은 건물이 지어진 다음에 가해지는 실내 공예와 같은 추가 행위를 건축가의 예술적 책임의 범위에서 제외시키려는 입장과 같아 보일 수도 있다. 그러나 추상과 구상 사이의 관계라는 관점에서 보았을 때 이 두 입장은 전혀 별개의 것이다. 후자의 입장은 건축에서의 구상적 요소가 개입되기 이전까지만 건축의 대상으로 보겠다는 입장이다. 이에 반해 미니멀리즘적 입장은 구상적 요소까지도

도 58
캄포 바에사(Campo Baeza),
가스파르 하우스(Gaspar House),
카디츠(Cadiz), 스페인, 1988

건축의 대상으로 삼되 이것이 추상 공간의 체험에 미치는 영향을 없애기 위해 구상과 추상을 완전히 분리하여 처리하겠다는 입장이다.

    미니멀리즘 건축에서는 구상적 흔적의 영향으로부터 자유로울 수 있는 추상 공간을 추구한다. 이를 위해 미니멀리즘 건축에서는 실내 공간을 구성하는 디테일을 가능한 한 생략하고 마감도 흰색 회벽만을 사용하여 극도로 추상화된 백색 공간을 형성한다. 바에사(Baeza)의 가스파르 하우스(Gaspar House)는 이런 내용을 잘 보여주는 예이다. 이 주택에서는 수평 방향의 백색 벽체와 수직 방향의 백색 벽체 두 종류의 부재만으로 건물이 구성되고 있다. 이것들 사이에 바닥이나 천장, 혹은 내벽이나 외벽 등과 같은 구별을 지우는 것은 무의미해보인다. 부재와 부재가 접합하는 지점에 들어가는 몰딩(molding)류의 완충재도 모두 생략되고 없다. 오로지 백색의 공간 하나만으로 모든 것이 완결지어져 있다. 이렇게 처리된 실내 공간은 가구와 일상 용품이 채워져야 비로소 완성된 생활 환경이 되는 일반적인 경우와 달리 그 자체로서 자기 완결적인 공간 환경을 형성한다. 이렇기 때문에 이런 공간은 더이상 어떠한 첨가물과 섞이기를 거부함과 동시에 어떠한 종류의 가구나 일상 용품이 채워지더라도 자신은 아무런 영향도 받지 않은 채 본래의 완결된 상태를 유지하게 된다 도 58.

    위와 같은 처리는 극도로 중성화된 백색 공간만이 가구 등과 같은

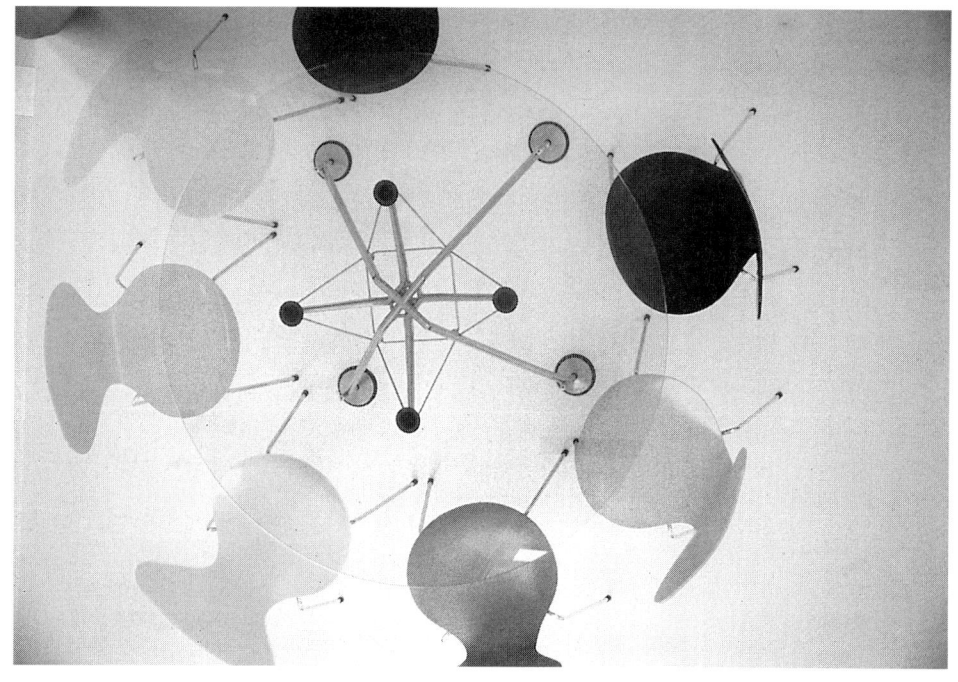

도 59
아르네 야콥슨(Arne Jacobsen),
시리즈 7 체어스(Series 7 chairs),
1995

구상 요소의 영향을 무기력하게 만들 수 있다는 미니멀리즘적 추상관에서 기인한다. 예를 들어 가구를 A라는 유채색으로, 벽을 B라는 또 다른 유채색으로 처리했을 경우 유채색끼리는 어떤 형식으로든지 간에 서로 영향을 끼치기 때문에 실내의 추상 공간은 가구라는 구상 요소의 영향으로부터 자유로울 수 없게 된다. 이럴 경우 건축 공간에는 가구에 대한 건축가의 예술적 가정이 더해지면서 사용자가 체험하는 공간과의 사이에 영원히 메워질 수 없는 외연적 간극을 갖게 된다. 이에 반해 실내를 백색 공간으로 처리할 경우 가구의 유채색과의 영향적 관계로부터 자유로울 수 있게 된다. 야콥슨(Jacobsen)의 시리즈 7 체어스(Series 7 chairs)는 이런 내용을 잘 보여주는 예이다. 이 의자들은 강렬한 원색으로 처리되었지만 백색 추상 공간 속에 담기기 때문에 그러한 원색은 주변 공간으로부터 아무런 영향을 받지 않음과 동시에 주변 공간에 아무런 영향을 끼치지 않게 된다. 공간은 구상 요소로부터 자유롭게 되면서 그 자체로서 완결된 체험 단위가 된다 도 59.

이러한 내용은 색채 뿐만 아니라 형태에 있어서도 마찬가지여서 미니멀리즘 건축가들은 색채에서와 똑같은 이유로 실내 마감 형태를 가능한 한 단순한 상태로 처리하게 된다. 그렇지 않을 경우 위와 같은 영향 관계는 공간의 골격을 구성하는 몰딩이나 개구부 같은 축조적 흔적에 있어서도 동일하게 나타난다. 축조적 흔적이 많으면 많을수록 실내 공간은 건축가가 선험적으로 가정하는 건축적 가치로부터의 영향을 그만큼 많이 받게 된다. 이런 영향은 결국 구상적 영향과 동일하게 작용하게 된다. 한마디로 구상 요소와의 조형적 관계를 형성할 가능성이 있는 어떠한 연결고리라도 모두 없애겠다는 의도인 것이다.

어윈(Irwin)의 〈순수 공간 *Pure Space*〉이라는 설치 작품은 이런 내용을 잘 보여주는 예이다. 이 작품에서는 공간의 골격을 구성하는 축조적 흔적을 지우려는 의도가 지나쳐 바닥과 벽을 생략한 채

도 60
카코 파트너십(Kaakko Partnership), 레저 스튜디오 (Leisure Studio), 에스포(Espoo), 핀란드(Finland), 1992

공중에 매달린 수평 판재 하나만으로 공간을 정의해내고 있다. 공간을 구성하는 세 개의 기본 요소인 바닥과 벽체와 천장 가운데 마지막까지 반드시 남아야 할 요소로 어윈은 천장을 제시하고 있는 것이다. 이것은 바꿔 얘기하면 하나의 공간이 존재함을 암시해줄 수 있는 최소한의 요소로 어윈은 천장을 상정하고 있음을 의미하는 것이다. 그리고 이처럼 암시되는 상태로 존재하는 공간을 어윈은 순수 공간이라 이름 붙이고 있다.

이러한 과정을 거쳐 미니멀리즘 공간 속에서 가구는 예술적 조형치라는 관점에서 보았을 때 실내 공간 구성에 아무런 영향을 못끼치는 소품적 가치밖에 못 갖게 된다. 모더니즘 추상 건축에서 가구는 토탈 디자인의 핵심 요소로서 건물 및 공간에 대해 일정량의 조형적 제어 능력을 행사했다. 그러나 이제 미니멀리즘 건축에 와서 가구는 아무 형태나 아무 색으로 처리되어도 공간에 아무런 변화를 초래하지 못하는 소품으

도 61
에니쉬 카푸르(Anish Kapoor),
〈무제 Untitled〉, 1995

로 전락하고 있다. 카코(Kaakko) 파트너십의 레저 스튜디오(Leisure Studio)는 이런 내용을 잘 보여주는 예이다. 이 스튜디오는 목재로 골격이 짜여진 유리 상자로 전체 구성이 이루어짐으로써 미니멀리즘 추상 공간의 전형적인 모습을 보여주고 있다. 그런데 이 스튜디오의 실내에서는 건물의 윤곽과는 별도로 화장실 기능을 담는 또 하나의 작은 상자 같은 공간이 만들어져 있다. 이러한 처리는 위에 밝힌 바와 같이 실내 공간을 형성하는 미니멀리즘적 조형관의 순도를 높이기 위해 구상 요소의 존재를 억제하려는 의도하에 시도된 것으로 보인다 도 60.

이상 살펴본 바와 같이 미니멀리즘 추상 공간은 가구 같은 구상의 흔적과는 완전히 분리되어 존재함으로써 그 속에 어떤 내용물이 담기더라도 본래의 공간적 성격을 있는 그대로 유지하는 완전 독립체가 되었다. 이것은 어떤 면에서는 물건을 담는 그릇의 개념으로 건물을 정의하려는 1980년대 이후의 상대주의 공간관과 일맥상통하는 내용이기도 하다. 이러한 미니멀리즘 추상 공간만이 수시로 바뀌고 교체되는 모든 종류의 구상 흔적을 담아내고 포괄해낼 수 있게 된다. 추상은 이처럼 어떠한 경우에라도 항상 구상을 담아내고 포괄해낼 수 있을 때에 비로소 완벽한 독립성을 가질 수 있게 된다. 동시에 미니멀리즘 추상 공간이 구상 요소에 대해 갖는 이러한 포괄성은 바로 미니멀리즘에서 추구하는 보편성의 기본 개념을 이루게 된다. 모든 것을 비워 스스로 존재하며 최소한의 존재 조건만을 가짐으로써 외부의 편견에서 자유로울 수 있는 공간이 미니멀리즘 추상 공간인 것이다.

'구상의 흔적을 담아낼 수 있는 극단적 추상 공간'으로 정의되는 이러한 미니멀리즘 공간은 그 기본 사상에 있어 비움(emptiness)의 미학과 맞닿아 있다. 어떠한 구상의 흔적이라도 담을 수 있다 함은 곧 모든 내용물을 비울 수 있음을 의미한다. 공간은 그 속에 담겨지는 내용물과 상관없이 늘 변함없는 고유한 특성적 한계를 갖는다. 그렇기 때문에 이러한 특성적 한계를 찾을 수 있다면 공간 속에 무엇이 담겨지건 혹은 비워져 있건 간에 그것은 아무런 중요성을 못 갖는다. 그리고 미니멀리즘은 바로 이러한 특성적 한계를 찾는 작업이다. 하나의 공간을 주변 요소의 영향으로부터 완전하게 해방시켜 항상 본래의 상태로 존재하게 해주는 한계를 찾는 작업인 것이다 도 61.

리처드 볼하임(Richard Wolheim)은 미니멀리즘 공간에 나타나는 비움의 특징을 '무차별적 동일성(undifferentiation)'과 '구상적 얘기 거리의 최소화(low content)'라는 주제로 환원하여 제시하기도 하였다. 이러한 비움의 미학은 더 많이 비울수록 공간적 진실에 더 가까워질 수 있으며 따라서 더 많은 얘기 거리를 해줄 수 있다는 동양적 공간관과 맥을 같이 한다. 이러한 내용은 아래에서 소개할 무채색의 공간에서 더욱 분명히 드러난다. 모더니즘 추상 공간이 완성되는 데 결정적 선례 역할을 했던 동양적 공간관이 이제 다시 미니멀리즘 추상 공간이 형성되는 데 똑같은 역할을 반복하고 있다.

5 단순성과 다양성

위에서 소개한 매개적 최소성과 극단적 추상 공간 등과 같은 미니멀리즘의 기본 개념들은 하나의 사물이나 공간을 존재하게 해주는 가장 근본적인 본성의 상태를 찾는 작업이었다. 한편 미니멀리즘 중에는 이와 같은 기본 개념들을 모더니즘 추상 공간의 단조로움에 대한 비판적 대안으로서 공간적 다양성의 개념으로 정의해내려는 경향이 있다. 이러한 경향은 미술에서 자드(Judd)나 르 위트(Le Witt) 등으로 대표되는데 미니멀리즘 건축 가운데에서도 이와 동일한 관점에서 파악될 수 있는 예들이 발견된다. 현대 건축의 큰 고민 가운데 하나는 모더니즘에서 양산된 단순 육면체형 건물의 단조로움을 극복하는 문제였다 이 해결책은 두 방향으로 진행되었다.

첫 번째는 자유형태, 비정형, 곡선형 등과 같이 형태적 측면에서 육면체의 단순한 윤곽을 깨려는 형태주의적 시도이다. 이러한 시도는 단순성과 다양성의 구별을 형태적 윤곽이라는 시지각적 측면에서 정의하려는 입장이다. 이 내용에 관해서는 앞의 형태주의 편에서 살펴보았다.

두 번째는 이와 달리 이 문제를 보편성과 특수성 사이의 관계라는 해석적 관점에서 파악하려는 미니멀리즘적 시도이다. 건축물이 의미하는 예술 세계는 한정된 매개를 일정한 규칙에 따라 운용하여 얻어지는 건축가 개인의 상상 세계이기 때문에 일상적 리얼리티 가운데 어느 한 순간에 해당되는 특수성(the specific)의 가치를 갖는다. 모더니즘 건축의 문제점은 단순 육면체형 건물이 이야기해주는 이러한 특수성의 내용이 천편일률적이고 단조롭다는 데에 있다. 모더니즘 건축의 육면체 모델은 '특수성'의 특징을 갖는 예술 세계를 통하여 가장 많은 현실 세계를 이야기해줄 수 있는 매개로 제시되었다. 이것은 곧 특수성을 통하여 보편성(the general)을 목적함을 의미했다. 그러나 결과는 가장 단조로운 상자라는 한 가지의 특수한 이야기밖에 못 해주는 한계로 나타났다. 현대 건축의 큰 고민 중 한가지는 이러한 한계를 극복하고 예술 세계의 특수성을 통하여 현실 세계의 특수성을 가능한 한 다양하고 많이 이야기해주는, 궁극적으로는 보편성의 가치를 획득하게 해주는 건축적 매개를 찾는 작업이었다. 그리고 미니멀리즘 건축은 이러한 작업에 대한 해법이었다.

예를 들어 모더니즘 육면체형 건물의 단조로움을 극복하기 위해 1,000가지의 예술적 이야기를 해줄 수 있는 건축 세계를 찾는다고 가정해보자. 이때 앞에서 밝힌 바와 같이 하나의 건축 세계는 어차피 '특수성'의 세계일 수 밖에 없다. 그렇기 때문에 특수성의 개념을 이용하여 1,000가지의 특수한 예술적 이야기를 하기 위해서는 1,000가지의 서로 다른 건축 세계를 만들어야 한다. 그러나 현실적으로 이것은 불가능하다. 이렇기 때문에 현실적 리얼리티를 특수성의 개념으로 표현하려는 예술 세계는 영원히 불완전한 상태로 남을 수 밖에 없다. 미니멀리즘 관점에서 보았을 때 육면체형 건물의 단조로움을 자유 형태라는 시각적 해법으로 풀려는 형태주의 운동은 바로 이러한 불완전한 해법에 해당된다. 이에 반해 미니멀리즘에서는 다양하게 변화하는 현실 세계의 모든 경우를 포괄해낼 수 있는 보편적 구성 법칙으로부터 이 문제를 해결하려 한다.

예를 들어 위의 1,000가지 예술적 이야기의 문제로 되돌아가보자. 이때 미니멀리즘은 10가지 이야기를 해주는 매개를 세 가지 만든 후 이것들 사이에 '10×10×10'이라는 관계적 법칙을 형성함으로써 1,000가지 이야기를 해줄 수 있는 구성 법칙을 획득한다. 이처럼 최소한의 매개들 사이에 형성되는 관계적 법칙으로부터 특수성에 해당되는 다양한 경우의 수들을 포괄해낼 수 있다는 개념이 바로 미니멀리즘적 보편성의 개념이다. 미니멀리즘의 최소성 속에는 이와 같이 보편성의 개념이 함께 들어 있으며 이것은 곧 매개가 단순할수록 더 다양한 이야기 거리를 만들어낼 수 있다는 '단순성과 다양성'의 논리이다. 미니멀리즘은 반드시 모든 것을 단순화시키고 최소화시키려는 목적만을 추구하지는 않는다. 미니멀리즘의 단순화 경향은 때로는 더 다양한 이야기 거리를 목적으로 삼기도 한다.

자드는 위와 같이 정의되는 미니멀리즘을 대표하는 예술가였다. 〈무제 *Untitled*〉라는 제목이 붙은 자드의 상자는 이런 내용을 잘 보여주는 작품이다. 이 작품은 가장 단순한 윤곽을 갖는 육면체로 구성되어 있다. 이때 형태적 단조로움을 극복하는 수단으로 자드는 육면체에 몇 개

도 62
도날드 자드(Donald Judd),
⟨무제 Untitled⟩, 1969
ⓒ Donald Judd/Licensed by
VAGA-IKA, Seoul, 1999

의 기본적 구성 매개를 첨가한 후 이것들 사이의 관계적 법칙으로부터 다양한 얘기 거리를 제공하려는 전략을 구사하고 있다. 예를 들면 육면체의 내부를 유리면을 이용하여 두세 번 정도 분할한 후 분할 면의 표면 상태에 대한 반사도와 투명도를 각기 달리 하는 처리 방법이 쓰이고 있다. 이러한 처리를 통하여 육면체는 시선의 위치와 각도 등에 따라 무한대로 다양한 모습으로 나타나게 된다. 이러한 내용이 바로 위에서 설명한 단순성과 다양성의 논리에 해당되는 실제 작품에서의 예인 것이다 도 62.

　　단순화된 매개 사이의 관계적 법칙에 의해 현실 세계의 다양한 특수성을 포괄해냄으로써 예술적 보편성을 획득할 수 있다는 위와 같은 미니멀리즘적 조형관은 건축에도 동일하게 적용될 수 있다. 이러한 미니멀리즘적 건축관은 육면체형 건물의 단조로움을 형태적 측면이 아닌 '모든 것이 추측 가능한 데서 오는 기대감의 결여'의 문제로 보려한다. 단순 육면체형 건물은 매개 자체도 단순할 뿐 아니라 매개 사이의 관계적 법칙도 한 가지만 갖기 때문에 여기서 제시되는 예술 세계나 혹은 공간 세계 역시 한가지 일 뿐이다. 그렇기 때문에 이러한 공간 세계에서는 놀라움이나 새로움 등과 같은 예술적 긴장감이 완전히 소멸되어 있다.

도 63
에르시야 & 캄포(Ercilla & Campor), 가라델레구이 가족 주거 (Garadelegui Family Dwelling), 알라바(Alava), 스페인, 1997

하나의 공간 세계를 경험하는 데에 있어서 일정한 정도의 예측 불가능성은 사용자에게 다양한 이야기 거리를 제공해주기 위한 필요 조건 가운데 하나이다. 모든 것이 추측 가능하여 기대할 것이 없는 뻔한 공간은 예술 세계로서의 존재 가치를 상실한 단순 물리체일 뿐이다. 미니멀리즘 건축은 최소한의 매개들 사이에 공간적 긴장감을 불러일으키는 관계적 법칙을 부여함으로써 예술 세계로서의 다양성을 추구한다.

에르시야 & 캄포(Ercilla & Campo)의 가라델레구이 가족 주거(Garadelegui Family Dwelling)는 이런 내용을 잘 보여주는 예이다. 이 건물에서는 공간 사이의 경계를 모호하게 처리하는 조형 전략을 통하여 위와 같은 미니멀리즘적 목적이 추구되고 있다. 이 과정에서 이 건물에는 위에 소개한 자드의 상자 작품과 유사한 공간 장면들이 여러 곳에 형성되고 있다. 에르시야 & 캄포의 건물에서는 모든 디테일이 생략된 단순한 형태의 벽면들만으로 공간이 형성되어 있다. 이때 벽체의 뚫린 상태와 투명도, 유리면의 반사도, 벽체의 만남과 어긋남 등과 같이 하나의 공간을 구성하는 물리적 결합 방식이 정형적 규칙성에서 탈피하여 모호하게 처리되어 있다. 그러나 이러한 모호함은 혼란이나 불규칙으로 느껴지지 않고 단순화된 벽면의 지루함을 덜어주는 공간적 긴장감으로 나타남으로써 미니멀리즘의 한계를 잘 지켜내고 있다. 그 결과 이 건물에서는 하나의 공간을 예측 가능하게 만드는 가장 기본적인 요소인 내부 공간과 외부 공간, 혹은 인공 세계와 자연 세계 사이의 명확한 구별이

사라지면서 다양한 공간 경험에 대한 기대감이 유발되고 있다. 이 건물에 나타나는 이러한 처리는 바로 '최소한의 매개들 사이의 관계적 법칙'이라는 미니멀리즘 전략의 대표적 예에 해당된다 도 63.

    마드리데요스 & 산초(Madridejos & Sancho)의 카레타스 대학 내 스쿨 파빌리온(School Pavilion in Carretas College)도 위와 동일한 범위 내에서 이해될 수 있다. 이 건물 역시 가장 단순한 형태의 벽면들만으로 공간이 구성되고 있는 가운데 공간의 예측 가능성을 깨는 긴장 요소로서 공간의 깊이감과 투시도 효과라는 관계적 법칙이 쓰이고 있다. 이 건물에서는 불투명한 두 면의 벽체로 구성되는 좁은 복도 끝에 투명 유리막이 형성되어 있고 이 막을 통하여 저 너머 속의 공간이 단편적으로 들여다 보이고 있다. 이처럼 깊이감이 느껴지는 좁은 공간의 끝 부분에 부분적으로 암시되고 있는 저쪽 공간은 투시도 효과에 의한 착시 현상이 가미되면서 예측 불가능한 상태로 존재하고 있다. 복도의 천장

도 64 ◀
셀 마드리데요스 & 후안 카를로스 산초(Sel Madridejos & Juan Carlos Sancho), 카레타스 대학 내 스쿨 파빌리온(School Pavilion in Carretas College), 마드리드 (Madrid), 1990-1991

도 65 ▲
비엘 아레츠(Wiel Arets), 발스 경찰서(Police Station at Vaals), 발스, 네델란드, 1993-1995

도 66
카를로스 페라테르 & 호안 기베르노(Carlos Ferrater & Joan Guibernau), 바이드레라 일가구 주택(Single-family House in Vallvidrera), 바르셀로나(Barcelona), 스페인, 1995-1996

은 불투명한 측면 벽체와 달리 조명 처리에 의해 투명한 막으로 나타나고 있으며 이러한 처리는 저쪽 공간의 천장에까지 연속되고 있다. 측면 벽체와 천장을 다르게 처리한 이러한 차별성에 의해 공간의 감상에 대한 예측 불가능성은 증대되고 있다 도 64.

아레츠(Arets)의 발스 경찰서(Police Station at Vaals) 건물에서는 측면 벽체의 상태를 서로 다르게 처리하는 방법에 의해 공간적 긴장감이 형성되고 있다. 아레츠의 경찰서 건물에서는 벽체를 형성하는 면의 형태 자체는 가장 단순한 유리면으로 처리되어 있다. 그러나 이러한 유리면의 위치, 크기, 반사도 등을 각각 다르게 처리함으로써 태양의 이동, 날씨의 흐림과 맑음, 계절 등에 따라 실내 공간의 최종 모습은 무한

89 미니멀리즘(Minimalism)

대로 다양하게 나타나게 된다. 그 결과 이 건물의 공간은 예측 가능한 한 가지의 상태에서 벗어나 끊임없이 새로운 모습에 대한 놀라움과 기대를 유발한다 도 65.

페라테 & 기베르노(Ferrater & Guibernau)의 바이드레라 일가구 주택(Single-family House in Vallvidrera)에서는 외부 윤곽과 내부 면의 구성에 있어서 투명 면과 불투명 매스 사이의 과감한 대비를 통해 단조로움에서 벗어나는 공간적 기대감이 형성되고 있다. 이 건물에서는 투명부와 불투명부의 대비가 넓은 면 단위로 이루어짐으로써 이러한 대비는 곧 뚫림과 막힘이라는 공간 관계로 발전하게 된다. 여기에 더하여 사용자의 이동이 여러 방향으로 일어나면서 공간의 예측 불가능성은 증대되고 있다 도 66.

치퍼필드(Chipperfield)의 닉 나이트 하우스(Nick Knight House) 역시 벽면의 형태는 단순하게 처리하되 면의 투명도나 반사도 등에 변화를 줌으로써 공간을 구성하는 관계적 법칙을 다양화하는 효과를 얻고 있다. 이 주택에서는 벽체의 한쪽 면을 넓은 면적의 유리로 처리하고 있고, 이 유리면에서 일어나는 반사 효과는 벽체 전체를 투명한 비물질의 막으로 느끼게 해준다. 여기에 부분적으로 더해진 불투명 벽체는 미니멀리즘적 한계를 지키는 범위 내에서 공간 체험의 다양성을 주고 있다. 이러한 과정을 통하여 치퍼필드의 건물에서는 내부 공간의 모습이 외부 공간까지 연장되는 것처럼 보이다 동시에 외부 경치의 모습이 내부에 비추어지는 것처럼 보이기도 한다. 이것은 늘 한 가지 관계로 귀결되는 공간의 예측 가능성을 거부하려는 미니멀리즘적 다양성을 의도하는 것으로 이해된다 도 67.

스노치(Snozzi)의 베르나스코니 주택(Casa Bernasconi)에서는 매우 깔끔한 모습으로 정리된 미니멀리즘적 공간 구성 속에 위에서 설명

도 67
데이비드 치퍼필드(David Chipperfield), 닉 나이트 하우스(Nick Knight House), 서리(Surrey), 영국, 1987

도 68
루이지 스노치(Luigi Snozzi),
베르나스코니 주택(Casa
Bernasconi), 카로나(Carona),
이탈리아, 1989

한 여러 종류의 예측 불가능성의 전략들이 종합적으로 시도되고 있다. 그 결과 이 건물에서는 공간 관계의 다양화에 의한 체험적 위계라는 새로운 공간 위계가 형성되어 있다. 이것은 계급적 질서나 상징성에 의해 강제적으로 주어지던 전통적인 공간 위계에서 벗어나 역동적 체험에 의해 모든 사람이 자유롭게 공간 위계를 느끼게 됨을 의미한다. 어떤 면에서 이러한 새로운 개념의 공간 위계는 모더니즘 건축이 전통 고전주의에 반대하여 추구하던 공간 개념이었다. 1920년대에 추구되던 다양한 종류의 추상 공간은 일정 부분 이 같은 목적을 이룬 것으로 볼 수 있다. 그러나 모더니즘 건축에 대한 잘못된 이해 속에 단순 육면체형의 건물이 범람하면서 고전주의를 대체하는 새로운 공간 개념을 추구하려던 모더니즘의 시도는 실패로 결론 지어지게 되었다. 스노치의 이 주택에 나타나고 있는 위와 같은 공간 상의 체험적 위계는 이같이 실패한 모더니즘 건축에 대한 치유적 대안의 의미를 갖는 것으로 이해된다 도 68.

단순성 사이의 관계적 법칙을 통해 다양성을 추구하려는 미니멀리즘의 전략에는 이외에도 다양한 어휘들이 시도되고 있는데 큐브 프레임(cube frame)은 이것의 대표적 예 가운데 하나이다. 솔 르 위트(Sol Le Witt)의 〈한 면씩을 서로 맞대고 있는 세 개의 큐브들 Three Cubes with One Half-Off〉이라는 작품은 큐브 프레임을 사용한 대표적 예에 해당된다. 큐브 프레임은 미니멀리즘적 한계를 잘 지키는 단순한 형태이면서도 다양한 관계적 법칙을 생성해낼 수 있는 양면적 특성을 갖는 매개이다. 큐브 프레임은 육면이 개방되어 있으면서도 폐쇄 상태에 대한 강한 암시 기능을 갖는다. 이러한 암시 기능으로부터 위와 같은 다양

도 69
에르시야 & 캄포(Ercilla & Campo), 리오 플로리드 키오스크 (Rio Florid Kiosk), 알라바(Alava), 스페인, 1996

한 관계적 법칙이 확보될 수 있다. 특히 큐브 프레임이 복수 개 병렬될 때 각 면을 접합시키는 양상이나 전체 구성을 어떻게 잡느냐에 따라 이러한 다양성은 무한대로 확장될 수 있다. 예를 들어 르 위트의 이 작품에서 큐브 프레임 세 개는 'ㄱ'자를 이루며 병렬되고 있다. 이때 외부로 향한 육면이나 서로 접한 육면 등이 처한 상황에 따라 이 작품에서 형성되는 공간의 가지 수는 무궁무진해질 수 있다. 르 위트는 이외에도 큐브 프레임을 이용하여 다양한 종류의 작품들을 남기고 있다.

미니멀리즘 건축에서도 르 위트의 육면체 프레임을 차용한 예들이 발견된다. 에르시야 & 캄포(Ercilla & Campo)의 리오 플로리드 키오스크(Rio Florid Kiosk)는 이런 내용을 잘 보여주는 예이다. 이 건물에서는 목재 프레임과 유리 면으로 짜여진 큐브 단위가 축을 따라 반복되면서 전체 구조물을 형성하고 있다. 이처럼 큐브 프레임이 건물에 쓰이면서 복수 개가 병렬되거나 건축적 조건이 첨가될 경우 공간 구도를 형성하는 관계적 법칙의 종류는 훨씬 다양해진다. 이러한 관점에서 보면 하나의 큐브 프레임을 구성하는 네 개의 측면은 형태적으로는 모두

도 70
랄프 쿠세 & 클라스 고리스
(Ralf Coussee & Klaas Goris),
엔지니어스 오피스(Engineer's
Office), 루셀라레(Roeselare),
벨기에, 1994

같아 보일지라도 앞, 뒤, 옆, 창호부, 벽체 등의 건축적 조건들에 대응되면서 각각의 고유한 의미를 획득하게 되는 것이다. 이렇게 정의된 큐브 프레임이 병렬 반복되는 과정에서 최종적으로 매우 다양한 공간 구성이 얻어진다. 큐브 프레임은 이처럼 그 자체만으로 공간 경험의 종류를 다양화시킬 수 있는 가능성을 갖기 때문에 단독으로도 미니멀리즘의 목적을 충족시켜준다 도 69.

쿠세 & 고리스(Coussee & Goris)의 엔지니어스 오피스(Engineer's Office)에서는 큐브 프레임이 갖는 투명면의 특성을 잘 활용하여 공간의 관계를 주위의 외부 영역에까지 확대시킴으로써 관계적 법칙의 다양성을 확보하고 있다. 이 건물은 르 위트의 작품이나 에르시야 & 캉포의 건물에 쓰인 것과 매우 유사한 모습의 큐브 프레임으로 구성되어 있다. 그러나 이 건물에서는 미니멀리즘적 조형 구성을 외부 공간에까지 확장 적용시킴으로써 결과적으로 큐브 프레임이 갖는 관계적 법칙의 다양성을 배가시키고 있다. 이러한 처리는 르 위트나 에르시야 & 캉포의 예에서는 찾아 볼 수 없는 차별적 의미를 갖는다. 이곳 쿠세 & 고리스의 오피스에서는 건물이 놓이는 기단이나 데크, 혹은 담 등을 가장 단순한 형태의 콘크리트 육면체로 처리함으로써 큐브 프레임과는 별도로 미니멀리즘 요소를 추가로 갖는다. 그리고 이렇게 추가된 미니멀리즘 요소는 큐브 프레임과도 구성적 관계를 형성함으로써 결과적으로 큐브 프레임에 내포된 관계적 법칙의 다양성을 확장시켜주는 역할을 하고 있다 도 70.

6 물성과 비물성

미니멀리즘 건축이 찾고자 했던 매개적 최소성은 반드시 위와 같은 형태상의 문제만은 아니었다. 이 문제를 재료가 지니는 가장 근본적인 물리적 상태인 물성의 개념으로 파악하려는 관점도 미니멀리즘 건축의 중요한 배경 가운데 하나였다. 여기서의 물성이란 재료가 축조 과정을 거쳐 하나의 건축물로 발전하기 이전의 상태인 본래적 물리성을 일컫는다. 미니멀리즘 건축은 건물을 구성하는 여러 요소들 사이의 최대공약수 개념으로서 미니멀 이미지를 찾는 작업으로 정의될 수 있다. 이때 이러한 미니멀 이미지는 최종 결과물에 해당되는 형태에 있지 않고 그러한 형태를 있게 해주는 재료의 물성에 있다.

물성은 형태의 최소성보다 더 근본적인 마지막 미니멀 요소일 수 있다. 물성은 체험적 공간 단위보다 더 즉물적이며 더 존재적이라는 점에서 마지막 미니멀 요소일 수 있다. 물성은 '하나의 사물이 사물인 것은 바로 그 사물일 뿐이다(a thing is a thing is a thing)'라는 근대적 즉물성을 구성하는 마지막 미니멀 요소인 것이다. '사물에 접근하면 할수록 사물이 멀어져만 가는' 예술 세계의 불완전성을 극복하는 방법은 사물을 사물적 형태 이전의 가장 근원적인 물리성의 상태로 되돌려놓는 것이다.

예를 들면 물성의 개념으로 미니멀리즘을 정의해낸 대표적 예술가인 세라(Serra)는 〈도로 높이 *Street Level*〉라는 조형물에서 아무런 가공이 가해지지 않은 수 톤짜리 거대 철판 세 장만으로 하나의 예술 세계를 결정짓고 있다. 이렇게 정의되는 예술 세계 속에서 사물은 외부로부터 가해지는 어떠한 해석과 편견에도 변함없는 자신만의 존재 방식을 획득할 수 있는 것이다. 이것은 곧 사물 스스로가 하나의 완결된 표상이 됨을 의미한다. 이렇게 완성되는 예술 세계는 이제 더이상 현실 세계의 대리적 존재 상태가 아닌 그 스스로 완벽한 하나의 독립 세계가 될 수 있다. 물성은 이러한 하나의 독립 세계를 있게 해주는 마지막 미니멀 요소이다.

물성은 미니멀리즘을 솔직성의 관점에서 정의해주는 개념이다. 예를 들어 백색 벽체는 시지각적 관점이나 개념적 해석의 관점에서 보자면 미니멀 요소일 수 있지만 솔직성의 관점에서 보자면 거짓 조작이 가장 심한 반(反)미니멀 요소이다. 재료의 물리적 특성과 이것에서 파생되는 처리 상태 등을 흰 회벽으로 모두 가림으로써 얻어지는 백색 벽체는 인위적으로 정의되는 미니멀 요소이다. 하나의 공간을 축조해준 원래 재료가 대리석이나 콘크리트인데 그 위에 합판을 덧대고 흰색 페인트로 마감을 하여 백색 벽체를 만들었다고 가정해보자. 미니멀 건축에서 흔히 있는 이러한 조작은 인위적인 미니멀 요소를 위해 그 보다 더 근원적인 미니멀 요소인 재료의 물성을 희생시키는 거짓 행위일 수 있다. 미니멀리즘은 예술가의 임의성에 의해 자행되는 예술적 조작을 거짓으로 배격하려는 목적에서 시작되었다. 그리고 물성의 개념은 이러한 거짓 조작에 대한 기준을 가장 엄격하게 제시해주는 최후의 미니멀 요소이다. 이렇게 보았을 때 물성은 미니멀리즘을 구성하는 여러 개념들 사이를 미니멀리즘과 반(反)미니멀리즘으로 한 번 더 구별해주는 마지막 미니멀리즘 기준이다. 물성은 미니멀리즘을 형태가 아닌 순도의 관점에서 정의하려는 개념이다.

콘크리트는 이상과 같은 물성의 개념을 가장 잘 구현시켜 줄 수 있는 재료이다. 콘크리트의 이러한 가능성은 콘크리트가 축조적 흔적을 안 남기는 일체식 재료라는 점에서 기인한다. 조적조 방식이나 접합 방식의 재료들은 최종 결과물에 축조된 과정의 모습이 남아있게 된다. 이러한 흔적은 미니멀리즘적 한계를 벗어나 버리는 과다 요소로 작용하게 된다. 예를 들어 수백 개의 벽돌이 쌓여진 모습이 그대로 드러난 조적조는 미니멀리즘으로 분류되기에는 요소의 수가 너무 많다. 따라서 이러한 재료들로 미니멀리즘 건축을 정의하기 위해서는 축조적 흔적을 가려야 하는데 이것은 위에 예를 든 것과 같은 거짓 조작에 해당된다. 이 경우 형태상으로는 미니멀리즘의 조건을 만족시켰을지 모르지만 재료적 순도의 관점에서 보았을 때는 그렇지 못하게 된다. 이에 반해 콘크리트는 노출된 상태 그 자체만으로도 어떠한 추가 조작이 필요 없는 독립적 완결 상태로 존재할 수 있게 되고 이것은 미니멀리즘이 정의되기 위한 가장 기본적인 전제 조건이다.

지공 & 가이어(Gigon & Guyer)의 키르히너 박물관(Kirchner

도 71
아네터 지공 & 마이크 가이어
(Annette Gigon & Mike Guyer),
키르히너 박물관(Kirchner
Museum), 다보스(Davos),
스위스, 1989-1992

Museum)은 이런 내용을 잘 보여주는 예이다. 이 건물은 가장 솔직하게 마감 처리된 가장 단순한 육면체의 조합으로 구성되고 있다. 이러한 구성은 콘크리트로 이루어지고 있다. 이것은 콘크리트가 형태적 관점에서의 매개적 최소성과 순도적 관점에서의 물성이라는 두 가지 미니멀리즘 기준을 모두 만족시킬 수 있는 재료임을 보여주고 있는 것이다. 미니멀리즘 건축을 물성의 개념으로 정의하려는 입장은 이처럼 건물의 축조성을 거부한다. 왜냐하면 건물을 축조적 사물로 볼 경우 여기에는 필연적으로 구상 개념의 형태론적 인식이나 양식론적 해석, 혹은 구조적 가치 체계 등과 같은 외연적 요소가 개입될 수밖에 없기 때문이다. 이러한 외연은 어쩔 수 없이 수용자의 개인적 차이에 따른 편견과 편차를 낳게 되고 따라서 건물은 영원히 스스로의 본질적 상태에 다다르지 못한 채 왜곡된 모습으로 존재하게 된다. 콘크리트는 외부에서 가해지는 어떠한 상징적 구성 질서도 거부한 채 축조적 상태 이전에 먼저 존재하는 근원적 물리성을 표현해주기에 가장 적합한 재료이다 도 71.

콘크리트는 건축가에게 강요되는 형태 조작이나 상징 구축 등과 같은 외연적 요소를 최소화시켜주는 점에서 가장 미니멀리즘적 재료이다. 루이스 칸(Louis Kahn)은 1950-1960년대에 콘크리트의 물성이 지니는 이러한 미니멀 요소로서의 가능성을 심도 있게 실험함으로써 미니멀리즘 건축의 중요한 배경을 제공하였다. 콘크리트에 대한 칸의 이러한 입장은 목재 사용에서도 동일하게 나타나고 있다. 칸의 예일 영국 미술 센터(Yale Center for British Art)는 이런 내용을 잘 보여주는 예이다. 칸은 이 건물의 실내에 콘크리트와 목재를 섞어 쓰고 있다. 그런데 칸은 목재를 접합 방식의 구조재가 아닌 마감재로 사용하고 있다. 칸은 목재의 축조 흔적을 모두 지우고 가장 단순한 상태의 넓은 면 단위로 구성하고 있다. 이러한 처리를 통하여 목재는 본래의 재료적 물성을 넓은 면 위에 가장 솔직한 상태로 펼쳐보이게 된다. '노출 목재'쯤으로 불릴 수 있는 이러한 목재 처리 기법은 옆에 함께 쓰인 노출 콘크리트와 함께 재료의 물성을 통한 미니멀리즘 건축의 가능성을 잘 보여주고 있다.

도 72
타다오 안도(Tadao Ando),
물의 신전(Water Temple),
아와지 아일랜드(Awaji Island),
일본. 1989-1991

미니멀 요소로서의 물성은 가장 단순한 형태로 표현될 때 그 가능성이 극대화되는데 건축적 관점에서 보았을 때 그러한 형태는 면이다. 이러한 면의 특성이 콘크리트에 의해 표현되었을 때 미니멀리즘적 특성은 가장 활발하게 표현될 수 있다. 안도(Ando)의 물의 신전(Water Temple)은 이런 내용을 잘 보여주는 예이다. 이 신전에는 안도 특유의 노출 콘크리트로 지어진 몇 개의 면 요소가 세워져 있다. 면은 재료의 밀도, 생성 과정, 현재의 상태 등과 같은 물리적 성질을 가장 솔직하게 드러내주는 배경적 장(場)의 역할을 한다. 면은 재료의 환원적 특성을 강조하여 물성을 암시하기에 가장 적합한 차원의 매개이다. 점과 선은 이러한 역할을 하기에는 면적이 너무 좁으며 거꾸로 입체는 처음부터 재료의 물성까지를 포함하는 공간이라는 더 큰 매개로 존재한다. 이에 반해 면은 물질의 존재 상태를 있는 그대로 유지하면서 동시에 이것을 공간으로 환원시켜 느끼게 해주는 치환성도 함께 갖는 매개이다. 이런 매개적 특성 때문에 순수한 표면 상태와 단순한 형태를 갖는 면을 통해 제시되는 재료의 물성은 매개적 최소성과

도 73
제임스 커틀러(James Cutler),
메디나 창고(Garage at Medina),
워싱턴

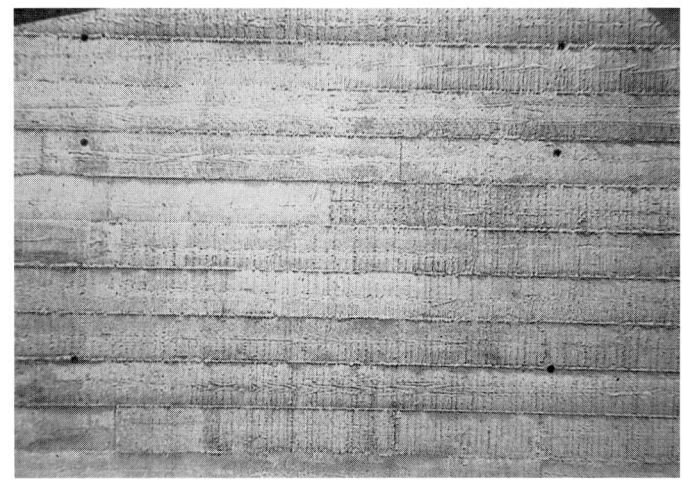

더해지면서 미니멀리즘의 전형을 획득한다 도 72.

물성이 지니는 미니멀리즘적 성격을 극대화시키려는 이러한 경향과는 반대로 재료의 물성에 한 번의 거짓말을 허용하여 의미 전달 기능을 부여할 경우 미니멀리즘의 범위는 확장된다. 여기에서 한 번의 거짓말이란 형태적 조작 없이 재료의 물리적 특성을 과장하거나 각색하여 고유한 물성 이상의 건축적 이야기 거리(story telling)를 추구함을 의미한다. 이러한 처리가 여전히 미니멀리즘의 한계 내에 머물기 위해서는 형태적 단순성이 유지되어야 할 뿐 아니라 직접적인 상징(symbol)이나 도상(icon) 등의 표현도 있어서는 안된다. 어디까지나 재료의 고유한 물성을 이용한 이야기거리만이 추구되어야 한다.

위와 같은 기준에서 볼 때 콘크리트는 다시 한 번 이러한 경향에 가장 적합한 재료이며 르 코르뷔지에(Corbusier)의 말년 작품으로 대표되는 뉴 부르탈리즘(New Brutalism)은 이것의 전형적 예에 해당된다. 뉴 부르탈리즘은 콘크리트를 사용함에 있어서 물리적 생성과 양생 작업 이외의 조작을 최소화함으로써 얻어지는 거친 표면의 현장감을 건축적 표현 요소로 활용하였다. 뉴 부르탈리즘이란 운동 자체는 1970년대에 접어들면서 끝이 났지만 콘크리트의 거친 표면이 지니는 감성 유발 작용은 이후에도 건축가 개인별로 꾸준히 차용되고 있다.

커틀러(Cutler)의 메디나 창고(Garage at Medina)는 이런 경향

을 잘 보여주는 예이다. 이 창고에서는 목재로 짜여진 거푸집의 표면 상태가 콘크리트에 그대로 찍혀 표현되고 있다. 그 결과 콘크리트로 마감된 외벽이 마치 거친 상태의 합판으로 축조된 것처럼 보이고 있다. 이러한 처리는 콘크리트를 이용하여 목재의 축조성을 표현하려는 각색적 의도를 추가로 갖는다. 이때 이 같은 각색적 의도가 미니멀리즘의 한계를 벗어난 것으로 볼 것인가의 여부는 쉽게 단정 지을 수 있는 문제는 아니다. 그러나 재료에 대한 입장을 아직도 물성 개념의 범위 내에서 결정지으면서 표면 질감을 이용하여 재료의 표현적 가능성을 높이려는 시도는 위와 같은 기준에 의해 미니멀리즘으로 분류될 수 있다 도 73.

안도(Ando)의 마운트 로코 채플(Chapel on Mount Rokko)에서도 콘크리트의 표면 질감을 이용하여 벽면의 표현력을 높이려는 시도가 이루어지고 있다. 이 건물에서는 매끈하며 탄력적인 노출 콘크리트의 표면 성질을 이용하여 콘크리트가 장판지나 매트(mat) 등과 같은 다른 재료의 상태로 표현되고 있다. 이러한 처리는 콘크리트가 지니는 본래의 물성을 박탈하여 다른 재료의 존재를 암시한다는 의미에서 비물성화(dematerialization)로 정의될 수 있다. 비물성화는 일차적으로는 물성에 반대되는 개념이다. 그렇기 때문에 비물성화를 추구하는 재료관은 미니멀리즘의 한계를 벗어나는 것일 수 있다. 그러나 구체적 처리 내용을 고려할 경우 비물질화에는 여러 등급이 존재하게 된다. 이 가운데 본래 재료의 물리적 상태를 지키는 범위 내에서 다른 재료의 상태를 암시하는 비물질화는 위에 정의한 것과 같은 기준에 의해 미니멀리즘으로 분류될 수 있다. 이렇게 암시되는 본래 이외의 또다른 재료는 실제 존재하

도 74
타다오 안도(Tadao Ando), 마운트 로코 채플(Chapel on Mount Rokko), 고베(Kobe), 일본, 1985-1986

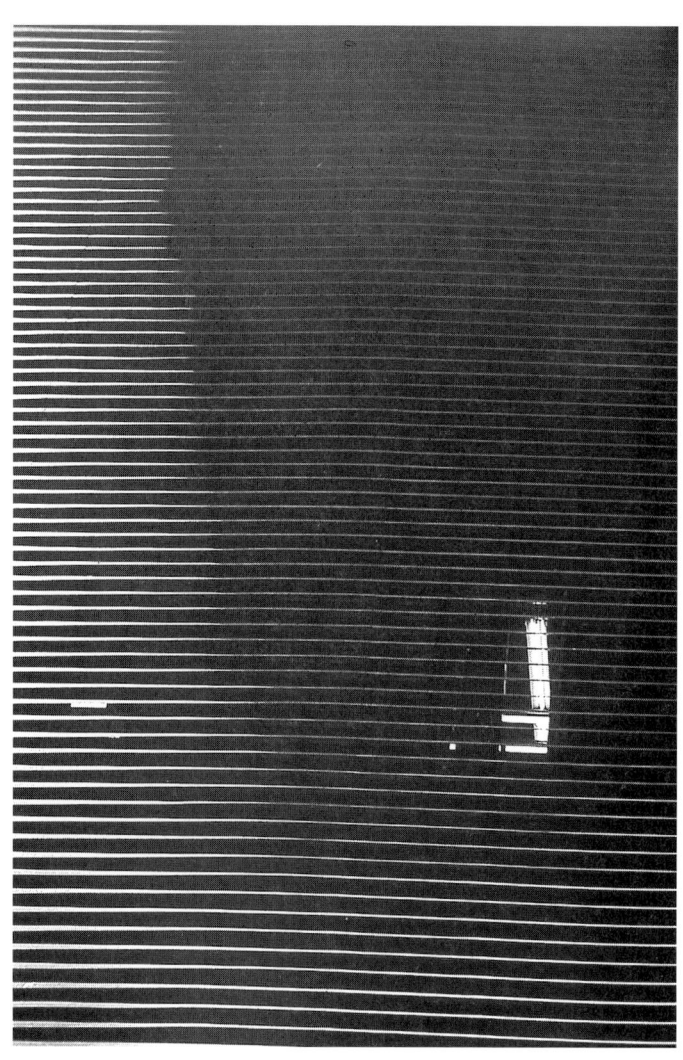

도 75
헤르초크 & 드 모이론(Herzog & de Meuron), 시그널 박스 아우프 뎀 볼프(Signal Box Auf dem Wolf), 바젤(Basel), 스위스, 1992-1995

는 것이 아니라 하나의 이미지로 연상된다. 그렇기 때문에 본래 재료의 물리적 상태인 물성은 그대로 유지되면서 이와 동시에 다른 재료의 이미지에 대한 연상 작용이 함께 일어나고 있다. 도 74

헤르초크 & 드 모이론(Herzog & de Meuron)은 시그널 박스 아우프 뎀 볼프(Signal Box Auf dem Wolf)에서 콘크리트를 이용한 또 다른 비물성화의 예를 보여준다. 이 건물에서는 콘크리트 선형 판재를

도 76
도미닉 페로(Dominique Perrault), 프랑스 국립 도서관(French National Library), 파리, 1997

수평띠처럼 연속적으로 붙인 후 위아래 부재 사이의 벌어진 각도를 조절하는 방법을 통해 콘크리트가 마치 하나의 반투명 막으로 느껴지도록 처리되고 있다. 콘크리트를 반투명 막처럼 보이게 한 이 같은 처리는 통신함이라는 건물 기능의 이미지에 잘 어울린다고 볼 수 있다. 비물질화에 수반되는 연상 작용은 이처럼 건물의 기능에 대한 은유적 암시 작용으로 발전할 수도 있다. 이런 내용은 위의 예들을 비교해보면 더욱 명확해진다. 커틀러의 건물에 차용된 거친 합판의 이미지는 창고라는 이 건물의 기능에 적합하다. 안도가 차용하고 있는 장판지라는 전통 재료의 이미지는 채플이라는 종교 건물과 잘 어울린다. 왜냐하면 종교 건물은 보수적 전통성을 중시하는 기능 타입으로 볼 수 있기 때문이다. 그리고 이곳 헤르초크 & 드 모이론의 시그널 박스에서 콘크리트는 고형적 구획을 무의미하게 만드는 통신이라는 기능에 맞게 반투명 막의 이미지로 표현되고 있다 도 75.

하나의 재료를 완전히 다른 재료로 둔갑시키지 않고 본래의 물성을 유지하면서 얻어지는 이와 같은 비물성화는 미니멀리즘의 한계 내에 드는 개념으로 정의될 수 있다. 재료가 지니는 투명도 차이를 이용하여

도 77
카를로 바움슐라겔 & 디트마르
에베를레(Carlo Baumschlager &
Dietmar Eberle), 엘티더블유 빌딩
(LTW Building), 볼푸르트
(Wolfurt), 오스트리아, 1994

공간감을 얻어내려는 시도는 이것의 또다른 예에 해당된다. 이 경우도 재료가 지니는 본래의 물리적 성질은 바꾸지 않은 상태에서 투명도의 대비를 통해 또다른 하나의 세계에 대한 이미지가 형성되는 점에서 미니멀리즘적 비물질화의 개념과 합치된다. 투명도가 다양하게 조절될 수 있는 유리는 이러한 목적에 가장 적합한 재료이다.

　예를 들어 페로(Perrault)의 프랑스 국립 도서관(French National Library)도 76과 바움슐라겔 & 에베를레(Baumschlager & Eberle)의 엘티더블유 빌딩(LTW Building)도 77에 쓰인 유리를 비교해보자. 페로의 건물에서는 유리가 마치 속살을 낱낱이 비추듯 가장 투명한 모습으로 처리되어 있다. 이러한 모습은 유리의 대표적 재료성이 투명성이라는 점에 비추어 볼 때 유리의 물성을 이용한 미니멀리즘의 예라 할 수 있다. 또한 이렇게 비치는 유리 속 공간을 목재 벽체만으로 단순화시킴으로써 구상적 흔적은 최대한 지워져 있다. 이러한 처리는 건물을 구상적 리얼리티와 분리된 극단적 추상 공간으로 정의하려는 또다른 미니멀리즘적 건축관으로 이해될 수도 있다. 투명한 유리 상자 속에 비춰지는 사람의 모습은 구상적 리얼리티를 소품처럼 담아내는 그릇의 개념으로 건

103 미니멀리즘(Minimalism)

도 78
헤르초크 & 드 모이론,
고에츠 컬렉션 갤러리(Gallery for Goetz Collection of Contemporary Art),
뮌헨(Munich), 독일, 1992

물을 정의하려는 미니멀리즘 건축관을 잘 보여주고 있다.

반면에 바움슐라겔 & 에베를레의 건물 실내에 쓰인 유리는 반투명 상태로 처리되면서 그 속에 들어있는 가구 등과 같은 구상적 흔적 등을 한 덩어리의 뿌연 이미지로 바꾸어 놓고 있다. 이러한 과정을 거쳐 바움슐라겔 & 에베를레의 유리 상자는 그 속에 무언가 또 하나의 세계가 있다는 사실을 암시하고 있다. 바움슐라겔 & 에베를레의 유리는 본래의 재료적 특성을 유지하면서 구상적 흔적과 합쳐져 독립적 공간 세계의 이미지에 대한 연상 작용을 하고 있다. 유리라는 재료의 특성에 대한 이러한 입장은 비물성화를 이용하여 미니멀리즘 건축관을 추구하는 것으로 이해될 수 있다.

투명도의 다양성이라는 유리의 재료적 특성은 불투명 재료와 함께 쓰일 경우 공간의 깊이감을 형성하는 기능을 갖는다. 이러한 개념은 1960년대 후반부터 회화에서 지속적으로 시도되어 오고 있다. 마든(Marden)의 〈그룹 스리 Group III〉라는 작품은 이런 경향을 잘 보여주는 예이다. 이 그림에서처럼 같은 계열의 색을 채도나 명도를 바꿔가면서 세 개의 직사각형으로 병렬시킬 경우 공간 깊이의 효과를 얻을 수 있다. 이 세 개의 직사각형은 같은 계열의 색으로 칠해져 있기 때문에 서로 융합하여 하나의 대표색 이미지로 느껴지게 된다. 그러나 이와 동시에 채도나 명도의 차이는 세 개의 직사각형 사이에 명확한 구별을 지어놓는다. 하나의 장면에서 동시에 유발되는 이와 같은 상반되는 두 가지 기능으로부터 평면은 공간 깊이를 갖는 색채의 장(場)으로 발전하여 3차원의 이미지로 작용하게 된다. 색은 본래의 고유한 물성을 변화시키지 않은 채 공간이라는 또다른 세계에 대한 이미지를 연상시킴으로써 비물성화에 의한 미니멀리즘의 한 예를 보여주고 있다.

1980년대 후반부터는 재료의 투명도를 이용한 다양한 건축적 시도가 일어나고 있는데 위와 같은 비물성화의 개념은 그 가운데 대표적 예에 해당된다. 헤르츠크 & 드 모이론의 고에츠 컬렉션 갤러리(Gallery for Goetz Collection of Contemporary Art)는 이러한 내용을 잘 보여준다. 이 건물에서는 투명 유리, 불투명 유리, 콘크리트 벽체의 세 가지 재료가 마든의 회화와 유사한 모습으로 벽면을 구성하고 있다. 그리고 마든의 회화에서와 동일한 연상 작용을 통해 다음과 같이 공간 깊이에 대한 조절 능력을 갖는다. 이 건물을 구성하는 세 가지의 재료는 축조적 흔적이 가능한 한 생략된 단순 면으로 처리되면서 회화에서의 색채띠처럼 받아들여진다. 이때 유리와 콘크리트는 동일한 계열의 무채색을 갖는다. 이와 동시에 이들 재료 사이의 투명도의 차이는 마든의 회화에서의 채도와 명도의 차이에 해당된다. 이러한 유추 작용을 통하여 이 건물은 마든의 화화에서와 같은 공간감을 획득하게 된다. 이 건물에서는 유리와 콘크리트의 본래의 재료적 물성은 그대로 유지되면서 투명도 차이를 이용하여 또다른 세계에 대한 이미지가 연상되고 있다. 이러한 내용은 비물성화에 의한 미니멀리즘의 한 예로 정의될 수 있다 도 78.

7 사각형의 한계와 공간의 확장성

건축은 장르적 특성상 지금까지 소개한 것과 같은 미니멀리즘적 요소들을 완벽하게 지켜내기가 어려운 경우가 많다. 건축에서의 미니멀리즘은 미술에서 보다 20-30년 늦게, 매우 조심스러운 양상으로 나타나고 있다. 보기에 따라서는 건축에서는 통일된 양식 운동으로서의 미니멀리즘이 아직 형성되지 않은 것으로 판단될 소지도 많은 것이 사실이다. 건물은 기능, 산업 기술, 경제성, 법규, 건축주 쪽에서의 요구 사항 등과 같이 건축가의 예술관과 상관 없이 먼저 정해져버리는 제약 사항들을 많이 갖게 된다. 이 때문에 한 건축가가 자신이 설계하는 모든 건물에서 일정한 한계 내에 드는 미니멀리즘 건축을 지속적으로 보여주는 것은 불가능에 가깝다.

이런 현상은 한 건물 내에서도 마찬가지여서 건물 전체를 미니멀리즘으로 처리할 기회는 쉽게 주어지지 않는다. 그보다는 방 하나 정도나 부분적 장면 정도에 미니멀리즘의 모습을 남기는 편이 현실적으로 실현 가능성이 높은 것 또한 사실이다. 건축에서의 미니멀리즘은 자생적 양식 운동이라기보다는 미술에서의 미니멀리즘적 개념들에 인위적으로 유추시키는 과정에서 파생된 부분적 현상에 가깝다. 이러한 여러 가지 이유로 인해 건축에서 미니멀리즘의 한계를 명확히 긋기는 매우 어려우며 실제로 그 경계선에 애매하게 위치하는 건물들이 많이 발견된다. 사각형의 한계를 결정짓는 문제와 공간의 확장성은 이러한 내용을 대표하는 주제이다.

예술 세계의 한계를 극단적으로 축소하여 결정해버린 미니멀리즘에 대한 비판은 미술 분야 내에서도 이미 미니멀리즘이 모습을 보이기 시작한 때부터 꾸준히 있었다. 특히 이 문제를 사각형의 엄격한 윤곽을 지키려는 조형적 의무로 보려는 시각은 형태나 공간이란 주제와 관련지어 미술뿐 아니라 건축 분야에서도 창작적 상상력을 지나치게 제한하는 것으로 비판 받았다. 육면체만 늘어놓는다고 예술이 된다면 진정한 예술의 경계는 어디에 있는가라는 다소 상식적인 수준의 물음 위에 사물을 원소 분해와 같은 시각으로 이해하는 것이 바람직한 예술관일 수 없다는 비판이 있었다. 이것은 진정한 리얼리즘을 주창했던 미니멀리즘이 다른 관점에서는 다시 가장 리얼리즘이 결여된 것으로 비판받는 예술사의 아이러니 같은 것이었다.

미니멀리즘에 대한 이러한 비판은 팝 아트나 구상 계열의 여러 운동들과 같은 미니멀리즘의 반대편 쪽에서만 있었던 것은 아니었다. 사실 이런 쪽에서의 비판은 진정한 의미에서의 비판이라기보다는 늘 있어 왔던 구상 계열의 항시적 예술 활동에 가까웠다. 혹은 예술사에서 늘 있었던 양 극단의 반대되는 현상을 이루는 쌍 개념에 가까웠다. 어차피 구상과 미니멀리즘은 기본 가정에서부터 지향점까지 모든 것이 달랐기 때문에 구상 쪽에서 가해지는 비판은 미니멀리즘의 논의를 풍부하게 하는 데 별 도움이 못 되었다. 문제는 미니멀리즘과 기본적 예술관을 공유하는 경향들 쪽에서 미니멀리즘의 극단성에 대해 가한 비판들이었다. 이러한 비판들은 매개적 최소성의 한계를 미니멀리즘보다는 조금 더 확장해서 정의해보려는 시도를 대안으로 제시하였다. 미니멀리즘에 대한 논의를 풍부하게 해주는 데는 이러한 시도들이 오히려 더 큰 중요성을 갖는다. 이러한 시도들은 미니멀리즘이 추구하는 단순성이 극단으로 흐를 위험을 경계하면서 사각형의 윤곽을 부숴보거나 구상의 흔적을 암시하는 등의 대안적 내용을 제시하고 있다.

모렐레(Morellet)의 〈정물 n.42 *Still Life n.42*〉는 이런 시도를 잘 보여주는 예이다. 이 작품에서는 한쪽 모서리의 틈이 벌어진 사각형의 윤곽 속에 또 하나의 사각형이 각도를 틀며 겹쳐 놓여져 있다. 이때 속에 들어간 사각형의 네 개 모서리 가운데 두 개가 바깥의 사각형 윤곽과 겹치면서 잘려지고 있다. 이러한 처리를 통해 작품 전체적으로 사각형의 윤곽은 지켜지면서도 동시에 오각형의 모습이 함께 나타나고 있다. 또한 두 개의 도형이 엇갈리는 과정에서 이곳저곳의 모서리 부분에 조각난 여백이 만들어지고 있다. 이 작품은 두 개의 사각형으로 구성되어 있으면서도 두세 번 정도의 조형 조작을 허용함으로써 순수 미니멀리즘에서 보다 훨씬 다양한 기하 구성이나 공간 세계 등을 이야기해주고 있다. 이 두 개의 사각형을 흑색 선형 윤곽과 백색면의 2중의 대비 구도로 처리한 점은 이러한 다양성을 배가시켜 주고 있다. 이 작품은 미니멀리즘의 한계 내에서 허용될 수 있는 최소한의 조형 조작을 활용하여 가능한 한 다양한 예술 세계를 추구하려는 시도를 잘 보여주고 있다.

풀랭(Poulin)의 〈어두움 Sombre〉이란 조형물은 위의 모렐레 작품을 3차원으로 옮겨 놓은 예에 해당된다. 풀랭의 작품 역시 미니멀리즘의 한계를 아슬아슬하게 지키는 범위 내에서 최소한의 조형 조작을 통해 다양한 얘기 거리를 추구하려는 시도가 이루어지고 있다. 풀랭의 작품은 세 개의 매스 요소로 구성되어 있다. 이때 개개 요소의 사각형 윤곽은 유지되고 있지만 이것에 의자나 테이블 등과 같은 구상 요소의 흔적을 남기거나 혹은 이것들 사이의 결합에 있어서 각도를 틀며 겹쳐 끼우기 등과 같은 조작이 가해지고 있다. 그러나 이러한 조작들은 모두 미니멀리즘의 한계를 완전히 벗어나지는 않고 있는 것으로 판단된다. 이러한 과정을 통하여 풀랭의 작품에서도 모렐레의 작품에서와 같은 다양한 공간 스토리의 가능성이 탐지되고 있다 도 79. 이상 예를 든 모렐레와 풀랭의 작품들은 모두 미니멀리즘의 기본 정신은 지키는 범위 내에서 하나의 예술 세계를 정의해주는 최소성의 한계가 확장될 수 있는 가능성을 탐구하고 있는 것으로 이해될 수 있다.

도 79
롤랑 풀랭(Roland Poulin), 〈어두움 Sombre〉, 1986

미술에서 시도된 이러한 내용들은 장르적 특성상 미니멀리즘의 한계에 대한 고민이 상존할 수 밖에 없는 건축 분야에서는 훨씬 더 많이 발견된다. 건축은 처음부터 공간을 기본 요소로 갖기 때문에 미술에서와 같이 공간을 종착점으로 삼는 미니멀리즘의 논쟁은 무의미할 수도 있다. 건축에서의 미니멀리즘은 사회적 환경에 대응하는 과정에서 자연스럽게 형성된 건축 양식이라기보다는 건축가의 예술적 의도가 먼저 정해진 후 그것에 맞추어 조작된 인위적 현상에 가까운 것처럼 보인다. 건축은 처음부터 공간으로 구성되었고, 그러한 공간은 각 시대의 대표적인 존재적 고민들을 각 시대에 맞는 감성적 모습으로 나타내어 왔다. 사실 어떻게 보면 건축의 본질은 무엇을 지우는 것이라기보다는 무엇을 어떻게 표현하느냐의 문제에 가까운 것일 수 있다. 이렇게 보았을 때 건축에서의 미니멀리즘은 그 자체가 최종 목표라기보다는 무엇인가를 표현하는 방식 가운데 한 가지 일 수 있다. 이러한 현상은 건축에서의 미니멀리즘이 1970년대 복합 공간 운동의 전성 이후 공간이 단순해지는 추세 속에 나타났으면서도 미술에서와 같은 극단적 단순화 상태에 이르지 못하고 복합 공간과의 경계선에서 머뭇거리고 있는 데에서도 잘 알 수 있다.

이러한 현상은 1970년대의 시대 상황 아래에서 복합 공간 운동이 예술적 당위성을 확보한 동의된 건축이었던 데 반해 1980년대 후반부터 나타나기 시작하는 미니멀리즘 건축은 아직 그만큼의 시대적 동의를 못 얻고 있기 때문인 것으로 풀이된다. 건축은 특히 사회적 연관성이 높은 장르이기 때문에 시대적 동의를 못 얻은 채 건축가 개인의 예술적 목적에 의존하는 건축 운동은 그 만큼 건축가 자신들에게도 역으로 부담이 되어 돌아오는 법이다.

이런 가운데 건축에서도 복합 공간 운동의 흔적을 완전히 못 지우면서 미니멀리즘의 고민을 함께 보여주는 예들이 발견된다. 사이먼 웅거스(Simon Ungers)의 티 하우스(T-House)는 이런 경향을 잘 보여주는 예이다. 이 건물은 세 개의 육면체로 구성되어 있다. 이때 이 세 개의 육면체 자체는 미니멀리즘적 한계를 잘 지켜내고 있지만 이것들이 조합되는 과정에서 조형적 다양성을 탐구하려는 의도가 느껴진다. 이 같은 조형적 다양성이란 형태적 의미일 수 도 있고 혹은 공간적 의미일 수도 있다. 이 건물이 갖는 형태적 관점에서의 다양성에 대해서는 형태주의 건축 편에서 살펴 보았다. 이외에 미니멀리즘과 연관시켜 볼 때 이 건물은 위에 예를 든 풀랭의 작품과 동일한 관점에서 이해될 수 있다. 이 건물에서는 세 개의 육면체가 수직으로 중첩되는 과정에서 각 육면체의 크기와 비례, 그리고 방향성 등을 각각 다르게 처리함으로써 전체적 공간 구성에 있어서 다양한 스토리 제공의 가능성이 확보되고 있다 도 80.

이러한 시도는 1990년대에 들어서서 육면체를 상자 쌓듯이 포개어 건물을 구성하는 경향으로 발전하고 있다. 아레츠(Arets), 닐슨 & 닐슨(Nielson & Nielson), 홀(Holl), 베르켈(Berkel) 등 최근의 현대 건축을 이끌어 가는 신진 건축가들은 모두 이러한 경향을 동일하게 시도하는 예를 보여주고 있다. 예를 들면 이 가운데 베르켈의 케이엔피 오피스 빌딩(KNP Office Building) 계획안은 위와 같은 내용을 잘 보여주는

도 80
사이먼 웅거스(Simon Ungers),
티 하우스(T-House), 윌턴(Wilton),
뉴욕 주, 1988-1994

예에 해당된다. 이 건물에서는 미니멀리즘에 대한 건축가 개인의 예술적 욕구와 이것이 그대로 실현되기 어려운 건축의 장르적 한계 사이의 고민이 잘 드러나고 있다. 이 건물에서는 미니멀리즘의 한계 내에서 처리된 각 육면체들이 겹쳐지면서 복합적인 건축적 관계가 형성되고 있다. 이러한 장면은 건축에서의 미니멀리즘은 그 자체로서 독립적으로 존재하기보다는 그 다음 단계의 이야기를 구성하는 방식의 한 가지일 뿐이라는 사실을 보여주는 것으로 이해된다 도 81.

미니멀리즘의 한계와 관련된 형태적 측면에서의 이러한 고민은 동일한 양상으로 공간에서도 반복되고 있다. 치퍼필드(Chipperfield)의 닉 나이트 하우스(Nick Knight House)는 이런 경향을 잘 보여주는 예이다. 이 건물에서는 정합이 잘 맞는 백색 공간의 한 구석을 열어 한 줄기 빛을 끌어들임으로써 미니멀리즘 건축에 필연적으로 따라다니는 건축적 이야기의 확장 가능성에 대한 암시를 강하게 하고 있다. 이 같은 한 줄기 빛은 시간이 지나면서 태양의 위치가 변함에 따라 방향이나 밝기 혹은 굵기 등이 따라 변하게 된다. 그 결과 실내에는 최소한의 조형

도 81
벤 반 베르켈(Ben van Berkel),
케이엔피 오피스 빌딩(KNP Office
Building), 힐베르숨(Hilversum),
네덜란드, 1993

도 82
데이비드 치퍼필드(David
Chipperfield), 닉 나이트 하우스
(Nick Knight House),
서리(Surrey), 영국, 1987-1989

조작으로부터 매우 다양한 공간의 표정들이 얻어지고 있다. 공간을 잘게 부수어 복합 공간을 추구하는 뉴욕5 계열의 건축가인 치퍼필드의 건물에는 가끔씩 한 구석에 미니멀리즘의 경계를 넘나드는 장면이 연출되곤 한다 도 82.

이러한 현상은 치퍼필드 뿐만 아니라 홀, 모라(Moura), 실베스트

111 미니멀리즘(Minimalism)

린(Silverstrin) 등과 같이 공간적 접근을 시도하는 많은 건축가들에게서 공통적으로 발견된다. 예를 들어 영국의 대표적 미니멀리즘 건축가인 실베스트린의 네우엔도르프 빌라(Neuendorf Villa)에서는 전체적인 미니멀리즘의 한계는 지켜지는 범위 내에서 천장이나 벽체 등과 같이 면과 면이 마주치는 지점에서 부분적으로 공간의 확장적 가능성이 탐구되기도 한다 도 83. 이것은 건축에서의 미니멀리즘이 복합 공간과의 연계 속에서 정의될 수 있음을 나타내는 현상으로 이해된다. 이 경우 중요한 것은 복합 공간과 미니멀리즘 사이의 엄밀한 구별이 아니라 공간을 통하여 적절한 건축적 이야기를 해줄 수 있느냐의 여부일 수도 있다. 이렇게 던져지는 건축적 이야기가 장황한 수다로 흐트러져 버리지

도 83
클라우디오 실베스트린
(Claudio Silvestrin),
네우엔도르프 빌라(Neuendorf Villa), 마요르카(Mallorca),
스페인, 1991

않고 농축된 메시지로 나타날 수 있게 해주는 경계선의 의미로서의 공간적 절제와 순도 정도가 건축에서 정의될 수 있는 가장 타당성있는 미니멀리즘의 한계일 수 있다.

 이런 내용은 1990년대의 대표적 미니멀리즘 건축가 가운데 한 명인 바에사(Baeza)에게서도 동일하게 나타난다. 바에사는 위에 열거한 건축가들과 달리 처음부터 극단적인 미니멀리즘 건축을 추구하였지만 그의 건물 여러 곳에는 복합 공간이 단순화되어가는 과정에서 나타나는 미니멀리즘의 모습과 유사한 장면이 만들어지고 있다. 바에사의 벨릴라 드 산 안토니오 학교 증축(School Addition in Velilla de San Antonio)은 이런 내용을 잘 보여주는 예이다. 건물 전체적으로는 전형적인 미니멀리즘에 속하는 이 학교에서도 이곳저곳에 부분적으로는 위의 실베스트린의 예에서와 같은 장면들이 시도되고 있다. 이것은 건축에서는 처음부터 미니멀리즘의 한계를 정하는 것이 무의미한 것임을 보여주는 것으로 이해된다. 복합 공간과 미니멀리즘이라는 상반된 방향에서 출발한 두 그룹의 건축가들이 이처럼 그 중간 지점에서 동일한 모습

도 84
캄포 바에사(Campo Baeza),
벨릴라 드 산 안토니오 학교 증축
(School Addition in Velilla de
San Antonio), 마드리드(Madrid),
1991

으로 만나고 있다. 이러한 현상은 건축에서는 복합 공간과 미니멀리즘 사이의 인위적 구별보다는 '공간시학(spatial poetics)'쯤으로 부를 수 있는 더 큰 공통의 고민이 중요한 주제일 수 있다는 사실을 이야기해주는 것으로 이해된다 도 84.

사각형의 미니멀리즘적 한계에 관한 이러한 건축적 고민은 무채색을 이용한 개념적 해석의 대상으로 공간을 정의함으로써 그 해결점이 모색될 수 있다. 이 경우의 무채색은 회색을 제외한 흑백의 모노크롬을 의미한다. 앞의 '추상 공간과 구상의 흔적' 편에서 언급한 백색 공간은 이것의 대표적 예에 해당된다. 흑백의 모노크롬은 유채색이 지니는 상념적 연상 관계에서 탈피하여 건물에 관념적 확장성을 부여한다. 터렐(Turrell)의 〈론도Rondo〉는 이런 내용을 잘 보여주는 예이다. 이 작품 속에서 검은색은 모든 것을 흡수하여 침묵하게 해주는 반면 흰색은 모든 것을 반사하여 사물들이 가장 자기다운 모습으로 활성화되어 존재하게 되는 장을 마련해준다. 흑백의 모노크롬은 이처럼 어떠한 선험적 전제 조건에서도 자유롭고 아무것도 강요하지 않으면서도 동시에 무엇이든 담아낼 수 있는 극단적 확장성을 갖는 매개이다. 이 때문에 흑백의 모노

도 85
제임스 터렐(James Turrell),
⟨론도 Rondo⟩, 1968-1969

크롬은 사물적 편견에서 자유로운 최소한의 체험적 조건을 찾으려는 미니멀리즘 공간을 완성시켜주는 마지막 매개일 수 있다 도 85.

　흑백의 모노크롬으로 구성되는 공간이 갖는 위와 같은 미니멀리즘적 가능성은 실체적 물리체로 나타나기보다는 관념적 해석의 대상으로 존재한다. 흑백의 모노크롬으로 구성되는 공간은 벽체 사이에 존재하는 독립된 진공 상태가 아닌 하나의 막을 갖는 팽창적 존재로 인식된다. 흰색은 모든 것을 반사하고 검은색은 모든 것을 흡수하므로 이 두 가지 색으로 구성되는 벽체는 더이상 단단하게 고정된 구조체가 아니라 반사와 흡수에 따라 팽창과 수축이 자유로운 막의 상태로 인식된다. 이런 개념은 아크릴 물감의 투명한 성질을 이용한 회화 작품들에서 시도되고 있기도 하다.

　놀란드(Noland)의 ⟨문: 그러나 통과 할 수 없는 Doors: No Way Through⟩이라는 작품은 이런 내용을 잘 보여주는 예이다. 이 작품은 아크릴 물감으로 그린 세 개의 육면체로 구성되어 있다. 이때 이 육면체들은 셀로판지를 붙여 만든 막처럼 보이면서 저 속에 또 하나의 공간 세계가 있음을 암시해주고 있다. 그러나 이렇게 암시되는 공간은 물리적 크기로 환산되는 용적체도 아니고 사물적 흔적을 갖는 건축적 구조체도 아닌 관념 속 심연의 상태로 인식된다. 흑백 모노크롬의 공간은 벽체라는

도 86
클라우디오 실베스트린
(Claudio Silvestrin),
네우엔도르프 빌라(Neuendorf Villa), 마요르카(Mallorca),
스페인, 1991

물리적 경계선 저 너머에 존재하는 무형적 세계로의 연속과 확장을 가능하게 해주는 상상적 매개일 수 있다.

실베스트린의 네우엔도르프 빌라(Neuendorf Villa)는 놀란드의 회화에 나타난 모노크롬의 의미가 실제 공간에 적용된 예를 보여준다. 이 건물의 실내는 흑색의 균질색으로 나타나는 넓은 면으로 구성되고 있다. 그리고 여기에 하늘에서 떨어지고 땅에서 쏘아 올려지는 빛이 적절하게 더해지면서 이러한 면은 건축 부재를 뛰어넘어 광활한 대지처럼 느껴지고 있다. 이 건물의 실내에서는 공간을 둘러싼 자잘한 현실적 고민보다는 대지를 볼 때의 경외감이나 심원성 같은 형이상학적 진리 상태가 이야기되어지고 있는 것처럼 느껴진다 도 86.

미니멀리즘 공간은 이처럼 흑백의 모노크롬 공간에서 새로운 확장적 가능성을 잉태함으로써 일순간의 유행으로 끝나버릴 위험성을 비껴가고 있다. 흑백의 모노크롬 공간에서 시도된 초월적 관념 세계는 다시 무한 공간으로 추구되면서 예술적 완벽성을 향한 마지막 단계의 시도에 이르고 있다. 이러한 확장적 시도는 특히 미니멀리즘과 원시주의(Primitivism)와의 연관성 등에서 더욱 확실하게 느껴진다. 카라반(Karavan)의 〈마콤 Makom〉이라는 조형물은 이런 경향을 잘 보여주는 예이다. 카라반은 우주의 구성 원리를 기본 기하 형태 사이의 관계적 법칙으로 단순화시켜 풀어내는 원시주의 조형 예술가이다. 카라반의 이 작품

도 87
데니 카라반(Dani Karavan),
〈마콤 Makom〉, 1982

에서는 내외부를 구분짓는 목재 벽체와 그 사이사이를 침범하는 빛만으로 하나의 공간 세계가 완결되고 있다. 수시로 변덕을 부리는 현실 속 감각 세계에서의 예술적 획득은 늘 불완전한 상태에 머무를 수밖에 없다. 그렇게 때문에 관념적 해석의 대상으로 존재하는 확장적 무한성만이 유일하게 완벽한 상태를 보장해준다. 태초에 빛이 있고 어둠이 있게 된 태고적 원시성을 연상시키는 이러한 장면은 미니멀리즘 공간이 원시주의적 무한 공간으로 발전되어갈 수 있는 가능성을 잘 보여주는 예라고 할 수 있다도 87.

복합 공간

1 단일 공간에서 복합 공간으로

미스 반 데 로에(Mies van der Rohe)의 균질 공간 모델은 1950년대까지도 서양 건축을 이끈 대표적인 공간 모델이었다. 이 시기의 미스는 일리노이 공과대학(Illinois Institute of Technology)에서의 교육을 통해 자신의 공간 모델에 대한 건축적 실험을 계속하고 있었으며 미국 내 여러 지역에 지어지는 자신의 건물들을 통해 그러한 공간 모델을 구체화시켜 보이고 있었다. 미술 분야에서는 1960년대에 접어들면서 미니멀리즘 공간이 등장하기 시작하지만 이 시기의 건축에서는 아직 통일된 양식 운동으로서의 미니멀리즘 건축은 형성되지 않았다. 건축에서 미스의 균질 공간 모델을 이어받은 흐름은 1960년대 대중 건축 운동에서의 복합 공간 운동이었다. 미술에서의 미니멀리즘이 모더니즘 추상 아방가르드 운동에 대한 찬반의 양면적 입장을 가졌던 데 반해 건축에서의 복합 운동은 미스의 균질 공간에 대한 반대로 시작되었다.

1960년대는 이전의 모든 권위적 절대주의에 대항하는 대중 문화 운동으로 대표되는 시기이며 대중 건축 운동은 그 가운데 한 흐름이었다. 대중 건축 운동이 반대했던 권위적 절대주의에는 고전 건축만 있는 것이 아니었다. 어떤 면에서는 단조로운 육면체만을 양산해내며 고착화되어버린 모더니즘 건축이 더 큰 문제였다. 극단적인 단일 절대 공간이었던 미스의 균질 공간은 이처럼 창조적 생명력이 다하며 막다른 골목에 처한 모더니즘 건축의 대명사가 되어버렸다. 1960년대의 대중 건축 운동은 모더니즘 영웅들의 절대주의적 규범을 철 지난 것으로 거부하며 새로운 시대에 맞는 상대주의 건축관을 제시하였다. 복합성(complexity)은 그러한 상대주의 건축관 가운데 핵심적인 개념이었으며 이것이 공간에 적용되어 제시된 내용이 바로 1960년대의 복합 공간(complex space) 이었다.

이러한 복합 공간 운동을 이끈 건축가들은 벤투리(Venturi), 무어(Moore), 스턴(Stern) 등으로 대표되는 1960년대의 팝 건축가(Pop Architect)들이었다. 이들은 제3 세대(The Third Generation) 이후의 포스트 모더니즘 세대 건축가들로서 흔히 이들로부터 모더니즘과의 본격적 단절이 시작된 것으로 얘기된다. 이들이 추구했던 복합 공간 운동은 그러한 단절의 한 가지 전략이었다. 이 가운데에서도 특히 벤투리는 '복합성과 대립(Complexity & Contradiction)' 이라는 저서에서도 알 수 있듯이 복합성의 개념을 정립한 건축가로 잘 알려져 있다. 그러나 벤투리의 복합성은 주로 건축에서의 의미 전달 체계와 관련지어 정의되었다.

공간에서 복합성의 개념을 적극 시도한 좋은 예는 무어의 샨타 바버라 캘리포니아 주립대학 교수회관(Faculty Club at the University of California Santa Barbara)을 들 수 있다. 이 건물의 실내는 공간의 골격이 완전히 분해된 채 복잡한 겹 공간의 모습으로 나타나고 있다. 네온 사인을 비롯한 여러 대중 상업 건축 어휘들은 이러한 복합 공간의 분위기를 돋구어주고 있다. 이처럼 복합 공간은 1960년대 대중 건축 운동의 핵심 개념인 복합성의 개념이 공간에 적용되는 과정에서 본격화되었다 도 88. 한편 이보다 조금 앞서거나 이와 비슷한 시기에 이들의 스승이나 선배 세대에 의해 이미 복합 공간에 대한 탐구가 시작되기도 하였다. 이러한 탐구는 1960년대의 복합 공간 운동에 일정 부분 영향을 끼쳤는데

도 88
찰스 무어(Charles Moore), 샨타 바버라 캘리포니아 주립대학 교수회관(Faculty Club at the University of California Santa Barbara), 샨타 바버라, 캘리포니아, 1966-1968

도 89
에드워드 킬링스워스(Edward Killingsworth), 하우스 비(House B), 라 욜라(La Jolla), 캘리포니아, 1959-1960

그 내용은 다음의 세 가지로 요약할 수 있다.

첫째는 미국의 캘리포니아와 플로리다 지역에서 1950년대에 전성을 이루었던 겹 공간 운동이다. 이 지역은 온난한 자연 기후 덕분에 연중 옥외 활동이 가능하며 따라서 옥외 공간이 큰 중요성을 갖는다. 이 과정에서 옥외 공간이 실내 공간의 연장으로 처리되는 등 이 지역에서는 옥외 공간과 실내 공간이 합쳐져서 형성되는 겹 공간이 일찍부터 시도되었다 도 89. 이 내용에 대해서는 앞에서 다루었으므로 더이상의 언급을 않겠다. 이러한 겹 공간 모델 가운데 캘리포니아에서의 것은 이 지역을 근거지로 1960년대 복합 공간 운동을 추구했던 무어에 영향을 끼쳤다. 한편 플로리다에서도 이와 똑같은 경향이 새러소터 스쿨(Sarasota School)을 형성하며 시도되고 있었다. 이 내용에 대해서도 역시 앞에서 살펴보았다. 플로리다 지역에서의 겹 공간 모델은 폴 루돌프(Paul Rudolph)를 통해 미국 동부 지역에서의 대중 건축 운동을 이끌었던 벤투리에게 영향을 끼쳤다.

둘째는 1950년대에 루돌프와 루이스 칸(Louis Kahn)이 시작한 공간 운동이다. 이들은 주로 단일 절대 공간으로부터의 탈출을 시도하려는 공간 운동을 펼쳤다. 이들의 공간 운동은 특별한 명칭으로 불릴만

도 90
폴 루돌프(Paul Rudolph),
예일 대학 조형 예술 대학(Art and Architecture Building at Yale University), 뉴 헤이번(New Haven), 코네티컷, 1959-1964

큰 통일된 양식으로 발전하지는 못했지만 위에 언급한 바와 같이 1960년대 복합 공간 운동을 이끈 건축가들에게 중요한 영향을 끼쳤다. 루돌프와 칸은 1960년대 복합 공간 운동을 이끈 건축가들보다 한 세대 앞선 건축가들로서 1950년대의 형태주의 건축을 통해 자신들의 건축관을 형성해간 공통점을 갖는다. 이들에게서 아직 본격적인 탈모더니즘적인 건축관은 나타나지 않고 있다. 그러나 이 두 사람은 모두 근대 건축의 단조로운 육면체 및 여기서 파생되는 단일 절대 공간에 대한 극복(루돌프의 경우) 내지는 수정(칸의 경우)의 의미로서 복합 공간 개념을 시도하였다.

위에서 언급한 플로리다 지방에서의 루돌프의 겹 공간 모델은 이것의 한 예에 해당될 수 있다. 루돌프는 예일 대학으로 진출한 1950년대 후반부터 과감한 형태 어휘를 구사하며 육면체 윤곽을 파괴하는 시도를 본격적으로 시작하는데 이 과정에서 복합 공간에 대한 초기 단서가 나타나고 있다. 루돌프의 예일 대학 조형 예술 대학(Art and Architecture Building at Yale University)은 이런 내용을 잘 보여주는 예이다. 이 건물에서는 일정 크기로 구획된 공간 단위들 사이에 과장된 수직-수평 구도를 바탕으로 한 상호 관입이 시도되고 있다. 흔히 폭파된 형태(exploded form)로 불리는 이 시기 루돌프의 건물에서는 아직 복합 공간이 완성된 모습으로 나타나고 있지 않다. 그러나 폭파라는 말이 암시하듯이 벽체와 천장이 분리되면서 모서리에 틈새가 형성되어 있고, 다이나믹한 사선이 도입되는 등 단일 절대 공간에서 벗어나려는 움직임이 본격화되고 있다도 90.

콘크리트의 조각적 처리를 이용한 루돌프의 이러한 형태주의적 접근은 모더니즘의 절대 권위에 대항하는 '뉴 프리덤(New Freedom)' 운동의 시초로 평가된다. 당시 미국의 동부 사립 대학들 사이에는 모더니즘 건축의 연장 문제를 놓고 대립 구도가 형성되어 있었다. 하버드 대학의 그로피우스(Gropius)는 모더니즘의 마지막 권위를 지키고 있었고, 여기에 대항하여 1960년대 예일 대학, 프린스턴 대학, 펜실베이니아 대학 등에서 30대의 젊은 건축가들을 중심으로 뉴 프리덤 운동이 전개되었다. 벤투리와 무어 등은 이들 젊은 건축가들을 대표하는데 이들보다 10여 년 앞선 선배 세대였던 루돌프의 '폭파된 형태'는 뉴 프리덤 운동을 이끌며 이들의 복합 공간 운동에 영향을 끼쳤다.

벤투리의 스승이었던 칸은 1950-1960년대 공간 운동에 있어서 또다른 의미에서 중요한 업적을 남겼다. 칸은 2차 대전 이후 전개되는 새로운 시대 상황 아래에서 모더니즘 건축의 재해석 문제를 놓고 여러 관점에서 중요한 시도를 했는데 공간 문제는 이것의 핵심 주제 가운데 하나였다. 이 시기에 칸은 미니멀리즘 공간과 복합 공간에 대한 심도있는 탐구를 하였다. 이 가운데 미니멀리즘 공간에 대한 내용은 앞에서 살펴보았다. 칸의 복합 공간은 콘크리트를 이용한 형태주의적 골격을 바탕으로 다음과 같은 두 가지 방향으로 추구되었다.

먼저 기능에 대한 재해석이다. 칸은 모더니즘 건축에서 효율의 개념으로 추구되었던 기능의 의미를 수정하여 겹 공간을 구성하는 디자인 요소로 해석하였다. 칸의 브린모어 대학 기숙사(Dormitory at Brynmawr College)는 이런 내용을 잘 보여주는 예이다. 모더니즘 건축에서 기능은 동선의 최단 거리나 유기적 연결 같은 효율적 목적으로 추구되었으며 단일 절대 공간은 이것이 극단화되어 나타난 결과였다. 칸은 이러한 개념을 수정하여 기능을 수행(servant) 요소와 피수행(served) 요소로 구별한 후 수행 요소를 독립 매스로 분리 처리하였다. 예를 들면 계단실을 독립적인 육면체로 분리한 후 큰 공간 속에 떠있는 하나의 섬처럼 처리하는 방식은 칸이 즐겨쓰던 방식이었다. 이러한 방식은 피수행 요소가 수행 요소 주위를 돌아가는 동심원 구성 같은 겹 공간으로 발전하였다. 이처럼 기능의 재해석에서 파생된 겹 공간은 칸이 제시한 복합 공간 개념 중의 하나였다.

다음은 리미널 스페이스(liminal space)의 활성화이다. 칸은 위와 같은 방식 이외에도 실내의 모서리 부분을 2중막(double shell)으로 처리하는 겹 공간 기법을 시도하기도 하였다. 칸의 이러한 공간 처리는 1960년대 탈권위주의 운동의 하나였던 리미널 스페이스 운동의 예에 해당된다. '리미널'이란 절대주의 세계관을 구성하던 양극화된 가치 체계 사이의 틈새를 지칭하는 사회학 용어이다. 리미널의 가치관에 의하면 현실 세계의 질서는 반드시 선과 악의 이분법적 가치관 위에 정리된 상태만을 지향하는 것이 아니라 서로 모순되는 상황과 다양한 가치 체계가 공존하는 복합 구조를 갖는다. 이러한 해석이 건축 공간에 적용될 경우 단일 절대 공간에서 벗어나 겹 공간을 지향하는 리미널 스페이스라는 개념으로 나타나게 된다. 리미널 스페이스는 비잔틴, 고딕, 바로크 건축과 같은 전통 양식들에서 그 선례를 찾아볼 수 있다. 이러한 전통 양식들의 실내 공간은 모두 신비로운 종교 세계의 이미지를 나타내기 위해 2중막 구조로 구성되었는데 이것은 고전 건축의 엄격한 단일 공간에 대별되는 겹 공간이라는 건축적 의미를 가졌다.

모더니즘 건축의 단일 공간 역시 고전 건축의 그것과 같은 절대주의 공간이었다. 칸은 이러한 단일 절대 공간에 대한 대안으로 모서리의 2중막에 의해 형성되는 겹 공간을 제시하였다. 칸의 데카 국회 의사당(National Assembly Hall at Decca)은 이런 내용을 잘 보여주는 예이다. 이 건물의 실내에서는 천장 쪽과 바닥 쪽의 모서리 같은 전형적인 리미널 스페이스가 의도적으로 과장되어 있다. 공간이 2중막으로 처리되고 빛이 유입되면서 리미널 스페이스는 유난히 밝게 빛나고 있다. 벽체 처리에 있어서도 리미널 스페이스 부분에는 장식적 처리가 가해져 있다. 이런 과정을 거쳐 리미널 스페이스는 중심 공간보다 오히려 훨씬 더 중요한 공간 영역으로 제시되고 있다. 단일 절대 공간 속에서 모서리는 벽체와 벽체가 만나서 생기는 나머지 부분이거나 아니면 중심 공간을 완결적으로 막아주는 부차적 존재에 불과했다. 칸은 공간과 관련된 이러한 절대적 위계 질서를 거부하며 모서리도 독립적 가치를 갖는 공간 영역으로 처리하였다. 그 결과 실내 공간은 한 가지 절대적 질서만 존재하는 단일 공간에서 벗어나 모든 부분이 동등한 건축적 가치를 갖는 복합 공간으로 발전하고 있다.

  셋째는 1950-1960년대에 유럽에서 시도된 단일 절대 공간으로부터 탈출 시도이다. 복합 공간 운동은 1960년대의 뉴 프리덤 운동과 1970년대의 뉴욕5 건축으로 대표되는 데에서 알 수 있듯이 주로 미국을 중심으로 시작되었다. 그러나 1950-1960년대의 유럽 건축에서도 복합 공간에 대한 고민이 일정 부분 나타나고 있다. 1950년대의 스카르파(Scarpa)는 위에 소개한 것과 같은 리미널 스페이스의 개념을 육면체의 네 귀퉁이에 적용하는 시도를 하고 있다. 스카르파의 집소테카 카노비아나(Gipsoteca Canoviana)는 이런 내용을 잘 보여주는

도 91
카를로 스카르파(Carlo Scarpa),
집소테카 카노비아나(Gipsoteca
Canoviana), 트레비소(Treviso),
이탈리아, 1955-1957

예이다. 이 건물에서는 천장 쪽의 모서리 네 곳에 유리로 된 작은 육면체를 끼워넣는 형식으로 리미널 스페이스를 활성화시켜 놓고 있다. 이때 네 개의 유리 육면체 가운데 두 개는 정육면체로, 그리고 나머지 두 개는 긴 직육면체로 처리되고 있다. 이렇게 처리된 모서리로 빛이 들어오면서 유리 육면체는 마치 하나의 빛덩이 내지는 빛기둥처럼 느껴진다. 이 같은 효과는 실내의 중심 공간에서는 얻어지기 힘들며 오히려 모서리이기 때문에 가능한 것이다. 이곳 집소테카 카노비아나에서 리미널 스페이스는 버려진 나머지 공간이 아니라 이처럼 중심 공간에는 없는 나름대로의 조형적 가능성이 잠재된 독립 공간으로 제시되고 있다도 91.

  스카르파의 이러한 시도는 기본적으로 칸의 리미널 스페이스 개념과 동일한 것으로 볼 수 있으나 구체적 처리 기법에 있어서는 차이점을 보인다. 스카르파는 육면체의 네 귀퉁이를 찢고 그 자리를 유리로 만든 투명 큐브로 막고 있다. 스카르파의 이러한 처리는 모서리부를 독립 공간으로 발전시켜 놓고는 있지만 이것에 아직 영역을 확보하여 놓고 있지는 못하다. 스카르파의 실내에는 아직 2중막이나 겹 공간과 같은 명

확한 형태의 복합 공간이 형성되어 있지 않다. 이에 반해 칸은 위에서 밝힌 바와 같이 실내의 리미널 스페이스에 독립적인 공간 영역을 확보해 놓고 있다. 이러한 차이는 리미널 스페이스에 대한 두 건축가의 인식 차이에서 비롯된 것으로 보여진다. 칸은 리미널 스페이스를 기능에 대한 재해석의 개념으로 접근함으로써 사용자의 행태를 담는 영역으로 발전시켜 놓았다. 이와 달리 스카르파는 단일 절대 공간의 폐쇄적 윤곽을 깨려는 의지를 조각적으로 표현해내는 조형 어휘로서 리미널 스페이스를 이해하고 있는 것처럼 보여진다. 이처럼 새로운 건축적 개념을 예술성 짙은 조각적 처리로 시도하려는 경향은 유럽 건축만의 오랜 전통으로서 유럽 건축가인 스카르파를 미국 건축가인 칸과 구별시켜주는 중요한 배경으로 이해될 수 있다.

  유럽의 모더니즘 건축가들 가운데에는 자신들의 말년기인 1950-1960년대에 복합 공간에 대한 가능성을 탐구한 예를 보여주기도 한다. 데 스틸 건축가였던 리트벨트(Rietveld)는 1960년대까지도 꾸준히 작품 활동을 계속하고 있다. 1950-1960년대의 리트벨트 작품에는 데 스틸기 때와 같은 분해적인 모습은 없어진 대신 사선을 이용한 겹 공간의 개념이 나타나고 있다. 리트벨트의 보츠 프렉티스 하우스(House with Bots Practice)는 이런 경향을 잘 보여주는 예이다. 이 주택에서는 리트벨트의 1920년대 대표작인 슈뢰더 하우스(Schroeder House)에서와 같은 긴장감 넘치는 매스 구성은 사라지고 없다. 그러나 이 주택에서는 사선으로 형성된 작은 공간 단위가 육면체의 큰 윤곽 속에 끼워진 형태로 처리됨으로써 겹 공간이라는 새로운 개념의 공간관에 대한 가능성이 제시되고 있다. 이때 매스 충돌이 일어나는 부분을 발코니로 비워두거나 유리 면으로 처리하는 등의 기법을 통해 실내에서는 이쪽 공간과 저쪽 공간이 중첩되어 느껴지는 겹 공간이 형성되어 있다.

  1930년대 벨기에의 아방가르드 모더니즘을 대표했던 드 코크넹크(De Kokninck)는 1965년에 남긴 '건물 확장 연구(Research for Extending the Building)'라는 스케치에서 육면체의 확장적 분화를 통한 복합 공간의 가능성을 보여주고 있다. 드 코크넹크의 스케치에서는 하나의 육면체가 상하, 좌우, 위아래의 좌표적 방향을 따라 확장될 수 있는 한 가지 예가 제시되고 있다. 이때 이렇게 확장된 매스들에 점, 선, 면, 입체 등의 조형 요소들이 대응되는 조형 조작이 가해지고 있다. 여

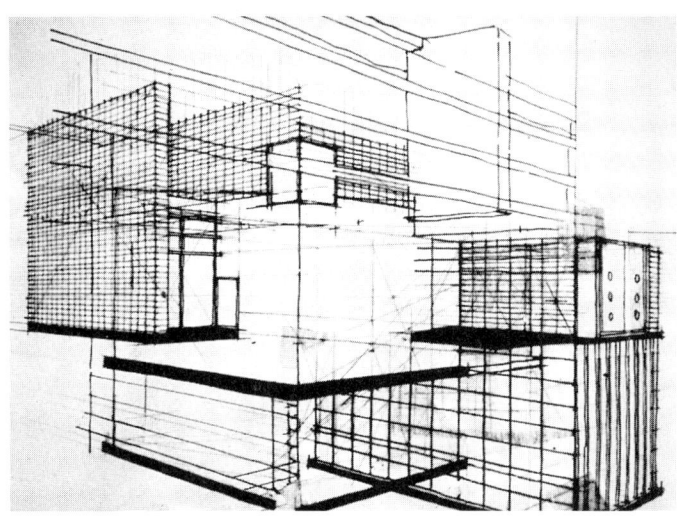

도 92
드 코크넹크(De Kokninck),
'건물확장 연구(Research for Extending the Building)', 1965

기에 더하여 재료와 투명도 등을 바꿔가며 처리함으로써 최종적으로 이 건물에서는 다양한 공간 관계를 갖는 복합 공간의 한 유형이 형성되고 있다 도 92.

　　이상과 같이 1950-1960년대에는 비록 통일된 양식 운동의 양상은 아니더라도 단일 절대 공간의 단조로운 폐쇄성을 거부하려는 움직임이 여러 방향에서 시도되고 있었다. 1960년대 미국에서의 대중 건축 운동 혹은 뉴 프리덤 운동은 이러한 선례들을 바탕으로 복합 공간에 대한 최초의 집단적 탐구를 시도한 운동이었다. 이때의 움직임 역시 아직 양식 운동으로까지 발전은 안되었지만 1960년대의 탈권위주의라는 명확한 시대 인식 아래 일단의 건축가들이 공동의 목표를 추구한 점에서 향후 현대건축에서의 복합 공간 운동에 대한 본격적 출발점이라는 의미를 갖는다.

　　1960년대 뉴 프리덤 운동하에서의 복합 공간은 기존의 유클리드 기하 질서의 절대적 권위에 대한 도전이라는 명제 아래 사선과 겹 공간을 주요 건축 어휘로 차용하였다. 이들은 특히 모더니즘 균질 공간이 체험적 위계성이라는 관점에서 보자면 사실은 가장 무질서한 공간이라고 비판하며 그 대안으로 복합 공간을 제시하였다. 복합 공간 속에서만 비로소 이쪽과 저쪽, 앞뒤 양면, 네 방위, 구심성 등과 같이 존재적 체험을 보장해주는 여러 종류의 공간적 위계 질서가 형성될 수 있다. 주도적 단

도 93
로버트 벤투리(Robert Venturi), 반나 벤투리 하우스(Vanna Venturi House), 체스넛 힐(Chesnut Hill), 펜실베이니아, 1963

일 가치 체계가 지배하던 시대가 끝나고 복합성의 가치가 미덕으로 떠오른 1960년대 팝 아트기 때의 공간 운동 역시 이러한 시대 가치에 맞춰 다양한 체험적 가능성을 제공하는 방향으로 전개되었다. 그리고 사선과 겹 공간은 이 같은 1960년대의 복합 공간 운동을 이끈 대표적 화두였다.

    1960년대에 사선은 단순한 건축 어휘를 뛰어넘어 육면체나 십자축 같은 관습화된 절대 권위에 대항하는 문화적 상징체였다. 사선은 인간의 행동을 제어하여 다스리려는 기성의 정형적 질서를 깨뜨려 인간의 활동 본능을 촉발시켜주는 해방의 상징이었다. 사선은 또한 모더니즘 균질 공간의 수평적 정체성에 대비되어 역동적 활력과 숨가쁜 확산을 상징했다. 벤투리의 반나 벤투리 하우스(Vanna Venturi House)는 사선 구도에 의해 건물의 전체적 구성이 형성된 최초의 예이다. 반나 벤투리 하우스에서는 모든 것이 직각으로만 만나야 하는 기존의 정형적 질서에 반항하여 축틀기, 뒤틀기, 기하 충돌, 지그재그(Zigzag)와 같은 여러 종류의 사선 어휘들이 주도적으로 쓰이고 있다. 그 결과 건물 실내에는 압축과 팽창, 예각과 무질서, 충돌과 파고드는 느낌과 같은 사선만이 줄

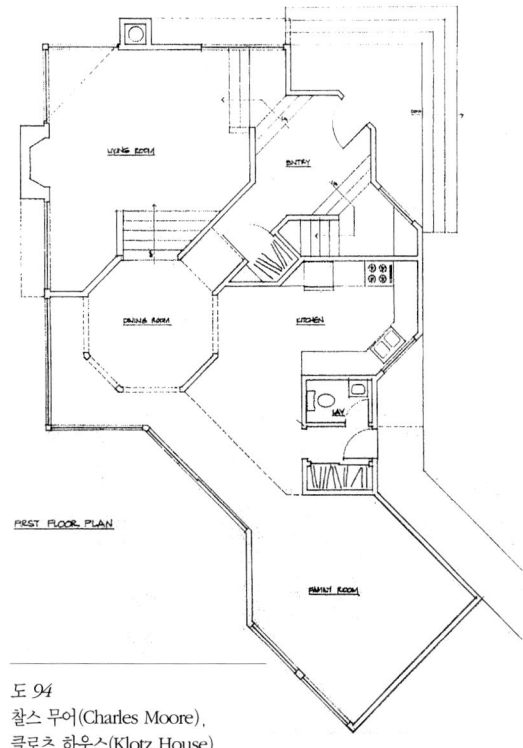

도 94
찰스 무어(Charles Moore),
클로츠 하우스(Klotz House),
웨스터리(Westerly), 로드 아일랜드
(Rhode Island), 1967-1970

수 있는 다양한 공간감이 형성되어 있다. 이러한 공간감은 궁극적으로 역동적 불안감을 지향하고 있는데 이것은 1960년대 개인주의 아래에서 자유에 대한 욕망을 물리적 구조로 표현해낸 것으로 이해된다도 93.

무어(Moore)의 클로츠 하우스(Klotz House)에서는 다각형의 공간 단위들이 지그재그 방향으로 병렬되면서 사선 축이 형성되고 있다. 이렇게 형성된 사선 어휘는 수축, 팽창, 충돌 등의 처리를 한 번 더 거치면서 공간의 복합성을 증대시키고 있다. 무어의 사선 공간은 모더니즘 균질 공간의 텅 빈 진공 상태에 대비되어 기하적 긴장감으로 가득차 있는 기하성을 특징으로 갖는다. 또한 무어의 사선 공간은 모더니즘 균질 공간의 원심성에 대비되어 구심적 공간 질서를 갖는다. 가시적 규율성을 거부하며 언뜻 산만해보일 수도 있는 무어의 이러한 사선 공간은 그 대신에 균형이라는 새로운 개념의 내재적 질서를 갖는다. 무어의 사선 공간 속에는 공간의 구성을 유도하는 격자 구도가 암시되고 있다. 이러한 커다란 구도 속에서 공간 단위들은 병렬, 회전, 분리, 중첩 등의 관계적 규칙을 형성한다. 이 건물에는 다각형 공간 단위들이 모여서 이루는 사선 축과 이것을 감싸주는 큰 윤곽의 개념으로서의 십자 축이 교차되고 있다. 이러한 두 가지 축 질서 중 사선 축 구도가 더 두드러져 보이지만 이것은 무책임한 혼란으로 끝나지 않고 십자축 구도의 큰 윤곽과 균형을 이루고 있다. 이 건물에서는 이처럼 두 개의 축 질서가 교차되면서 복합 공간이라는 전체적 공간 구성이 얻어지고 있다. 이것은 구조화된 불규칙성(structured irregularity)이라는 내재적 질서를 의미하는 것으로 이해될 수 있다도 94.

겹 공간은 사선보다 더 직접적으로 복합 공간을 형성한다. 1960년대의 겹 공간 역시 사선과 마찬가지로 관습화된 절대 공간에 대한 반발을 상징한다. 겹 공간은 전통 고전 건축의 정형적이고 폐쇄적인 공간 구획에 반대되는 개방적 융통성을 상징했다. 겹 공간은 또한 모더니즘 균질 공간의 극단적 연속성에 반대되는 임의적 불연속성을 상징했다. 이러한 겹 공간은 현실 세계에 대한 1960년대식의 리얼리즘적 해석을 기본 배경으로 갖는다. 우리의 현실 세계는 불연속적이고 모순적 상황들이 공존하며 이루어지므로 조형 환경에 가해지는 완결적 정형성은 현실과 어긋나는 역기능을 갖게 된다. 조형 환경을 구성하는 공간은 현실의 모습에 맞게 공존의 상태를 지향하는 불완전한 구조로 형성되어야 한다.

무어의 무어 하우스(Moore House)는 이러한 1960년대의 복합 공간이 잘 나타난 예에 해당된다. 무어 하우스에서는 건물이 세 개의 구역으로 나뉘어져 있으며 각 구역에는 육면체 공간이 한 개씩 담겨져 있다. 이러한 공간 구조는 무어가 즐겨 쓰던 '방 속의 방(Rooms within Rooms)'의 한 유형으로서 겹 공간을 이루는 전형적인 방식 가운데 하나이다. 이외에도 무어 하우스에서는 육면체를 구성하고 공간을 구획하는 벽체 처리에 있어서 기존의 정형적인 정합을 흐트러뜨리는 기법에 의해 겹 공간이 시도되고 있다. 무어 하우스에서는 벽체 자체에 원형의 크고 작은 구멍들이 뚫려 있어서 이쪽 공간과 저쪽 공간 사이에 상호 관입이 일어나고 있다. 이때 구멍을 형성하는 원형의 기하 윤곽이 온전한 형태가 아닌 1/2원, 1/4원 등의 조각난 형태로 불규칙하게 분산되어 있어서 벽체는 더이상 물리적 구조물이 아닌 한 겹의 구멍난 스크린처럼 느껴지고 있다. 또한 벽체와 벽체가 접합하는 방식에 있어서도 각 벽면을 구성하는 구조체나 창호 등의 위치와 패턴이 서로 철저히 어긋나게 처리되어 있다. 이상과 같은 처리를 통하여 무어 하우스에서는 겹 공간의 공간 구조에 1960년대식의 불완전성의 이미지가 첨가되어 나타나고 있다. 이처럼 겹 공간에 불

도 95
찰스 무어(Charles Moore),
무어 하우스(Moore House),
뉴 헤이븐(New Haven),
코네티컷(Connecticut), 1966

완전성의 이미지가 더해진 모습은 1960년대 복합 공간의 전형이었다도 95.

2 뉴욕5(파이브) 건축

지금까지 살펴본 1960년대의 복합 공간 운동은 넓게 보면 팝 아트적 예술 운동의 한 부분으로 시도되었다. 그렇기 때문에 이 시기의 복합 공간은 아직 통일된 경향을 형성하지 못한 채 단편적으로 나타나고 있었다. 이러한 복합 공간은 1970년을 기점으로 뉴욕5라 불리는 5인의 건축가들에 의해 하나의 통일된 건축 운동으로 나타나게 된다. 뉴욕5 건축은 미국 동부라는 한정된 지역에서 소수의 건축가에 의해 5-6년의 짧은 기간 동안만 진행되었기 때문에 양식 운동으로까지 발전되지는 못하였다. 또한 뉴욕5를 이끈 5인의 건축가들 사이에 건축적 편차도 적지 않은 것이 사실이었다. 그럼에도 불구하고 이들은 모두 르 코르뷔지에의 백색 주택으로 대표되는 1920-1930년대 아방가르드 공간 단위를 변형시켜 복합 공간을 추구한 공통점을 공유하였다. 뉴욕5 건축은 거시적 흐름으로 보자면 1960년대의 자유 분위기에 대한 반작용으로 이해될 수 있지만 복합 공간을 만들어내는 매너리즘적 전략에 있어서는 1960년대의 조형관으로부터 일부 영향을 받기도 하는 등 양면적 경향을 동시에 갖는다. 뉴욕5 건축에 대한 시대적 배경으로는 다음의 다섯 가지를 들 수 있다.

첫째는 1970년대를 대표하는 시대적 분위기로서의 합리주의적 경향이다. 1969년이후 미국 경제가 침체되기 시작하면서 1960년대 뉴 프리덤 운동의 들뜬 분위기에 대한 반대 움직임이 본격적으로 나타나기 시작하였다. 이러한 시각에서 볼때 1960년대 건축은 지나치게 상업화되어 본질적 가치를 잃은 채 의미 없는 형태 놀이 쪽으로 흘러가고 있었다. 새로운 창작 의지는 결여된 채 생활 주변의 오브제나 기존의 아이디어에 대한 과장적 변형으로부터 예술을 정의하려는 경향이 10년 이상 계속되고 있었다. 이러한 1960년대의 현상은 모더니즘의 한계성을 지적한 점에서는 타당성을 갖지만 이것에 대한 창조적 대안을 제시하는 데 실패함으로써 그 자체도 결국 모더니즘의 변질 상황에 불과할 뿐인 것으로 비판받기 시작하였다.

도 96
카를로 모레티(Carlo Moretti), 밀란 근교 주택(Residence near Milan), 갈라라테(Gallarate), 이탈리아, 1972-1974

이상과 같은 배경하에 1970년을 기점으로 서양 건축에는 1920-1930년대 추상 아방가르드 건축의 부활을 통해 모더니즘의 엄격한 순결성을 회복하려는 움직임이 새로운 시대 정신으로 나타나기 시작하였다. 합리주의적 건축관은 이러한 상황 반전을 이끈 핵심적 사상이었다. 합리주의적 건축관은 신 합리주의(Neo Rationalism)처럼 처음부터 명확한 독립적인 리바이벌 운동으로 시도되기도 했다. 그러나 이와 동시에 기계 생산 방식의 해석이나 운용 등의 문제와 관련된 이 시기의 여러 테크놀러지 운동들에 있어서도 합리주의적 건축관은 기저에 깔린 기본 개념이었다. 예를 들면 영국이나 유럽에서의 하이테크 건축이나 미국에서의 후기 모더니즘 운동들이 형성되는 데 합리주의적 해석 논리는 중요한 배경적 역할을 하였다.

이런 가운데 뉴욕5 건축 역시 이 당시의 보편적 건축관이었던 합리주의적 건축관을 배경적 개념으로 공유하였다. 이런 점에서 특히 신 합리주의와 뉴욕5 건축 간의 연관성이 강하게 거론되기도 하며 뉴욕5 건축을 미국에서의 신 합리주의로 분류하기도 한다. 신 합리주의를 대표하는 알도 로시(Aldo Rossi)와 뉴욕5 건축을 대표하는 아이젠만(Eisenman) 사이의 개인적 친분 관계는 두 건축 운동 사이의 연관성을 뒷받침해주는 역할을 하기도 한다. 이탈리아 건축가 모레티(Moretti)의 밀란 근교 주택(Residence near Milan)은 두 건축 운동 사이의 연관성을 명확하게 보여주는 예이다. 이 주택은 1930년대 이탈리아 합리주의 건축가인 테라니(Terragni)의 주택과 직접적 유사성을 보여주고 있는 점에서 합리주의 혹은 신 합리주의로 분류될 수 있다. 이와 동시에 이 주택은 뉴욕5 건축가의 주택들과도 강한 유사성을 보여주고 있다. 특히 그레이브스(Graves)와의 연관성이 두드러지게 나타나고 있다 도 96.

둘째는 네오-모더니즘(Neo-Modernism)적 역사관이다. 뉴욕5 건축은 위와 같은 배경하에 모더니즘 거장들의 백색 이상주의로부터 합리주의에 대한 기본 모델을 제공받는 모던-리바이벌의 역사관을 추구하였다. 이런 현상은 1960년대를 거치며 르 코르뷔지에, 미스, 그로피우스 등의 모더니즘 거장들이 잇달아 타계하면서 감상적인 노스탤지어 양상까지 띠며 확장되었다. 이처럼 모더니즘 거장들의 타계는 모더니즘 양식을 일단 지나간 과거의 일로 느껴지게 만드는 데 중요한 작용을 하였다. 더욱이 1970년대는 1960년대의 조직적인 탈모더니즘 건축 운동이 한 번 있은 뒤였다. 이러한 상황하에서 나타난 1970년대 뉴욕5 건축의 모던-리바이벌은 네오 모더니즘의 양상으로 전개되었다.

내용적으로 보더라도 뉴욕5 건축은 모더니즘 거장들의 원형 모델을 건축적 출발점으로 삼는 동시에 이것에 대해 새로운 시대 상황에 의거한 독창적 변형을 일정 부분 가하는 양면적 입장을 보였다. 예를 들어 르 코르뷔지에의 빌라 스타인 드 몬치(Villa Stein de Monzie)와 헤이덕(Hejduk)의 쿠퍼 유니온 파운데이션 빌딩 개축(Cooper Union Foundation Building Renovation)도 97을 비교해보면 이런 내용이 명확하게 드러난다. 헤이덕은 이 건물의 실내에 자유 벽체의 개념으로 해석되고 있는 르 코르뷔지에의 계단 어휘를 똑같이 반복 사용함으로써 뉴욕5 건축이 모더니즘 거장들의 건축을 모델로 삼고 있음을 보여주고 있다. 그러나 실내 전체로 볼때 헤이덕은 이 건물에서 르 코르뷔지에의 건축 강령들을 훨씬 자유롭고 기교적으로 활용하고 있다. 이것은 뉴욕5 건축이 모더니즘 거장들의 건축을 단순히 모방하는 것이 아니라 이것에 대해 창조적 재해석의 입장을 가지고 있음을 보여주는 것으로 이해된다. 이러한 양면적 입장은 이미 과거의 양식이 되어버린 모

도 97
존 헤이덕(John Hejduk),
쿠퍼 유니온 파운데이션 빌딩 개축
(Cooper Union Foundation Building Renovation), 뉴욕 시, 1975

더니즘에 대한 '네오'적 역사관으로 정의되기에 적합하다. 1970년이란 시점에 모던-리바이벌의 경향으로 나타난 뉴욕5 건물은 부정적 의미에서의 모방 양식으로 비판받기도 하였지만 나름대로의 개연적 논리 구조 위에 복합 공간이라는 새로운 건축적 가치를 추구한 점에서는 중요한 기여를 한 것으로 이해될 수 있다.

셋째는 화이트(white:백색) 대 그레이(grey:회색) 논쟁이다. 뉴욕5 건축은 1960년대의 대중 건축 운동에 대한 반발로 시작되었으며 다시 1973년에는 스턴(Stern)을 필두로 한 대중 건축 운동 쪽에서 뉴욕5 건축에 대한 공개적 비판이 있었다. 이후 두 진영 간에는 서로 반대되는 상대편의 건축관에 대한 비판이 오갔다. 이때 백색 순결주의를 추구한 뉴욕5의 건축관을 화이트라는 상징적 이름으로 부르게 되었으며 여기에 대비되어 문화적 색깔을 나타내려는 대중 건축 운동의 건축관을 그레이라 부르게 된다. 이렇게 보았을 때 화이트 대 그레이 논쟁은 서양 예술에서의 전통적인 '추상 대 구상' 논쟁이 건축 분야에서 일어난 예에 해당된다. 건축적 추상미로서의 화이트는 전통적 상징 체계가 모두 지워진 순수 조형 가치를 추구한다. 화이트는 가치 중립적인 기하 형태의 조작만으로 선험적 절대 가치를 얻을 수 있다는 이상주의적 조형관을 배경으로 갖는다. 화이트의 이러한 조형 작업은 고도의 지적 능력을 갖춘 소수의 건축가들만이 할 수 있다는 엘리트주의를 표방한다.

뉴욕5 건축의 첫 전시회였던 1969년에 내걸었던 이러한 화이트 조형관은 그 당시에 불기 시작하던 탈 60년대적 보수 회귀 경향과 맞아떨어지는 시대적 당위성을 가졌다. 그러나 이들의 작업을 몇 년 간 지켜본 그레이파 쪽에서 화이트 조형관의 허구성을 지적하며 그레이의 대중적 조형관이 여전히 유효함을 주장하였다. 그레이파 쪽에서는 사회주의적 평등관 위에 형성된 1920년대 아방가르드 건축 모델을 1970년대 미국 상류층의 개인 주택에 다시 차용하는 것이 시대적으로 무슨 의미를 갖느냐며 화이트의 형태 지상주의를 비판하였다. 화이트파는 대중들이 시대의 주역이 되어가고 있는 때에 상류층의 선민 의식적 과시욕에 영합하여 무의미한 형태 놀이에 안주하고 있다며 비판받았다. 화이트 조형관은 건축에 부가된 문화적, 정치 경제적, 기술적, 사회적 책임 등과 같은 동시대의 고민을 외면한 채 건축가 개인의 자위적 유희 행위에 지나지 않는 것으로 비판받았다. 그레이파는 여기에 대한 대안으로 미국의

도 98
로버트 스턴(Robert Stern),
풀 하우스(Pool House),
그리니치(Greenwich), 코네티컷,
1973-1974

토속 건물이나 길거리의 상업 간판 등과 같은 지역적 대중적 선례로부터 건축적 모티브를 찾으려 하였다. 또한 그레이파는 고전을 친근한 모습으로 각색해보기도 하고 자연 재료와 장식을 다시 도입하는 등 사회 내 보편적 가치 체계에 맞는 건축 모델을 찾는 작업을 벌였다.

1973년부터 본격화되기 시작한 그레이파의 이러한 주장은 포스트모더니즘으로 이어지며 현대 건축에서의 한 축을 형성하였다. 이후 화이트파와 그레이파의 주장들은 어느 한쪽으로 기울지 않은 채 각각 '합리주의에 기초한 모더니즘 추상 모델의 리바이벌'과 '팝 아트의 조형관에 기초한 대중 문화적 리얼리즘'이라는 현대건축에서의 큰 두 흐름으로 이어져 갔다. 예를 들어 1974년에 지어진 스턴의 풀 하우스(Pool House) 도 98와 1977년에 지어진 살바티 & 트레솔디(Salvati & Tresoldi)의 미자노 근교 1가구 주택(One-Family House near Miggiano) 도 99은 각각 위와 같은 두 경향을 대표하는 상징성을 갖는다. 스턴의 주택에서는 셩글 & 스틱 스타일(Shingle & Stick Style)이라는 미국의 토속 양식을 기본 모티브로 삼아 심하게 변형된 고전 모티브들이 쓰이고 있다. 또한 실내에는 오브제를 직접 차용한 팝 건축도 시도되고 있다. 반면에 살바티

도 99
살바티 & 트레솔디(Salvati & Tresoldi), 미지아노 근교 1가구 주택(One-Family House near Miggiano), 미자노, 이탈리아, 1977

& 트레솔디의 주택에서는 건축적 구성 원리에 대한 합리적 해석을 근거로 추상적 간결함이 전체적 분위기를 주도하고 있다. 이 과정에서 육면체의 윤곽과 재료적 솔직성 등과 같은 모더니즘의 기본 강령들은 여전히 유효한 지침으로 지켜지고 있음을 알 수 있다.

넷째는 미국만의 독특한 모더니즘적 배경이다. 모더니즘은 기본적으로 산업 혁명이라는 신문명과 양식 운동의 계승이라는 예술적 전통이 어우러져 탄생한 유럽의 예술 문화 운동이었다. 그 당시만 해도 예술 후진국이었던 미국이 이처럼 유럽 대륙에서 창조된 모더니즘을 받아들이는 입장이 유럽의 그것과 같을 수는 없었다. 이러한 현상은 건축에서도 마찬가지여서 미국은 유럽의 국제주의 양식을 자국의 전통에 맞게 변형시켜 받아들였다. 앞에서 소개한 기후 요소를 고려한 겹 공간은 이러한 내용의 대표적 예에 해당한다. 유럽의 국제주의 양식은 지중해 헬레니즘 문명의 석 구조 전통을 콘크리트로 대체하여 탄생된 것이었는데 미국은 이것을 북미 대륙의 목 구조 전통에 맞게 바꾸어 받아들여 자국만의 독특한 모더니즘 모델을 만들었던 것이다. 일본의 전통 목 구조 공간이 미국의 모더니즘 건축에 특별히 우호적으로 받아들여졌던 현상도 같은 맥락에서 이해될 수 있다. 이러한 미국식 전통은 뉴욕5 건축의 특징 가운데 하나인 목 구조 분위기의 가벼운 모습이 형성되는 데 중요한 배

도 100
찰스 과스메이(Charles Gwathmey), 엘리아 바쉬 하우스(Elia Bash House), 캘리폰(Califon), 뉴저지, 1972

경으로 작용하였다.

　이외에도 이민 복합 사회였던 미국은 어떤 특정 나라의 선례에 치우치지 않는 건축 모델을 찾으려는 경향을 건축적 특징 가운데 하나로 가졌다. 이러한 경향은 기본 기하 형태의 조합으로 이루어지는 건축 모델을 상류 주택에 적극 도입하는 전통으로 나타났다. 19세기 미국의 상류 주택에 네오-팔라디아니즘(Neo-Palladianism)이 크게 유행했던 사실은 이것의 좋은 예에 해당된다. 이러한 전통은 모더니즘 건축에서도 계속되어 라이트(Wright)는 상류 주택을 기하 공간 단위의 증식 기법으로 구성하였다. 뉴욕5 건축에서 추구하는 '정제된 논리 구조에 기초한 기하 형태주의'는 이처럼 기본 기하 형태의 조작을 선호하던 미국의 건축적 전통의 연장선상에서 이해될 수 있다. 특히 이러한 기하 조작으로부터 상류 엘리트 계층의 차별적 이미지를 찾아내려 한 점에서 더욱 그러하다. 예를 들어 라이트의 윌리암 지 프릭케 하우스(William G. Fricke House)와 과스메이(Gwathmey)의 엘리아 바쉬 하우스(Elia Bash House)도 100를 비교해보면 뉴욕5 건축이 위와 같은 미국의 건축적 전통을 기초로 하고 있음을 알 수 있다.

　다섯째는 복합 공간 운동이다. 화이트의 건축관을 내건 뉴욕5 건

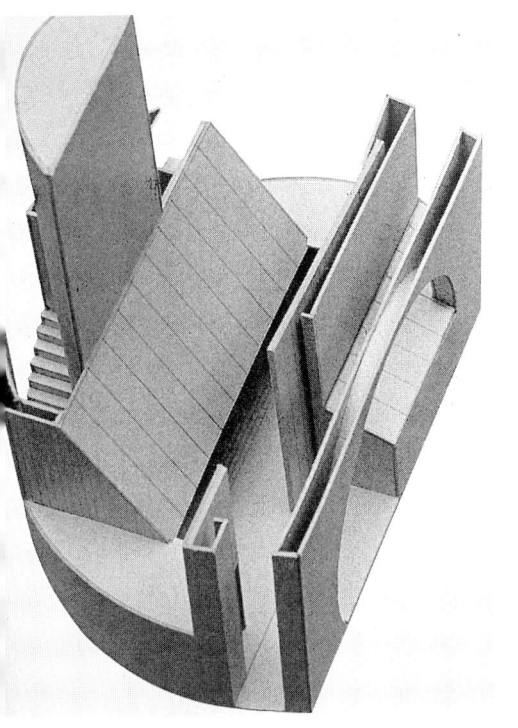

도 101
로버트 벤투리(Robert Venturi),
프러그 하우스 투(Frug House II)
계획안, 1965

도 102
리처드 마이어(Richard Meier),
바르셀로나 현대 미술관(Barcelona
Museum of Contemporary Art),
바르셀로나(Barcelona), 스페인,
1987-1995

축은 양식 사조의 변천이라는 거시적 관점에서 보면 벤투리, 무어 등 그레이파에 속하는 건축가들의 1960년대 대중 건축 운동에 대한 반대로 시작된 운동이었다. 그러나 공간이라는 미시적 관점에서 봤을 때 벤투리나 무어 등이 1960년대에 시도했던 사선과 겹 공간 구도는 뉴욕5 건축의 복합 공간에 대한 선례적 의미를 갖는다. 1960-1970년대에는 화이트와 그레이로 대표되는 추상 대 구상의 대립 구도만 있었던 것은 아니다. 이 시기에는 이 두 경향을 하나로 묶으며 1960-1970년대를 연속적인 흐름으로 이어주는 복합 공간이라는 공동의 고민이 있었다. 그리고 이러한 경향은 1980년대를 넘어서도 계속되고 있다.

예를 들어 벤투리의 프러그 하우스 투(Frug House II)도 101와 마이어(Meier)의 바르셀로나 현대 미술관(Barcelona Museum of Contemporary Art)도 102을 비교해보면 이런 내용을 쉽게 알 수 있다. 이 두 건물은 이 두 건축가가 대표하는 그레이파와 화이트파의 전형적인 예에 해당된다. 그러나 이와 동시에 이 두 건물 사이에는 겹 공간 사이의 복합 영역을 추구하려는 공통적 공간관이 발견되기도 한다. 뉴욕5 건축에서는 여러 겹으로 형성되는 공간 구조 속에 기하 충돌, 미로, 좌표 질서, 매스 대립, 빛 조작 등과 같이 여러 종류의 복합 공간 기법이 종합적으로 시도되고 있다. 뉴욕5 건축의 이러한 특징은 매너리즘, 바로크, 로코코 등의 양식 사조에 유추되기도 하는데 이러한 양식 사조들은 모두 복합 공간을 추구했던 대표적 예들이다. 이처럼 복합성이란 개념은 1960년대 벤투리의 고민과 1970년대 뉴욕5 건축을 이어주는 공통의 끈인 것이다.

이상과 같은 내용들이 뉴욕5 건축이 갖는 시대적 의미였다. 뉴욕5 건축은 이처럼 1970년대가 처한 양면적 시대 상황을 잘 반영하는 고민의 내용들을 담고 있으며 복합 공간은 이것의 핵심주제였다. 뉴욕5 건축은 잘 알려진대로 리처드 마이어(Richard Meier), 찰스 과스메이(Charles Gwathmey), 피터 아이젠만(Peter Eisenman), 마이클 그레이브스(Michael Graves), 존 헤이덕(John Hejduk)의 다섯 명의 건축가들이 이끌었다. 이들은 1969년 첫 전시회를 가졌으며 이것을 책으로 엮어 1972년에 '5인의 건축가(Five Architects)'라는 작품집을 출판하였다. 이외에도 이들은 여러 매체를 통하여 자신들의 건축관을 주장하였으며 여기에 주요 비평가들과 다른 건축가들이 가세하여 활발한 토론을 벌였다. 뉴욕5 건축을 둘러싼 이러한 토론들은 그 당시에 유럽에서 본격화되기 시작하던 합리주의 건축과 함께 1970년대 전반부의 서양 건축을 이끌었던 대표적 건축 운동이었다. 뉴욕5 건축 자체는 그다지 큰 규모의 건축 운동은 아니었지만 복합 공간으로 대표되는 이들의 건축관은 현대 건축을 이끌어가는 중요한 고민 가운데 하나로서 향후 많은 건축가들에게 영향을 끼쳤다. 이제 이들 5인의 건축가들에 대해 살펴보기로 하자.

마이어는 뉴욕5 건축관의 순도를 가장 오랜 기간 유지하며 가장 많은 수의 건물로 이것을 구체화시킨 점에서 뉴욕5 건축을 대표하는 건축가이다. 마이어의 뉴욕5 건축은 르 코르뷔지에의 건축 모델을 차용하는 단계와 이것에 대한 조형 조작을 통해 자신만의 건축 모델을 창출해 내는 단계로 나누어 생각할 수 있다. 마이어의 울름 전시 및 집회 건물 (Exhibition and Assembly Building at Ulm)도 103은 이런 내용을 가장 집약적으로 보여주는 예 가운데 하나이다. 먼저 마이어는 르 코르뷔지에의 도미노(Domino) 모델을 기본 조형 단위로 차용하여 그 속에 담

도 103
리처드 마이어(Richard Meier),
울름 전시 및 집회 건물(Exhibition
and Assembly Building at Ulm),
울름, 독일, 1986-1993

긴 자유 공간 구성의 가능성을 극대화함으로써 복합 공간을 추구하고 있다. 마이어는 구조 부재인 기둥 열과 그 사이를 자유롭게 구획하는 비내력 벽을 기본 조형 요소로 삼아 육면체를 복합 공간체로 발전시켜 놓고 있다. 마이어의 건물에서는 기둥과 벽, 사적 영역과 공적 영역, 빈공간 부분과 그 속을 가로지르는 물리적 실체부(계단, 경사로, 복도, 실내 발코니 등), 건물 본체와 이것을 싸는 가벽, 투명체와 불투명체, 직선과 곡선 등과 같은 여러 쌍 개념들에 의해 복합 공간에 대한 기본적 프로그램이 구성된다.

다음 단계로 이러한 프로그램을 구체화하는 과정에서 마이어는 육면체를 구성하는 점, 선, 면, 입체의 기하 요소에 대해 분리, 분해, 삽입, 격자 만들기 등과 같은 조형 조작 기법을 최대한 적용하고 있다. 이상과 같은 조형 전략들이 복합적으로 작용하여 마이어의 건물에서는 여러 겹의 공간 영역이 형성되면서 이 영역들 사이에 중첩, 상호 관입, 충돌, 콜라주적 혼성 등과 같은 복합 관계가 형성되어 있다. 마지막으로 여기에 빛이 더해지면서 실내 공간에는 차분하면서도 현란한 복합 공간이 나타나고 있다. 이때 마이어의 대표색인 백색은 이러한 실내 분위기를 더욱 배가시켜준다.

마이어의 이러한 복합 공간 기법은 1960년대 후반부의 마이어 초기 작품에서부터 완성도 높은 모습으로 나타나는데 스미스 하우스(Smith House)도 104, 105는 이것의 대표적 예이다. 스미스 하우스에서는 르 코르뷔지에의 공간 모델을 차용한 네오 모더니즘적 처리를 바탕으로 여러 겹의 겹 공간이 형성되고 있다. 스미스 하우스에서는 르 코르뷔지에의 도미노 시스템과 시트로엥(Citrohan) 타입의 두 가지 공간 모델이 혼용되고 있다. 이 두 가지 원형 모델은 각각 입면 파사드의 수평 구성과 수직 구성을 대표하는 건축 체계이다. 르 코르뷔지에의 건물에서 이러한 원형 모델들은 대칭 구성이나 비례 시스템 등과 같은 고전적 균형미를 추구하였다. 그러나 스미스 하우스에서 이 두 가지 공간 모델은 하나로 합쳐져 비대칭적 분할 구성의 파사드로 나타나고 있으며 보기에 따라서는 수평 구성과 수직 구성 사이의 대립 구도까지 느껴지기도 한다. 입면 파사드를 이처럼 자유롭게 구성할 수 있는 근거는 외벽이 구조 부재의 역할에서 해방되어 완전한 비내력벽이 되었기 때문이다. 스미스 하우스의 외벽은 자유롭게 분할 구성된 하나의 투명막처럼 처리되고 있다.

이렇게 처리된 외벽은 외부 영역과 실내 사이에 연속과 단절이 적절히 조절된 공간적 관계를 형성시켜주고 있다. 스미스 하우스에서는 이러한 외벽의 기능을 바탕으로 여러 겹의 공간 영역이 나타나면서 복합 공간으로의 발전 가능성이 암시되고 있다. 외벽을 전면 유리로 처리하여 내외부 공간 사이에 관계를 맺어주려는 시도는 미스로 대표되는 모더니즘 균질 공간 때부터 시도되었다. 그러나 미스의 균질 공간에서는 내

도 104
리처드 마이어(Richard Meier),
스미스 하우스(Smith House),
다리엔(Darien), 코네티컷, 1967

도 105
리처드 마이어(Richard Meier),
스미스 하우스(Smith House),
실내 공간, 다리엔(Darien),
코네티컷, 1967

외부 공간 사이에 일방적 연속의 관계만이 형성되면서 단일 공간으로서의 성격을 한층 강화시켜주고 있다. 이에 반해 스미스 하우스에서는 외벽의 외면에 고형(solid)의 굴뚝과 계단실이 첨가되어 있고, 외벽 자체도 불규칙한 분할 구성으로 처리되어 있다. 이 때문에 스미스 하우스에서는 외벽을 기준으로 내외부 공간 사이에 연속과 단절이 적절히 조절된 겹 공간의 관계가 형성되고 있다. 또한 실내 공간은 사적 영역과 공적 영역으로 구별이 되면서 이와 동시에 두 영역 사이에 실내 발코니 등과 같은 전이 영역이 첨가되어 있다. 이상과 같은 단계를 거쳐 스미스 하우스에서는 '사적 영역-전이영역-공적 영역-외벽-고형 영역-외부 공간'으로 이어지는 여러 겹의 겹 공간 영역이 형성되어 있다. 외벽을 통해서 실내 구성이 드러나 보이거나 혹은 외벽의 분할된 모습이 실내 구성 상태를 반영하고 있는 처리는 이 건물의 겹 공간적 특성을 강화시켜주고 있다.

자신의 데뷔작이라 할 수 있는 스미스 하우스에서 마이어는 이상과 같은 복합 공간에 대한 기본 개념을 선보였다. 그러나 다른 한편 스미스 하우스에서 나타난 공간의 실제 모습에는 아직도 단일 공간의 흔적이 많이 남아 있는 것이 사실이다. 스미스 하우스에서 제시된 겹 공간 구조는 완성된 상태로 구체화되기 전 단계인 영역

도 106
리처드 마이어(Richard Meier), 아테네움(The Atheneum), 뉴 하모니(New Harmony), 인디애나, 1975-1979

암시의 상태로 머물러 있다. 마이어는 이후에 지어진 건물들에서는 이렇게 암시된 겹 공간의 영역을 다양하게 변형된 점, 선, 면의 기하 요소를 이용하여 실제의 겹 공간 모습으로 형상화시켜 놓고 있다. 마이어의 아테네움(The Atheneum)은 이런 내용을 잘 보여주는 예이다. 이 건물에서는 전면 유리를 통해 투명하게 비치는 실내 영역과 가벽 스크린에 의해 형성되는 옥외 영역이 중첩되면서 전체적으로 겹 공간의 영역이 형성되고 있다 도 106.

이처럼 겹 공간을 만들어내는 몇 가지 대표적 기법을 예로 들어보면, 기둥열이 고형 매스나 벽체와 분리되면서 독립적 공간을 형성하고 있고 스크린 형태의 가벽면이 실내와 실외에 세워져 있으며 경사로, 브리지, 계단 등과 같은 이동 부재가 또 하나의 독립 공간 영역을 형성하고 있다. 혹은 벽체나 모서리 등에 구멍을 뚫어 이쪽 공간과 저쪽 공간 사이의 관입을 통한 겹 공간이 시도되기도 한다. 이러한 처리 기법들은

도 107
리처드 마이어(Richard Meier),
프랑크푸르트 장식 예술 박물관
(Museum for the Decorative
Arts in Frankfurt am Main),
프랑크푸르트, 독일, 1979-1985

마이어의 전 작품에 걸쳐서 지속적으로 시도되고 있으며 결과적으로 이것들이 종합적으로 어우러져 마이어의 복합 공간을 이루게 되는 것이다.

마이어의 프랑크푸르트 장식 예술 박물관(Museum for the Decorative Arts in Frankfurt am Main)은 이상과 같은 마이어의 복합 공간을 종합적으로 잘 보여주는 예에 해당된다. 이 건물에서는 스크린 가벽, 격자 프레임, 기둥 열, 경사로, 브리지 등이 어우러져 현란한 겹 공간을 형성하고 있다. 집 속의 집(House within a House)의 공간 구성은 이러한 겹 공간의 느낌을 배가시켜준다. 마치 공간 전체가 치밀하게 계산된 계획에 의해 정교하게 폭파된 것 같은 복합 공간의 모습을 보여주고 있다. 여기에 마지막으로 빛의 작용이 더해지면서 현대건축에서의 복합 공간 운동은 완성된 상태에 이르고 있다 도 107.

과스메이는 르 코르뷔지에의 원형 모델을 응용적으로 차용하여 복합 공간을 시도한 점에서 마이어와 기본 건축관을 공유한다. 실제 건물을 보더라도 과스메이의 건물은 마이어의 건물을 조금 더 단순화시켜 놓은 듯한 유사성을 보여준다. 이런 점에서 과스메이의 건축은 일단 위와 같은 마이어의 건축과 동일한 범위 내에서 이해될 수 있다. 그러나 이와 동시에 과스메이는 자신만의 독특한 특색을 보여주는데 이것은 크게 두 가지로 요약될 수 있다.

첫째는 과스메이의 건물들은 기하학적 형태의 볼륨(volume) 단위로 구성되는 특징을 갖는다. 과스메이의 복합 공간은 이렇게 구성된 건물 볼륨의 안과 밖에 선이 굵은 조형 조작을 가함으로써 얻어지고 있다. 과스메이의 건물에서는 사적 공간 단위에 작은 볼륨이 할당된 후 이것들이 큰 공적 공간 속에서 조합되는 과정에서 복합 공간의 구성이 짜여진다. 사적 공간을 구성하는 볼륨 자체에 관통이 일어나면서 이쪽 공간과 저쪽 공간 사이에 상호 관입이 일어나고 있다. 혹은 이러한 볼륨들이 서로 어긋나거나 맞물리게 조합되면서 생기는 틈 사이로 빛을 끌어들이는 등의 기법이 쓰이기도 한다. 과스메이의 스트라우스 하우스(Strauss House)는 이런 내용을 잘 보여주는 예이다. 이 주택의 실내는 전체적인 분위기는 마이어의 실내와 유사하면서도 동시에 마이어의 실내보다 더 큰 매스 단위로 구성되고 있다. 그렇기 때문에 빛의 유입에 따른 음영 역시 마이어의 실내에서와 같은 자잘한 선 단위가 아닌 큰 면 단위로 형성되고 있다. 결과적으로 마이어의 실내에 나타나는 폭파된 듯한 분산성이 과스메이의 실내에서는 절제되어 나타나지 않고 있다. 그대신 과스메이의 실내는 기하적 윤곽이 지켜지는 특징을 보이고 있다 도 108.

도 108
찰스 과스메이(Charles Gwathmey), 스트라우스 하우스 (Strauss House), 퍼체스(Purchase), 뉴욕 주, 1968

이 같은 과스메이만의 특징은 건물의 외관에서도 동일하게 관찰된다. 과스메이는 건물의 외관 윤곽을 자잘한 구획보다는 큰 면과 매스 단위로 구성하는 특징을 보여준다. 이렇게 구성되는 매스 윤곽에 개구부를 뚫거나 혹은 볼륨 단위를 병렬시키는 등 실내 구성과 동일한 분위기로 건물의 외관을 처리하고 있다. 과스메이의 과스메이 주택 및 스튜디오(Gwathmey House and Studio)는 이런 내용을 잘 보여주는 예이다. 이 건물에서는 위와 같은 과스메이의 전형적인 매스 구성 기법에 의해 전체 윤곽이 이루어지고 있다. 여기에 더하여 외벽이 열리고 닫힌 정도가 대비적 조합에 의해 적절히 조절됨으로써 실내에 형성된 복합 공간의 구성을 암시해주고 있다. 이러한 암시는 건물의 본체, 계단실, 작은 볼륨 단위 등을 병렬시킨 처리에서도 동일하게 얻어지고 있다. 그 결과 형성된 뚜렷한 음영은 육면체 볼륨에 공간의 깊이감을 더해주면서 전체적인 복합 공간의 효과를 돕고 있다 도 109.

도 109 ▲
찰스 과스메이(Charles Gwathmey), 과스메이 주택 및 스튜디오(Gwathmey House and Studio), 아마간세트(Amagansett), 뉴욕 주, 1965

도 110 ▶
찰스 과스메이(Charles Gwathmey), 세이그너 하우스(Sagner House), 사우스 오렌지(South Orange), 뉴저지, 1973-1974

둘째는 과스메이는 르 코르뷔지에를 해석하는 시각에 있어 자신만의 특징적 건축관을 보여준다. 과스메이는 르 코르뷔지에의 개개 어휘를 기교적으로 응용하려는 마이어의 자세와 달리 르 코르뷔지에의 퓨리즘(Purism) 회화에서 제시된 2차원 조합에 의한 다면성의 공간관을 건물로 나타내려는 시도를 보여준다. 과스메이의 세이그너 하우스(Sagner House)는 이런 내용을 잘 보여주는 예이다. 이 건물의 배치도를 보면 마치 1920년대 르 코르뷔지에의 퓨리즘 회화를 보고 있는 듯한 착각을 일으킬 정도이다. 마이어의 복합 공간은 3차원 육면체를 변형된 르 코르뷔지에의 어휘에 의해 현란하게 분해해냄으로써 형성되고 있다. 이에 반해 과스메이의 복합 공간은 2차원 면과 매스를 중첩시킨 후 여기에 음영을 실어냄으로써 얻어지는 다면성의 공간 깊이로부터 형성되는 차이점을 보인다 도 110.

르 코르뷔지에에 대한 이러한 입장 차이는 도미노 시스템과 시트로엥 타입을 차용하는 데에서도 다시 드러나고 있다. 과스메이의 드 메닐 하우스(de Menil House)는 이런 내용을 잘 보여주는 예이다. 이 건물의 입면은 장식적 흥거움과 합리적 절제성이 혼재된 3차원 공간감을 주요 특징으로 드러내보이고 있다. 이러한 특징은 르 코르뷔지에의 이 두 건축 모델을 해석하는 과스메이만의 조형관으로부터 얻어지는 것이

도 111
찰스 과스메이(Charles Gwathmey), 드 메닐 하우스 (de Menil House), 이스트 햄프턴 (East Hampton), 뉴욕 주, 1979

다. 마이어는 도미노 시스템의 수평 구성과 시트로엥 타입의 수직 구성을 대립적 분위기로 혼용하여 하나의 면으로 제시하였다. 이에 반해 과스메이는 이 두 구성을 공간의 수평-수직 양방향으로의 유동이라는 입체적 개념으로 재해석해내고 있다. 과스메이의 이러한 처리는 전체 공간 구성에 있어서 상호 관입성을 증대시키는 역할을 해주고 있다 도 111.

아이젠만은 기본 기하 형태들 사이의 좌표적 조합이라는 자신만의 건축적 공식으로부터 복합 공간을 얻어낸다. 이러한 아이젠만의 건축관은 현대 문명에 대한 부정적 진단으로부터 출발한다. 현대는 절대적 정신 가치가 실종된 불확실성의 시대이므로 건축도 이러한 시대 상황에 맞게 모든 전통적 상징 체계로부터 자유로운 중립적 구성 질서를 가져야 한다. 아이젠만은 건축에서의 전통적인 의미 상징 체계들이 모두 관습적 약속에 지나지 않으며, 따라서 가치 기준이 바뀐 현대에는 이러한 상징 체계들이 무의미하다는 시대관을 갖는다. 이러한 판단 아래 아아이젠만은 그 대안으로 어떠한 초기 조건적 의미도 갖지 않는 가치 중립적 건축 생성 법칙을 제시하고 있다. 이것은 건물을 스스로의 생성 과정에 대한 기록체로 정의하겠다는 새로운 건축관을 의미한다. 이 시대의 건물은 이제 더이상 편견적 관습에 의해 건축적 의미를 강요해서는 안된다. 이 시대의 건물은 자신의 형태 어휘가 형성되어가는 과정을 스스로 기억하여 설명해줄 수 있어야 한다.

이와 같은 새로운 개념의 건축관을 위한 구체적 조형 전략으로 아이젠만은 통사 구조(Syntactic Structure)라는 언어학의 개념을 도입하고 있다. 이 개념은 언어에 부가된 모든 의미를 배제하고 언어 작용을 수학 공식에 의한 논리적 전개 과정과 같은 관점으로 분석하려는 새로운 방법론을 추구한다. 촘스키(Chomsky)의 변형 생성 문법은 통사론적 언어 이론의 대표적 예에 해당된다. 이러한 언어 이론에 유추한 아이젠만의 건축 모델은 표층 구조 속에 내재된 심층 구조를 찾는 작업으로부터 시작된다. 여기에서 표층 구조란 우리가 최종 결과물로서 인식하는 건물의 외관을, 그리고 심층 구조란 표층 구조를 있게 해주는 내적 생성 요인을 의미한다. 이렇게 형성되는 새로운 건축 모델이 관습적 의미체계로부터 자유롭기 위해서는 가치 중립적인 불변의 심층 구조로부터 표층 구조가 형성되어야 한다. 이렇게 정의되는 심층 구조의 논리 체계를 따라 일어나는 표층 구조는 외부의 선험적 가치 체계와 상관없이 그 자체가 곧 하나의 완결되고 독립적인 건축 체계가 된다.

위와 같이 심층구조는 다음의 세 단계를 거쳐서 완성되는데 이것은 동시에 아이젠만의 복합 공간을 구성하는 조형 전략이기도 하다. 이런 내용은 아이젠만의 하우스 포(House IV)에 잘 나타나 있다도 *112, 113*. 첫 번째 단계는 기본적 공간 단위를 구성하는 출발점으로서 기하학적 조형 요소의 도입이다. 최소 형태라 불리는 점, 선, 면, 입체, 격자 등이 이것의 예에 해당된다. 두 번째 단계는 최소 형태의 자체적 분화이다. 이 과정에서 최초 형태는 분절, 분할, 절삭, 회전, 반복 등의 공간 분할 과정을 거쳐 기능이나 프로그램들을 담을 수 있는 초기 수준의 구조물로 발전하게 된다. 마지막으로 세 번째 단계는 위의 두 단계에서 형성된 두 개 이상의 최초 형태들 사이의 조합이다. 이 단계에서는 최초 형태들 사이에 훨씬 더 복잡하고 다양한 입체적 관계가 형성되면서 비로소 주택 등과 같은 한 채의 완결된 기능 단위를 담을 수 있는 건축 공간

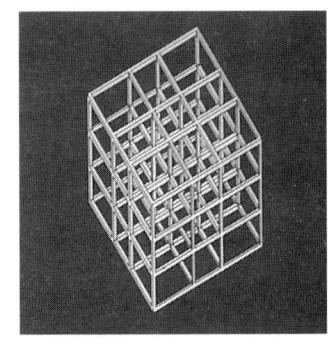

도 112
피터 아이젠만(Peter Eisenman), 하우스 포(House IV), 폴스 빌리지(Falls Village), 코네티컷, 1971

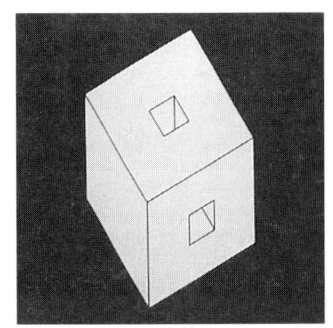
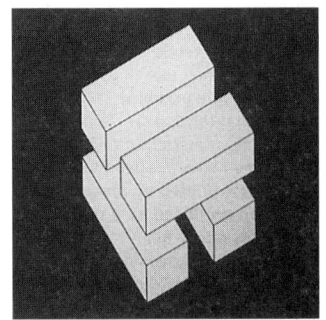

이 완성되는 것이다. 이상과 같은 표층 구조와 심층 구조의 개념에 의해 아이젠만은 건축적 통사 구조의 한 모델을 제시하고 있다. 이러한 통사 구조하에서 기하 형태의 생성 과정은 그대로 건축적 구성 질서로 나타나게 되며 이것은 동시에 복합 공간을 형성하는 논리 구조가 된다.

  실제 지어진 몇 개의 예를 들어보자. 아이젠만의 하우스 원(House

도 113
피터 아이젠만(Peter Eisenman),
하우스 포(House IV), 폴스 빌리지
(Falls Village), 코네티컷, 1971

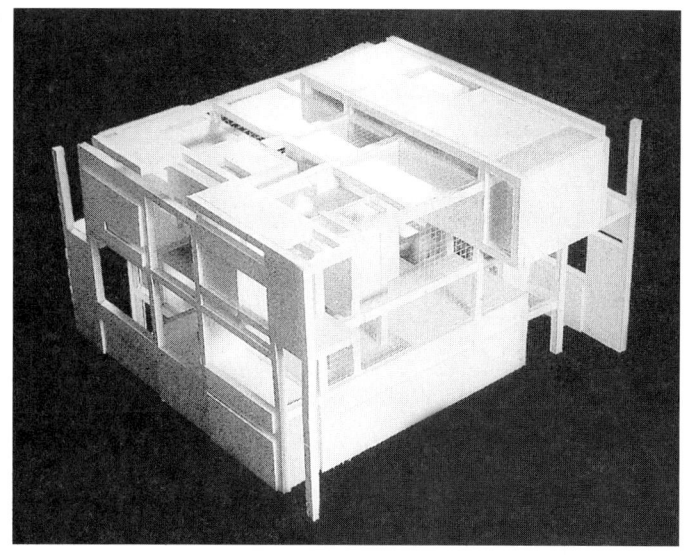

I)에서는 직육면체, 기둥열 체계, 벽체 구조 등을 최초 형태로 삼아 출발하고 있다. 그 다음 단계에서는 이러한 최초 형태들 자체의 분화 과정을 거친 후 마지막으로 이것들 사이의 조합으로부터 최종 건축물이 얻어지고 있다. 하우스 원의 조형 구조는 단일 육면체를 형태의 근원 요소로 삼아 여기에 기둥과 벽체와 볼륨 사이의 관계적 법칙을 첨가하고 있다. 이러한 과정을 거쳐 단일 육면체의 근원 요소는 하나의 건축물로 변형, 발전되고 있다. 이러한 단계별 생성 과정은 위에 소개한 아이젠만의 통사론적 건축관의 전형적 예에 해당된다. 이러한 논리 구조하에서 입체는 평면의 확장으로, 반대로 기둥은 평면의 잉여로 인식된다. 점, 선, 면, 입체는 동일한 체계로 계량화되어 서로의 생성 과정을 기록해주는 심층 구조를 형성한다 도 114.

아이젠만의 하우스 투(House II)에서는 육면체 속의 육면체라는 두 개의 육면체를 최초 형태로 삼아 출발하고 있다. 이러한 육면체를 구성하는 벽면은 더하기(addition)와 따내기(subtraction) 과정을 거쳐 기둥과 격자 등으로 변화하며 일부는 그대로 벽면으로 남아있기도 한다. 마지막으로 이렇게 변형 처리된 두 개의 육면체가 상호 관계를 가지면서 건축물로 나타나게 된다. 이때 두 개의 육면체가 조합되는 내부 구성 모습이 그대로 입면으로 나타나게 된다. 이러한 입면 구성법은 단 겹의 벽

도 *114*
피터 아이젠만(Peter Eisenman), 하우스 원(House I), 프린스턴 (Princeton), 뉴저지, 1967-1968

체에 개구부를 뚫어 고형부의 진공부로 구성하던 전통적인 입면 구성 기법과는 완전히 다른 아이젠만의 통사 구조론적 입면 구성 기법이다. 이곳 하우스 투에서는 각 육면체의 입면을 구성하는 두 장의 그리드 벽면이 앞뒤로 중첩되며 나타나는 최종 모습이 그대로 건물의 입면이 되고 있다. 이렇게 구성되는 입면은 실내 공간의 구성적 리듬을 그대로 나타내준다. 이처럼 두 개의 육면체를 조작하여 얻어지는 벽과 기둥, 입체와 기둥, 입체와 벽 사이의 복합 관계는 건물의 생성 과정을 기록해주는 심층 구조를 형성한다 도 *115*.

아이젠만의 하우스 스리(House III)에서는 45도 방향으로 엇갈리며 중첩된 두 개의 육면체를 최소 형태로 삼아 출발하고 있다. 이때 정방향으로 놓인 육면체는 기둥 열에 의한 그리드 시스템으로 그리고 대각선 방향으로 엇갈려 놓인 육면체는 벽면에 의한 그리드 시스템으로 각각 분화되어 간다. 그리고 이러한 두 개의 그리드 시스템 사이의 조형 충돌로부터 최종 건물이 형성되고 있다. 두 개의 육면체 사이의 조형적 관계가 그대로 건물의 입면으로 결정되는 내용은 위의 하우스 투에서와 동일하다 도 *116*. 이처럼 아이젠만은 하우스 원에서는 단일 육면체를, 하우스 투에서는 서로 포함 관계에 있는 두 개의 육면체를, 그리고 이곳 하우스 스리에서는 45도로 엇갈린 두 개의 육면체를 각각 최초 형태로 삼아 자

도 115
피터 아이젠만(Peter Eisenman), 하우스 투(House II), 하드윅(Hardwick), 버몬트, 1969-1970

도 116
피터 아이젠만(Peter Eisenman), 하우스 스리(House III), 레이크빌(Lakeville), 코네티컷, 1969-1970

신의 통사 구조론을 실제 건물에 적용시키고 있다.

아이젠만은 이상 예를 든 바와 같이 심층 구조를 구성하는 조형 전략을 단계적으로 변형시켜가며 하우스 원에서 하우스 텐(House X)까지의 하우스 시리즈를 설계하였다. 이중 실제 지어진 건물은 위의 세 개 주택과 하우스 식스(House VI)를 합쳐 네 개였다. 아이젠만의 통사론적 건축 모델은 복합 공간의 구성에 대한 논리적 공식을 추출해낸 점에서 새로운 가능성을 제시한 것으로 이해될 수 있다. 그리고 이러한 새로운 시도의 출발점에 대한 나름대로의 시대적 근거도 제시하고 있다. 그러나 아이젠만의 주택에서는 심층 구조에 의한 물리적 골격이 먼저 짜여지고 여기에 프로그램이 대응되기 때문에 기능상의 문제점이 많이 지적되고 있다. 거주자 쪽에서의 불평도 여럿 보고되고 있다. 결론적으로 아이젠만은 건물에 대해 완전히 새로운 기본 개념을 제시하고 있으며 관건은 이것을 받아들일 수 있느냐의 선택의 문제인 것이다.

    아이젠만의 주택은 현실적인 차원에서는 받아들이기 어려운 이상론적 측면에 치우친 것 같아 보인다. 새로움이 주는 득보다는 현실과의 괴리에서 오는 실이 더 큰 것 같다. 창조성 있는 작품에는 물론 이상적 사고가 필수적이지만 건축물로서 최종 평가는 그러한 이상적 사고가 어떻게 현실과 조화되었는가 혹은 현실을 얼마나 개선하였는가의 여부로부터 결정되어야 한다. 가끔 극단적인 이상론이 요구되기도 하지만 이 경우는 큰 전쟁을 겪은 후와 같이 그것을 절실하게 필요로 하는 시대 상황이 있게 마련이다. 그리고 이때의 이상론은 현실을 초월하는 거시적 차원에서 대안을 제시하는 긍정적인 기능을 갖게 된다. 이에 반해 아이젠만이 제시한 이상론은 현실 부정에 의한 갈등의 방향으로 나타나는 문제점을 갖는다. 현실에 대한 개선적 대안이 없는 부정적 이상론은 많은 현실적 요구들을 희생하며 자칫 건축가 개인의 지적 유희로 끝나기 쉽다. 현실이 어둡다면 그것을 극복하려는 초월적 창조력이 요구되어야 한다. 어두운 현실을 상징하기 위해 집주인에게 불편함을 강요하는 것은 지나치게 감상적 대응일 뿐이다.

    그레이브스의 건물은 아이젠만의 통사론(Syntactics)과 마이어의 의미론(Semantics)을 통합해놓은 특징을 보여준다. 그레이브스는 아이젠만과 같이 자신의 건물을 논리적 생성 과정의 결과물로 보려한다. 그레이브스는 아이젠만처럼 완결적이지는 않지만 자신의 건물을 형성하는 기초적인 조형 공식을 운용한다. 그 내용도 육면체를 구성하는 점, 선, 면 요소에 대한 조형적 각색인 점에서 아이젠만의 통사론과 공통점을 공유한다. 이런 점 때문에 그레이브스의 건물은 언뜻 보면 아이젠만의 건물과 흡사해보인다. 그러나 이러한 기하 요소를 구체적 건축 어휘로 발전시켜가는 전략이나 최종 지향점을 향한 건축 철학에 있어서 그레이브스는 아이젠만과 중요한 차이점을 갖는다. 그것은 아이젠만의 통사론이

의미론을 배제하기 위한 목적을 갖는 데 반해 그레이브스의 통사론은 이와 반대로 의미론을 형성하기 위한 전 단계에 해당된다는 점이다. 아이젠만은 의미론이 필요없는 유일한 건축 구성 원리로서 통사론을 추구했던 데 반해 그레이브스는 통사론을 이용하여 적극적인 의미 전달을 시도한다.

아이젠만과 그레이브스의 건물은 표면적 유사성에도 불구하고 위와 같은 기본 철학에서의 차이점 때문에 궁극적으로는 서로 다른 모습으로 나타나게 된다. 그레이브스의 킬리 게스트 하우스(Keeley Guest House)는 이런 내용을 잘 보여주는 예이다. 그레이브스의 이 건물에서는 기본적 통사 구조의 작용이 일어난 다음 단계에서의 형태 각색이 심하게 일어나고 있다. 이 단계에서의 형태 각색은 논리적 공식으로는 설명되기 어려운 건축가의 주관적 창작 행위에 해당된다. 이 단계에서는 육면체의 윤곽이 심하게 훼손되고 가벽, 프레임, 발코니, 계단 등의 부재들이 서로 맞물리거나 중첩된다. 곡선 윤곽을 가진 매스가 더해지고 색채가 도입되기도 한다. 겹 공간 프레임이 중첩되면서 콜라주 같은 입면 이미지가 형성되고 있다. 무대 세트처럼 곧 부스러질 것 같은 프레임들이 공간 속에 공허한 모습으로 난무하고 있다도 117.

이처럼 그레이브스의 건물은 여러 단계의 조형 생성 과정을 거치게 된다. 기본 기하 형태에 좌표적 조작을 가한 후 1차 기능 요소를 대응시키는 단계는 아이젠만의 최초 형태 개념과 동일하다. 그레이브스는 여기서 한 단계 더 나아가 2차적 각색에 의해 복합적 피막을 형성함으로써 의미 전달 기능을 획득하고 있다. 이 과정에서 그레이브스만의 복합 공간이 나타나게 된다. 그레이브스의 이러한 건축관은 기하 형태를 이용하여 상징적 가치를 표현하려는 목적을 갖는다. 아이젠만은 건축에서의 상징 체계를 부정하며 기하 조작만으로 건축에서의 가치 체계를 구성하려 했다. 이와 반대로 전통주의자들은 구상 형태나 도상을 이용하여 직접적으로 상징 체계를 표현하려 한다. 그레이브스는 이 둘 사이의 중간적 입장을 취하며 추상 은유에 의한 의미 전달을 추구한다.

그 자체로서는 의미 중립적인 추상 기하 형태가 의미 작용을 유발시킬 수 있는 근거로 그레이브스는 대립되는 대상들 사이의 이중성을 들고 있다. 그레이브스의 클레그호른 하우스 증축(Claghorn House Addition)은 볼륨과 프레임 사이의 대립적 이중성으로부터 의미 작용이 유발

도 117
마이클 그레이브스(Michael Graves), 킬리 게스트 하우스 (Keeley Guest House), 프린스턴(Princeton), 뉴저지, 1972

되는 예를 보여준다. 그레이브스에 의하면 형태적 의미는 대립되는 요소나 개념들 사이의 충돌로부터 형성된다. 추상적 형태는 대립되는 짝을 만나 상이성에 의한 내재적 관계를 형성할 때 의미 작용을 할 수 있다. 하나의 볼륨과 하나의 프레임이 있을 때 이것들 단독으로는 아무런 의미를 가질 수 없다. 그런데 이 두 요소가 서로 대립되어 상이성의 관계를 형성할 경우 볼륨은 완결된 실체를, 그리고 프레임은 볼륨의 윤곽을 암시하는 허상을 각각 상징하게 된다. 그리고 이 같은 두 요소 사이의 대립적 암시로부터 현대의 불안정한 시대 상황 등을 표현하는 의미 전달 기능이 획득되는 것이다 도 118.

이러한 대립적 상징 체계는 궁극적으로 존재와 허구라는 서양 문명의 이분법적 의미 체계를 표현하거나 혹은 더 나아가 현대 문명에서

도 118
마이클 그레이브스(Michael Graves), 클레그호른 하우스 증축(Claghorn House Addition), 프린스턴(Princeton), 뉴저지, 1973-1974

의 여러 가지 갈등 상황에 대한 상징적인 의미 작용으로 이해될 수도 있다. 이와 똑같은 원리로 그레이브스의 건물에서는 한색과 난색, 남성과 여성, 직선과 곡선, 인공과 자연, 수직선과 수평선 등과 같은 여러 쌍의 대립 구도가 형성되면서 이것들 사이의 이중적 관계로부터 다양한 의미 작용이 일어나게 된다. 그레이브스의 스나이더만 하우스(Snyderman House)는 위에 열거한 것과 같은 여러 쌍의 대립 구도가 적극적으로 쓰인 대표적 예에 해당된다. 그레이브스 건물의 최종 모습은 이러한 대립 형태들 사이의 다중적 관계로부터 형성되는 복합 공간의 모습으로 나타나게 된다. 그레이브스의 복합 공간은 이처럼 형태, 의미, 이미지 등이 문맥적인 연속성을 가지며 큐비즘 공간에서와 같이 다면적으로 동시 발생하는 특징을 갖는다 도 119.

그레이브스의 한젤만 하우스(Hanselman House)에서는 입구와 계단이 대립 구도를 형성하는 요소로 쓰이고 있다. 한젤만 하우스에서는 원래 실내 요소였던 입구와 계단이 건물 밖으로 빠져 독립 요소로 처리되고 있다. 이 과정에서 건물 본체의 육면체와 계단의 사선 매스 사이에 형태상의 대립 구도가 형성되고 있으며 이것으로부터 여러 종류의 의미적 대립 구도가 파생된다. 건물 본체는 정면성(frontality)을 추구한 1920년대 빌라의 고전적 균형미를 상징한다. 이에 반해 본체에 대해 직각 방향으로 우측 끝에 박힌 계단실과 본체 좌측부를 개구부로 열어 놓

도 119
마이클 그레이브스(Michael Graves), 스나이더만 하우스 (Snyderman House), 포트 웨인(Fort Wayne), 인디애나, 1972

은 매스 구성은 회전성(rotationality)을 암시하며 현대건축에서의 역동적 불안감을 상징한다. 이러한 대립 구도는 곧 현대 문명의 갈등 상황을 상징하는 의미 작용으로 발전한다. 이외에도 실제적 효용을 상징하는 내부 요소인 입구와 계단을 불완전한 상태의 외부 요소로 독립시킴으로써 실체와 허상 사이의 대립 구도가 형성되고 있다. 이러한 대립 구도는 다시 한 번 현대 문명의 갈등 상황을 상징하는 의미 작용으로 발전한다 도 120.

그레이브스의 스나이더만 하우스에서는 심하게 각색된 프레임의 대립적인 이중성으로부터 여러 종류의 의미 작용이 파생되고 있다. 스나이더만 하우스에서는 모더니즘의 원형 단위인 육면체가 분해되어 프레임에 의해 그 윤곽만이 암시되고 있다. 이러한 처리는 완성점을 지난 모더니즘 건축에 대해 가해지는 후기 모더니즘적 변형의 내용에 해당되며 1970년대의 시대 상황하에서 이것은 그 자체로서 상징적인 의미를 지니게 된다. 이렇게 형성된 프레임에 더해지는 그 다음 단계의 조형 조작은 이 같은 의미 작용을 배가시켜 준다. 스나이더만 하우스에서는 프레임 구조에 원형 매스, 계단실, 발코니 등이 매달리도록 처리되어 있는데 이 과정에서 여러 종류의 대립 구도가 나타난다. 프레임은 기능 요소를 담는 입체 구조물로 발전하지 못한 채 공허하게 서 있다. 이처럼 건축적 기능을 거세당한 허상적인 존재로 하여금 실제적 기능 요소들을 받

도 120
마이클 그레이브스(Michael Graves), 한젤만 하우스(Hanselman House), 포트 웨인(Fort Wayne), 인디애나, 1967

쳐 매달리도록 한 처리는 규범화된 건축 질서에 대한 지독한 패러독스(paradox)의 의미를 갖는다. 또한 프레임은 무채색의 십자 구도를 형성하는 데 반해 여기에 매달리는 각 기능들은 유채색, 곡선 매스, 사선 구도 등을 이루며 명확한 대립 관계를 형성한다. 이러한 여러 세트의 대립 관계는 위에서 설명한 바와 같이 의미 작용을 유발한다 도 121.

스나이더만 하우스의 외관을 구성하는 위와 같은 대립 구도는 실내에서도 동일하게 반복되면서 그레이브스 특유의 복합 공간을 형성한다. 스나이더만 하우스의 실내 공간 볼륨은 정형적 매스 윤곽이라는 3차원 물리체의 상태로 형성되고 있지 않다. 그 대신 고형부의 벽체 면과 허상적 프레임 사이의 대립 관계에 의해 3차원 윤곽이 암시되고 있다. 고형부의 벽체 면과 허상적 프레임에는 기능이나 구조적 조건과는 상관없는 조형적 목적하의 기하 조작만이 가해지고 있다. 그 결과 이 두 부재 사이에는 열리고 닫힌 정도나 좌표적 위치 등과 관련된 긴장적 대립 관계가 형성되고 있다.

스나이더만 하우스의 실내에 형성된 이러한 대립 관계는 3차원 볼

157 복합 공간

도 121
마이클 그레이브스(Michael Graves), 스나이더만 하우스 (Snyderman House), 포트 웨인(Fort Wayne), 인디애나, 1972

름의 윤곽에 대한 연상 작용을 유발시킨다. 벽체 면이나 프레임이 단독으로 존재할 때는 각 부재 자체가 지니는 조형 가치 이상의 건축적 질서는 발생하지 않는다. 벽체 면은 벽체 면일 뿐이고 프레임은 프레임일 뿐이다. 그러나 이 두 부재가 각각 고형부와 허상을 상징하며 상호 간의 대립 관계에 놓이게 되면 본래의 고유한 완성적 상태인 3차원 볼륨의 윤곽을 연상시키게 된다. 나아가 고형부의 벽체 면은 합리적이고 축조적 건축 질서를, 그리고 허상적 프레임은 감각적이고 순수 조형적 질서를 각각 상징하게 된다. 그 결과 이 두 상징 체계의 대립 작용에 의해 연상되는 3차원 볼륨은 위에 설명한 바와 같은 과정을 거쳐 다양한 의미 체계를 형성한다. 이처럼 그레이브스는 정형적 윤곽의 3차원 볼륨이 초기 조건으로 주어지면서 형성되는 전통적인 유클리드(Euclid)적 공간 질서를 깨뜨리는 자신만의 복합 공간을 제시해내고 있다 도 122.

　헤이덕은 뉴욕5 건축가들 가운데 가장 독특한 특징을 보여준다. 다른 뉴욕5 건축가들은 주로 르 코르뷔지에의 도미노 모델로 대표되는 1920년대의 육면체 원형 단위 한 가지에 대한 조형적 각색을 자신들의 건축관으로 추구하였다. 이에 반해 헤이덕은 1920년대 아방가르드 건축에서 시도된 육면체 원형 단위들을 총망라하여 차용하는 차이점을 보여준다. 헤이덕의 건물에는 르 코르뷔지에의 큐비즘 공간 모델 이외에도 몬드리안(Mondrian)과 도에스부르그(Doesuburg)의 마름모 형태, 데

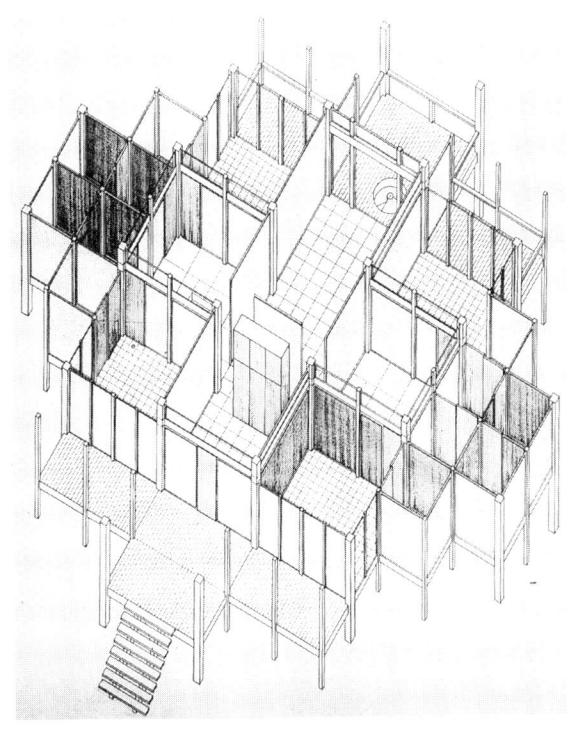

도 122 ▲
마이클 그레이브스(Michael Graves), 스나이더만 하우스(Snyderman House), 포트 웨인(Fort Wayne), 인디아나, 1972

도 123 ▶
존 헤이덕(John Hejduk), 텍사스 하우스 원(Texas House I), 1954-1963

스틸(De Stijl)의 선형 좌표, 미스(Mies)의 슬라이딩 패널(sliding panel)을 이용한 오픈 플래닝(open planning), 테라니(Terragni)의 합리주의 모델, 라이트(Wright)의 좌표적 공간 분절 모델 등과 같은 완결된 단위의 아방가르드 공간 모델들이 차용되고 있다.

헤이덕은 또한 차용된 원형 단위를 다루는 구체적 조형 전략에 있어서도 다른 뉴욕5 건축가들과 다른 차이점을 보여준다. 헤이덕의 텍사스 하우스 원(Texas House I)은 이런 내용을 잘 보여주는 예이다. 이 주택에는 위에 열거한 건축 모델들 가운데 데 스틸, 미스, 테라니, 그리고 라이트의 공간 모델들이 혼합적으로 차용되고 있다. 이때 이런 모델들을 해석하여 자신만의 건축관으로 발전시켜나가는 조형 전략에 있어서 헤이덕은 독특한 특징을 보여준다. 다른 뉴욕5 건축가들은 단일 육면체의 윤곽을 분해하는 조형관을 추구하였다. 이에 반해 헤이덕은 기하 형태 자체에 대한 조작을 최소화하여 완결된 기하 형태의 윤곽을 유지하는 차이점을 보인다. 이렇게 차용된 기하 입방체는 복수 개로 반복되면서 상호 간의 조합적인 관계를 형성하거나 혹은 기하 입방체 자체 내에서 점, 선, 면의 분할 과정을 거치게 된다도 123.

이와 같은 기하 조작을 통하여 헤이덕이 추구하는 상징 체계 또한 독특하다. 아이젠만은 상징 체계 자체를 거부했으며 그레이브스는 기하 조작을 통하여 현대 문명의 대립적 2중성을 표현했다. 또한 마이어와 과스메이는 추가적 상징 가치의 표현보다는 기하 조작 자체가 갖는 서정성을 추구하였다. 이에 반해 헤이덕은 기하 조작에 위상적 관계를 대응시킴으로써 인간의 존재 문제에 대한 건축적 문답을 시도한다. 헤이덕의 건물은 대부분 실제 지어지지 않은 계획안들이다. 건축적 내용에 있어서도 부지와 주변 환경이 주어지지 않은 채 종이 위에 행해지는 기하 작도의 개념으로 건물을 접근하고 있다. 따라서 헤이덕의 건물은 기능과 생활을 고려한 실제 공간이라기 보다는 건축가의 형이상학적 고민을 표현하기 위한 개념적 공간에 가깝다. 헤이덕의 건물은 3차원 실제 구조물이라기보다는 이 같은 개념적 해석의 내용을 건축적으로 옮겨놓은 2차원적 기하 도상에 가깝다. 그리고 이러한 기하 조작으로부터 헤이덕의 복합 공간이 형성된다.

위와 같은 배경을 갖는 헤이덕의 기하 조작에 대한 몇 가지 구체적 어휘를 예로 들어보자. 헤이덕은 1/2 하우스(1/2 House)에서 원, 사각형, 삼각형의 세 가지 기본 기하 형태를 반으로 나눈 후 축을 이용하여 이것들 상호 간의 위상적 관계를 설정함으로써 하나의 건물을 구성하고 있다. 이러한 처리는 기본 기하 형태를 3차원적으로 축조하여 건축적 질서를 얻으려는 기존의 상식과 반대되는 조형 생성 논리이다. 그 대신 헤이덕은 이러한 기하 형태들의 조합에 1/4, 1/2, 3/4 등과 같은 숫자의 명칭을 붙임으로서 현대 문명하에서 인간 존재의 문제에 대한 고민을 건축적으로 표현해내고 있다. 위와 같은 분수가 암시하듯이 현대 문명에서 불완전한 상태로 존재하는 인간 개체는 일차적으로 기본 기하 형태가 주는 완결적 질서에 의해 존재적 근거를 획득할 수 있으며 궁극적으로 이러한 개체들 사이의 조화로운 위상적 관계에 의해 항구적 질서를 획득하게 되는 것이다도 124.

혹은 북동남서 하우스(North East South West House)에서 헤이덕은 르 코르뷔지에의 빌라 모델에 색채 요소를 도입하는 처리를 통하여 더욱 직접적으로 인간의 존재 문제에 대한 건축적 고민을 표출하고

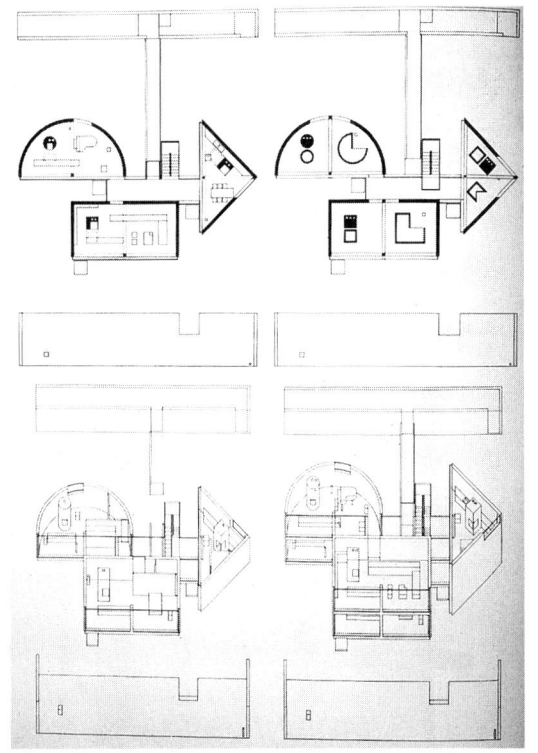

도 124
존 헤이덕(John Hejduk),
1/2 하우스(1/2 House), 1966

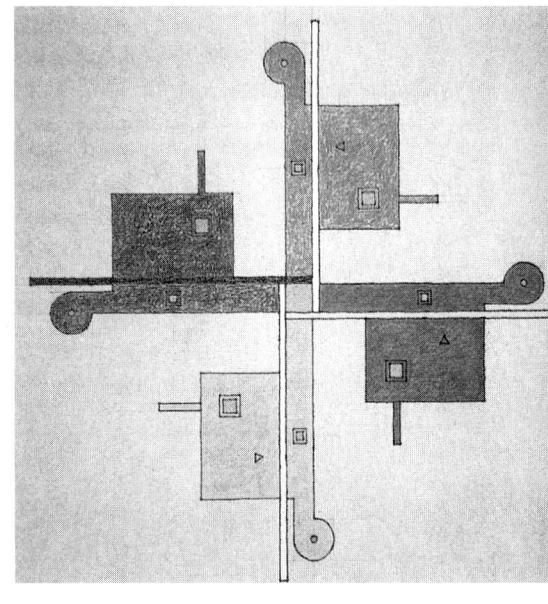

도 125
존 헤이덕(John Hejduk), 북동남서 하우스
(North East South West House), 1974-1979

있다. 이 건물에서 헤이덕은 십자 축의 네 팔에 각각 하나씩의 르 코르뷔지에의 빌라 모델을 배당하고 있으며 그 결과 대지는 네 개의 영역으로 나뉘어진다. 이 네 개의 영역에는 녹색, 갈색, 자주색, 청색의 네 색이 각각 배정되면서 동서남북의 네 방위를 상징한다. 또한 십자 축에 건물이 더해지면서 전체 구도는 바람개비 같은 회전성을 갖는 나선형 구도로 발전하고 있다. 네 방위에 나선형의 회전성이 더해지면서 건물은 최종적으로 태양이 뜨고 지는 자연의 순환 원리를 상징한다. 간단한 기하 조작에서 출발한 헤이덕의 건물은 이처럼 상징화 과정을 거쳐 인간의 존재 문제에 대한 형이상학적 고민을 표현하고 있다 도 125.

위와 같은 헤이덕의 건축관은 실내 구성에서도 동일하게 나타나고 있으며 그 결과 헤이덕 특유의 복합 공간이 형성되고 있다. 헤이덕의 다이아몬드 하우스 비(Diamond House B)는 이런 내용을 잘 보여주는 예이다. 이 주택의 실내 구성은 육면체를 출발점으로 삼아 여러 단계의 기하 조작 과정을 거쳐 하나의 복합 공간으로 발전하고 있다. 이 과정에서 위와 같은 인간의 존재 문제에 대한 상징 체계가 확립되고 있다. 헤이덕의 실내 공간에서는 위에 나열된 것처럼 여러 종류의 아방가르드 공간 모델들이 혼용되면서 전체 골격을 구성하고 있다. 마름모의 사선 구도를 놓고 고민했던 몬드리안과 도에스부르그의 구성 분할 체계가 십자 구도를 갖는 육면체 윤곽 속에 중첩되어 담겨져 있다. 이때 이러한 분할을 담당하는 벽체 자체는 데 스틸에서와 같은 면 조작 기법으로 처리되어 있어서 자잘하게 나뉜 공간 사이에 크고 작은 관통이 일어나고 있다.

실내 전체의 좌표 구도는 라이트의 공간 분절(articulation)을 기본 모델로 삼아 사선 격자가 불규칙하게 확산되도록 처리한 결과 미로적 구도로 나타나고 있다. 이 과정에서 실내 공간 속에는 방과 방 사이에 작은 영역들이 만들어져 있으며 특히 중앙에는 건물의 중심에 해당되는 큰 영역이 만들어져 있다. 이러한 중심성은 구심력을, 그리고 앞에 설명한 격자의 확산은 원심력을 각각 형성하며 이 두 가지의 힘 작용이 어우러져 공간 전체에서 회전력에 의한 순환 체계가 형성된다. 이것은 방을 공간 사이의 순환 체계로부터 형성되는 영역으로 정의하려는 새로운 건축관을 의미한다. 그렇기 때문에 이것은 곧 방을 벽의 구획으로 보려는 전통적 개념에서 벗어나 공간 사이의 관계적 법칙에 의해 정의해 내려는 새로운 시도를 의미한다 도 126.

헤이덕은 이처럼 성기(盛期) 모더니즘의 공간 모델을 이용하여 자신만의 복합 공간을 만들어내고 있으며 이렇게 완성된 각각의 육면체 공간은 수직적으로 복수 개가 중첩되면서 최종적으로 매우 복잡한 복합 공간 구도를 형성하게 된다. 헤이덕은 실제 지어진 건물을 거의 남기지 않고 있는데 헤이덕의 거의 유일한 실제 작품인 쿠퍼 유니온 파운데이션

도 126
존 헤이덕(John Hejduk),
다이아몬드 하우스 비(Diamond House B), 1963-1967

도 127
존 헤이덕(John Hejduk),
쿠퍼 유니온 파운데이션 빌딩 개축
(Cooper Union Foundation
Building Renovation), 뉴욕 시,
1968-1974

빌딩 개축(Cooper Union Foundation Building Renovation)은 이 같은 헤이덕의 복합 공간관을 실제 모습으로 잘 보여주고 있다. 자신의 복합 공간 모델에 나타난 이러한 모더니즘관을 통하여 헤이덕은 모더니즘 문명하에서 인간의 존재적 가치에 대한 건축적 문답을 시도하고 있다 도 127.

    이상이 뉴욕5 건축을 대표하는 5인의 건축가의 건축관 및 그 결과 나타난 복합 공간의 모습이었다. 통일된 건축 운동으로서 뉴욕5 건축 자체는 1970년대 중반을 넘기면서 와해되었다. 아이젠만은 1975년도에 발표된 하우스 텐(House X)과 1978년도에 발표된 하우스 일레븐-에이(House X I-a)에서 이미 뉴욕5기와는 완전히 다른 해체적 건축관에 대한 탐구를 시작하고 있다. 그레이브스는 1976년의 크룩스 하우스(Crooks House)를 기점으로 고전 어휘의 장식적 각색 경향을 본격적으로 보여주기 시작하며 그의 포스트 모더니즘기를 예견하고 있다. 헤이덕은 1975년의 〈사고의 주검을 위한 묘지 *Graveyard for the Ashes of Thoughts*〉라는 드로잉 작품과 함께 신화 해석에 기초한 설화 건축

(narrative architecture)으로 전환하고 있다. 과스메이는 뉴욕5기 때의 건축관을 완전히 버리지는 않았지만 1980년대 이후 그의 건축에는 장식과 색채, 그리고 토속 어휘 등이 복잡하게 섞이면서 뉴욕5 건축의 순도는 더이상 찾아보기 힘들다. 마이어 정도가 뒤늦게까지 뉴욕5 건축의 어휘를 계속해서 사용하며 명맥을 유지하고 있을 뿐이다.

그러나 양식 운동으로서의 뉴욕5 건축은 소멸되었지만 뉴욕5 건축의 특징을 복합 공간으로 보았을 때 그 명맥은 이후에도 꾸준히 이어지고 있다. 1960년대에 시작되어 1970년대의 뉴욕5 건축에서 체계화된 이러한 복합 공간 개념은 1980-1990년대를 거치면서 여러 건축가들에 의해 다양한 양상으로 꾸준히 반복 시도되고 있다. 그 내용을 〈모서리의 확장과 모던 로코코〉, 〈기하 충돌과 탈 십자좌표〉, 〈이쪽 공간과 저쪽 공간〉, 〈조명과 거울〉의 네 항목으로 요약하여 소개하고자 한다.

3 모서리의 확장과 모던 로코코

복합 공간의 개념을 육면체의 폐쇄성을 깨는 개방성으로 정의할 경우 모서리는 이러한 개념을 구체화시키기에 가장 적합한 상징적 부위이다. 전통적인 유클리드 기하 질서 아래에서 모서리는 정형화된 공간의 윤곽을 형성하다보면 남는 나머지 영역이었다. 이러한 건축적 질서 아래에서 모서리는 벽면과 벽면이 만나서 생기는 부차적 영역이거나 벽면 사이의 버리는 영역이었다. 이때 모서리의 역할이란 육면체가 빈틈이나 낭비없는 고형적 물리체로 존재하게 해주는 봉합 기능 정도였다. 전통적 가치 체계하에서 모서리는 이와 같은 실용적 기능만 가질 뿐 예술적 가능성은 박탈된 죽은 영역이었다. 그러나 1960년대 대중 건축 운동에서의 복합 공간 운동과 1970년대의 뉴욕5 건축을 거치면서 모서리는 하나의 독립적인 예술 세계로 개척되기 시작하였다. 이제 모서리는 벽체끼리 만나다 보면 어쩔 수 없이 생기는 보조적 존재가 아니라 벽체의 내용이 연속되는 독립적인 조형 대상의 영역이 되었다.

후이처(Huizer)의 〈큐브 Cube〉라는 작품은 위와 같은 내용을 잘 보여주는 예이다. 이 작품에서 정육면체의 모서리는 세 개의 벽체가 만나는 지점이기 때문에 오히려 조형적 가능성이 가장 높은 지점이라는 새로운 공간관이 분명한 어조로 주장되고 있다. 이 작품에서는 에셔(Escher)의 불가능한 공간이 주요 모티브로 쓰이고 있는데 모서리는 정육면체 내에서 이러한 새로운 공간이 실현될 수 있는 유일한 지점으로 묘사되고 있다. 이 작품에서 모서리는 비유클리드 기하학의 개념이 실험될 수 있는 무궁무진한 조형적 가능성이 잠재된 새로운 영역으로 자리매김되고 있다. 이처럼 모서리는 현대건축에서의 상대주의 공간이 모색될 수 있는 첫 번째 출발점으로서의 중요성을 갖는다 도 128.

모서리에서도 벽체의 내용이 연속될 수 있다는 가정을 받아들이게 되면 모서리는 두 개 혹은 세 개의 벽체가 충돌하는 지점으로서 벽체보다 훨씬 풍부한 조형적 가능성을 갖는 영역이 된다. 모서리는 이처럼 독특한 공간 성격을 가짐에도 불구하고 그동안 절대주의적 편견에 의해

버림받아온 미개척 주제였다. 모서리가 지니는 조형적 가능성을 이처럼 새롭게 개척하려는 건축적 시도는 직각으로 닫혀있는 기존의 폐쇄적 모서리 상태를 허물려는 움직임으로 주로 나타났다.

이러한 조형관은 기본적으로 내외부 공간 사이의 관입을 시도하고 있는 것으로 이해된다. 내외부 공간 사이의 관입 방식은 여러 종류가 있을 수 있는데 모서리는 위와 같은 공간적 특징을 갖기 때문에 이것이 모서리에서 일어날 경우 벽체에서 일어나는 것과는 매우 다른 공간 분위기가 연출된다. 홀(Holl)의 디 이 쇼 사(社) 오피스 및 매장(D.E. Shaw & Co. Offices and Trading Area)은 이런 내용을 잘 보여주는 예이다. 홀은 건물의 이곳저곳을 찢어 2중 벽체로 처리한 후 여기에 빛을 끌어들여 복합 겹 공간을 시도하는 건축가이다. 이때 이 같은 홀의 복합 공간관이 가장 극적으로 나타날 수 있는 지점이 바로 모서리이다. 그리고 이 건물의 모서리에서 그런 가능성이 적극적으로 모색되어 표현되고 있다. 이 건물의 모서리에는 마치 위의 후이처의 불가능한 공간 작품이 실제 건물로 실현된 것 같은 조형 조작이 가해져 있다. 모서리에 가해지는 이러한 처리를 통해 실내에는 빛의 유입 방향이 바뀜에 따라 다양한 공간 표정이 형성되고 있다 도 129.

도 128
더크 후이처(Dirk Huizer),
〈큐브 Cube〉, 1984

이소자키(Isozaki)의 비외르손 스튜디오 & 하우스(Bjoerson Studio & House)에서는 육면체의 천장 꼭지점 네 곳이 사선 방향으로 잘려지면서 가장 초보적인 수준의 모서리 조작이 가해지고 있다. 이러한 조작에 의해 실내는 다각형 공간으로 발전하고 있다. 또한 잘려진 천장 꼭지점을 불투명한 벽체에 대비되어 투명하게 처리함으로써 내외부 공간 사이의 관입이 분명하게 나타나고 있다. 하늘을 향해 열린 창은 밖의 경치를 하나도 보여주지 않지만 이와 같은 관입 처리를 통하여 바깥

도 129
스티븐 홀(Steven Holl),
디 이 쇼 사(社) 오피스 및 매장
(D.E. Shaw & Co. Offices and
Trading Area), 뉴욕 시,
1991-1992

공간의 상태에 대한 연상 작용을 유발시키고 있다. 폐쇄적 육면체로 존재해오던 단일 공간은 천장 꼭지점이 열리면서 바깥 공간을 끌여들여 관념적 차원에서의 복합 공간으로 발전하고 있다 도 130.

사이토비츠(Saitowitz)의 뉴 베이 에어리어 하우스(House at New Bay Area)에서는 벽체와 천장이 만나는 모서리 부분에 이소자키의 건물에서보다 훨씬 더 기교적인 조형 처리가 더해지고 있다. 벽체 역시 사선 방향으로 개구부가 형성되는 등 모서리에서의 기교적 처리와 비슷한 분위기가 실내 전반에 형성되어 있다. 여기에 시시각각 변하는 그림자가 더해지면서 실내에는 다양한 공간 장면이 만들어지고 있다. 사이토비츠의 건물에서는 무한대로 다양하게 변하는 실내의 공간 표정에 의한 복합 공간이 시도되고 있다. 모서리에서 탐색되어지는 조형적 확장 가능성은 이러한 사이토비츠의 복합 공간을 가능하게 해준 매개이다 도 131.

모서리를 확장하려는 이러한 시도는 하늘이나 땅을 향한 건축적 대응 등과 같은 존재적 문제를 표현하는 단계로 발전하기도 한다. 발데웨그(Baldeweg)의 알타미라 선사 동굴 박물관(Museum of the Altamira Prehistoric Caves)에서는 천장을 처리한 양상이 단순한 모서리 확장의 수준을 넘어서 하늘을 향한 개천(開天)의 의지를 명확히 표출하고 있다. 이 건물에서 천장은 더이상 고형적 판재가 아니다. 천이 펄럭이는 듯한 모습으로 처리된 천장은 하늘과 맞닿으려는 존재적 의지를 배가시켜 주는 초월적 가치의 표현체이다. 벽과 천장이 맞닿은 모서리가 열리면서 환하게 빛을 받아들이는 공간 모습은 모서리가 지닌 확장적 가능성을 정확히 읽고 그것을 활용할 줄 아는 건축가만이 보여줄 수 있는 새로운 장면이다 도 132.

콜하스(Koolhaas)는 더치 하우스(A Dutch House)에서 이와 반대로 바닥을 열어 땅을 향한 의지를 표출하고 있다. 콜하스의 건물에서는 잔디밭이 건물 안으로 침범하여 바닥의 일부분을 형성한 후 들어올려짐으로써 실내 공간을 땅의 일부분으로 만들려는 조형 의지를 주장하고 있다. 건물은 더이상 땅과 분리된 단일 영역이 아니라 땅과 내통하는 복합 공간으로 확장되어 정의되고 있다. 이처럼 모서리의 확장은 하늘과

도 130
아라타 이소자키(Arata Isozaki), 비외르손 스튜디오 & 하우스 (Bjoerson Studio & House), 베니스(Venice), 캘리포니아, 1981-1986

도 131
스탠리 사이토비츠(Stanley Saitowitz), 뉴 베이 에어리어 하우스(House at New Bay Area), 스틴슨 비치(Stinson Beach), 캘리포니아

도 132
후안 나바로 발데웨그(Juan Navarro Baldeweg), 알타미라 선사 동굴 박물관(Museum of the Altamira Prehistoric Caves), 칸타브리아(Cantabria), 스페인, 1995

도 133
렘 콜하스(Rem Koolhaas),
더치 하우스(A Dutch House),
네덜란드, 1992-1993

땅으로의 영역 확장으로 발전하면서 복합 공간을 형성한다 도 133.

　　모서리의 확장이 복합 공간으로 발전할 수 있는 또다른 근거는 공간의 윤곽에 대한 상상력을 자극함으로써 다양한 공간 상태를 연상시켜 주는 기능에서 찾을 수 있다. 모서리는 공간의 끝부분이면서 동시에 벽체의 한 부분이기도 한 2중성을 갖는다. 그렇기 때문에 모서리에 가해지는 조형적 변형은 원래의 윤곽 상태에 대한 상상적 복원을 유발시키며 이것은 곧 공간 구조에 대한 복합적 해석으로 발전하게 된다. 빌모트(Wilmotte)의 카르나발레 박물관(Musee Carnavalet)은 이런 내용을 잘 보여주는 예이다. 이 건물의 실내에서 모서리는 공간의 물리적 크기를 한정(confine)시켜주는 프레임에서 벗어나 공간의 예술적 성격을 정의(define)해주는 조형체로 발전하고 있다. 모서리가 봉합되면서 형성되는 절대주의 공간은 무엇인가를 담아내는 물리적 기능만 가졌다. 이 때 공간의 조형적 특성은 주로 그 속에 담겨지는 별도의 내용물에 의해 결정되었다. 이에 반해 모서리에 확장적 조형 조작이 가해져서 형성되는 복합 공간은 위와 같은 연상 작용을 수반하면서 그 자체가 독립적인 조형 특성을 갖는 하나의 이미지로 발전하고 있다 도 134.

　　모서리가 확장되어 형성되는 복합 공간은 이처럼 공간에 대한 조

도 134
장-미셸 빌모트(Jean-Michel Wilmotte), 카르나발레 박물관 (Musee Carnavalet), 파리, 1989

형적 경험을 다양하게 확산시켜주는 기능을 갖는다. 절대주의적 단일 공간하에서 조형 세계로서의 공간은 육면체 윤곽과 별도로 존재했다. 육면체 윤곽은 내용물로서의 공간과 하나로 융화되지 못한 채 면 요소로서 감상의 대상으로 인식되었다. 모서리는 중심부보다 조형적 가치가 열등했기 때문에 예술 세계를 이루는 모든 조형적 집중은 중심부에만 가해졌다. 그러나 모서리가 독립적 가치를 갖는 조형 영역으로 열리면서 공간은 중심부와 모서리가 동등하게 중요한 자유순환(open-ended) 구조로 확장되었다. 리저(Leeser)의 사진 작가를 위한 홈-스튜디오(Home-Studio for Photographers)는 이런 내용을 잘 보여주는 예이다. 이 건물의 실내에서 천장과 벽체가 만나는 모서리에는 검은색의 'ㄱ'자 조형

도 135
리저(Leeser), 사진 작가를 위한 홈-스튜디오(Home-Studio for Photographers), 뉴욕 시

물을 이용한 별도의 처리가 가해지고 있다. 이처럼 모서리는 벽체나 천장 혹은 바닥과 마찬가지로 독립적 중요성을 갖는 영역으로 처리되고 있다. 이러한 자유 순환 공간 구조 속에서 모서리와 벽은 공간의 끝이 아니라 이쪽 공간과 저쪽 공간의 경계에 존재하는 중간적 존재이다. 이것은 곧 공간을 구성하는 구조적 윤곽체와 그 속의 내용물로서의 공간이 합쳐져 하나의 통일된 조형 세계로 존재하게 됨을 의미한다도 135.

 이렇게 형성되는 복합 공간은 감상의 대상에서 체험의 대상으로 발전한다. 윤곽체와 분리되어 존재하던 절대주의 공간에서 조형적 특성은 중심부에 별도로 더해지는 내용물에 의해 결정되었다. 이러한 공간은 각 구성 요소에 대한 개별적 해석의 총합으로 감상되었으며 따라서 체험자와 동떨어진 예술 세계로 존재했다. 이에 반해 육면체 윤곽과 일체적으로 형성되는 복합 공간은 그 자체가 하나의 체험적 예술 세계로 존재하게 된다. 섹스턴(Sexton)의 스테인리스 스틸 아파트(The Stainless Steel Apartment)는 이런 내용을 잘 보여주는 예이다. 이 건물의 실내에서는 육면체의 정형적 윤곽이 분산적 분위기로 해체되고 있다. 이러한 처리를 통해 육면체의 윤곽 자체가 하나의 조각품 같은 독립적

도 136
크루엑 섹스턴(Krueck Sexton),
스테인리스 스틸 아파트
(The Stainless Steel Apartment),
시카고, 1992

작품으로 발전하고 있다. 이것은 공간 속 예술 세계와 체험자의 체험 세계가 하나로 일치하는 진정한 리얼리즘이 확보됨을 의미한다. 이제 육면체의 윤곽은 내용물을 담는 그릇이 아니라 내용물과 합쳐져 총체적 작품을 구성하는 독립적 구성 요소가 되는 것이다. 그리고 이때 모서리에 가해지는 조형 조작은 이러한 새로운 개념의 체험적 복합 공간을 실현시켜주는 직접적 매개 역할을 한다. 견고하게 봉합되어 있던 모서리를 개방하는 변성(denature)행위가 부정적 파괴로 흐르지 않고 체험적 리얼리티의 확장이라는 공간 개념의 재정의(renature)로 발전하고 있다 도 136.

모서리를 확장하여 복합 공간을 형성하는 조형 기법 가운데에는 2중 표피(double shell)에 빛 조작을 가하여 공간을 복층 조직으로 감싸는 방법이 있다. 이러한 2중 표피의 기법은 바로크(Baroque)와 로코코(Rococo) 건축에서 특히 융성했다. 바로크와 로코코 건축에서는 천장의 돔(dome)을 2중 표피로 구성한 후 외 표피의 개방 상태와 내 표피의 개방 상태 사이의 관계를 적절히 조작하는 조형 기법이 유행했다. 이렇게 형성된 2중 표피의 골격에 빛이 더해짐으로써 실내에는 환상적인 공간 연출이 이루어졌다. 천장이 공중에 떠 있는 것처럼 보이기도 했고 2중 표피 사이에 또 하나의 세계가 존재하는 것 같은 착각을 일으키기도 했다. 현대 건축에서도 이와 같은 2중 표피의 기법은 재료와 마감 상태만 현대식으로 바뀐 상태에서 동일하게 반복되고 있으며 이런 경향은 모던-로코코(Modern-Rococo)라 불리기도 한다.

뉴욕5 건축가 마이어(Meier)의 바르셀로나 현대 미술관(Museum of Contemporary Art in Barcelona)은 모던-로코코의 좋은 예에 해당된다. 백색 공간에 빛을 실어 현란한 복합 공간을 구사하는 마이어는 위와 같은 개념의 모던-로코코를 대표한다. 마이어는 초창기 경력 때부터

도 137
리처드 마이어(Richard Meier),
바르셀로나 현대 미술관(Museum of Contemporary Art in Barcelona), 바르셀로나, 스페인, 1987-1995

겹구조를 이용한 빛의 굴절 효과를 자신의 복합 공간관 가운데 하나로 꾸준히 추구하여 왔다. 마이어의 이곳 미술관 실내에서는 천장과 벽 사이에 생긴 틈을 통해 빛이 유입되면서 천장이 공중에 떠 있는 것처럼 보인다. 흰색으로 마감된 곡면 벽은 빛의 반사 효과를 높이면서 위와 같은 로코코적인 실내 분위기를 배가시켜주고 있다. 이러한 처리를 통하여 천장 위쪽에는 또 하나의 공간이 있는 것처럼 느껴지면서 복합 공간 구조가 머리 속에서 연상되는 환상 작용을 일으키고 있다 도 137.

홀(Holl)은 2중 표피 기법을 가장 적극적으로 활용하는 건축가이다. 홀의 디 이 쇼 사(社) 오피스 및 매장(D.E. Shaw & Co. Offices and Trading Area)은 이런 내용을 잘 보여주는 예이다. 이 건물의 실내에서 홀은 벽체를 두 겹으로 세운 후 외 표피와 내 표피의 개방부 상태를 어긋나게 처리함으로써 빛의 굴절 효과를 노리는 전형적인 바로크 공간 기법을 차용하고 있다. 홀은 이러한 바로크 공간 기법을 벽체가 바닥과 만나

는 최하단부터 천장까지 여러 곳에 걸쳐 무작위로 적용시키고 있다. 또한 내 표피의 개방부 모양도 서로 똑같은 것이 하나도 없이 여러 종류로 다르게 처리되어 있다. 2중 벽체 사이의 빈 부분에 옅은 네온풍의 색채 요소를 집어넣음으로써 기교적 복합 공간을 추구하는 홀의 건축관을 잘 나타내주고 있다. 이 건물의 실내에서는 흰 벽 이곳저곳에 여러 가지 모양으로 뚫린 구멍을 통해 색조를 띤 빛이 반사 확산되면서 현대판 로코코풍의 공간 연출이 벌어지고 있다 도 *138*.

도 *138*
스티븐 홀(Steven Holl),
디 이 쇼 사(社) 오피스 및 매장
(D.E. Shaw & Co. Offices and Trading Area), 뉴욕 시, 1992

4 기하 충돌과 탈십자좌표

　복합 공간의 개념을 육면체의 정형적 윤곽이 한정하는 단일 공간을 깨뜨리는 것으로 정의할 경우 기하 조작이 가져다주는 공간 구조의 확장성은 이것에 대한 한 가지 좋은 예가 될 수 있다. 여러 형태의 기하 매스들이 맞물리면서 형성되는 복층 조형이 외관의 윤곽에 머물지 않고 공간 구조에까지 그대로 적용될 경우 실내에는 자연스럽게 복합 공간이 만들어지게 된다. 이때 복층 조형을 구성하는 기하 매스 단위들이 원, 사각형, 삼각형 등의 기본 기하 형태일 경우 기하 충돌 기법은 유클리드적 권위를 지키는 범위 내에서 이것이 제약하는 단일 공간의 폐쇄성을 개방시킬 수 있는 장점을 갖는다. 기하 충돌 기법은 기하 형태의 차용으로부터 자신의 건축을 풀어가려는 형태주의 건축가들에게서는 일정 부분 공통적으로 발견되는 조형관이기도 하다. 여기에서는 이중에서도 기하 충돌로부터 복합 공간을 의도하는 대표적 건축가 몇 명을 소개하고자 한다.

　　골드핑거(Goldfinger)는 여러 형태의 기하 매스 사이에 조작되는 조형적 관계로부터 자신의 주택 시리즈를 설계하는 특이한 경향을 보여준다. 골드핑거의 트리 하우스(A Tree House)는 이런 내용을 잘 보여주는 예이다. 이 주택에서는 기본 형태의 기하 매스 단위들이 3차원 좌표 구도 속에서 여러 방향으로 자유롭게 충돌하고 있으며 이 가운데 사선 요소도 과감히 도입되고 있다. 골드핑거의 주택에서는 이렇게 형성된 외관에서의 복층 구조가 실내 구성에 그대로 반영되면서 복합 공간으로 반복되어 나타나고 있다. 그 결과 실내에서는 기하 매스 단위별로 공간의 분절이 일어나고 있으며 이러한 공간 단위들이 다시 3차원 좌표 축을 따라 증식되면서 최종적으로 여러 겹 공간으로 구성되는 복합 공간이 형성되어 있다. 외관 구성에 차용된 기하 충돌 기법이 실내에서는 공간 충돌로 바뀌어 반복되면서 각 공간 단위에 기능 단위들이 할당되어지고 있다 도 139.

　　기하 충돌 기법에 가장 많이 쓰이는 기하 형태는 육면체이다. 핀토스(Pintos)의 티만파야 공원 방문객 센터(Timanfaya Park Visitors

도 139
마이어런 골드핑거(Myron Goldfinger), 트리 하우스(A Tree House), 와카부크(Waccabuc), 뉴욕 주

도 140
알폰소 카노 핀토스(Alfonso Cano Pintos), 티만파야 공원 방문객 센터 (Timanfaya Park Visitors Center), 스페인

Center)는 이런 경향을 잘 보여주는 예이다. 이 건물에서는 크고 작은 육면체들이 3차원 좌표 방향을 따라 서로 덧붙여지거나 맞물리는 등의 처리를 거치면서 복합 공간의 윤곽이 형성되고 있다. 이때 각 육면체를 미니멀리즘 분위기의 흰색 매스로 처리함으로써 기하 단위 사이의 통일성을 높이고 있으며 이것은 복합 조형의 느낌을 집중시켜주는 효과를 갖는다. 실내에서는 검은 테두리를 갖는 유리막과 흰 벽체가 중첩되면서

도 141
엘레이 기간테스 & 엘리아 젱헬리스
(Elei Gigantes & Elia Zenghelis),
칼키아데스 빌라(Villa Chalkiades),
레스보스(Lesbos), 그리스, 1989

외관의 윤곽으로부터 형성된 실내의 복합 공간 골격을 마무리하고 있다 도 140.

　　기간테스 & 젱헬리스(Gigantes & Zenghelis)의 칼키아데스 빌라(Villa Chalkiades)에서는 마이어의 뉴욕5기 작품을 흐트러 놓은 듯한 처리로부터 기하 충돌의 개념을 정의해내고 있다. 이 주택을 구성하는 육면체의 매스 자체는 마이어의 건물에서 보다 더 큰 덩어리로 처리되어 있다. 그러나 이러한 매스들을 조합하는 조형적 관계가 마이어의 건물에서 만큼 조화로운 상태가 아닌 충돌하는 듯한 분위기로 나타나고 있다. 흰 고형 매스, 유리 블럭, 유리 등 여러 재료로 구성된 육면체를 혼용한다거나 수평 판재에 대해 45도 방향으로 각을 틀며 매스가 끼워지도록 처리한 내용들이 이러한 기하 충돌 기법의 대표적인 예이다. 그 결과 실내에서는 큰 단위의 매스가 어긋나고 충돌하면서 생긴 여러 종류의 틈새들에 의한 복합 공간이 만들어지고 있다 도 141.

　　기하 충돌 기법 중에서는 지금까지 소개한 바와 같이 정형적인 구도 안에서 시도되는 경향만 있는 것은 아니다. 일부 건축가들은 기하 충돌로부터 상당히 분산적인 공간 구조를 얻기도 한다. 하리리 & 하리리

(Hariri & Hariri)의 뉴 캐나안 하우스 (New Canaan House)는 이런 내용을 잘 보여주는 예이다. 이 주택에서는 원형 매스의 상층부에 옆으로 긴 육면체의 매스를 찔러 넣는 조형 구성으로부터 건물 전체의 윤곽이 형성되고 있다. 실내 공간 역시 이러한 외관 윤곽의 구성 방식과 흡사하게 매스 단위들의 충돌로부터 전체 골격이 형성되고 있다. 하리리 & 하리리는 이처럼 충돌이 일어나는 매스 면의 투명도를 조작하는 기법을 통해 분산적 복합 공간을 만들어내고 있다. 이 건물의 실내에서는 높이가 다른 두 개의 면 사이에 상호 관입이 일어나고 있는데 이때 각 면의 고형부와 개구부의 위치를 불규칙하게 어긋나게 처리함으로써 공간 골격이 분산되어 나타나고 있다 도 142.

헬린 & 시토넨(Helin & Siitonen)의 포르사 수영 목욕탕(Forssa Swimming Baths) 역시 건물의 전체 골격을 구성하는

도 142
하리리 & 하리리(Hariri & Hariri), 뉴 캐나안 하우스(New Canaan House), 뉴 캐나안, 코네티컷, 1989-1992

개념에 있어서는 위의 하리리 & 하리리의 경우와 동일한 범위 내에서 이해될 수 있다. 이런 가운데 구체적인 처리 내용에 있어서는 훨씬 더 자유로운 조형 조작을 보여준다. 헬린 & 시토넨의 건물은 커다란 육면체의 이곳저곳에 예각의 날카로운 매스 조각이 날아가 박힌 형태로 전체 윤곽이 구성되어 있다. 앞의 건물에서 삽입의 개념으로 해석된 기하 충돌이 이 건물에서는 말 그대로 '충돌' 이라는 과격한 조형 조작으로 발전하고 있다. 실내에서도 기하 충돌로부터 얻어지는 매스 단위가 과격하게 분해되면서 초기 수준의 해체적 모습까지도 나타나고 있다. 그 결과 실내에는 분산적 느낌이 강한 복합 공간이 형성되어 있다 도 143.

십자좌표가 한정하는 정형적 구도에 사선을 도입하여 실내의 골격을 흐트려 놓으려는 시도는 1960년대부터 있어오던 복합 공간 기법이었다. 이 내용에 대해서는 앞에서 살펴보았다. 뉴욕5 건축 이후의 1980-

도 143
헬린 & 시토넨(Helin & Siitonen), 포르사 수영 목욕탕(Forssa Swimming Baths), 베시헬미(Vesihelmi), 핀란드, 1993

도 144
귄터 도메니그(Guenther Domenig), 스톤 하우스(Stone House), 캐른튼(Kaerten), 오스트리아, 1986

1990년대에도 사선 구도를 도입한 탈 십자좌표는 꾸준히 시도되고 있다. 이 경우 사선 구도를 도입하는 기본적인 목적은 1960년대의 그것과 크게 다르지 않다. 다만 1980년대의 반(反)조형 운동기를 거치며 사선 구도는 해체 건축의 기본 어휘 가운데 하나가 되는 등 과격한 분해적 기능을 추가로 갖는 변화가 있기도 하였다. 그러나 이 경우는 이미 복합 공간의 한계를 넘어선 완전히 새로운 개념의 건축에 해당된다. 이런 내용은 해체 건축 편에서 다룰 것이다.

신 표현주의(New Expressionism)를 대표하는 도메니그(Domenig)도 전체적 경향에 있어서는 이 경우에 속한다. 그러나 다른 한편 그의 건물 곳곳에는 사선 구도를 이용한 복합 공간의 모습이 남아있기도 하다. 도메니그의 스톤 하우스(Stone House)는 이런 경향을 잘 보여주는 예이다. 이 주택에서는 특히 노출된 계단을 벽체와 어긋나는 사선 방

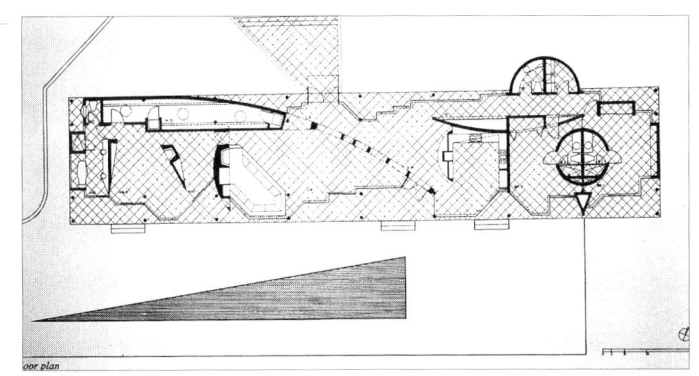

도 145
이 엔 닐스(E. N. Niles),
웨스턴 주택(Weston Residence),
말리부(Malibu), 캘리포니아,
1988-1993

향으로 돌려 놓음으로써 위와 같은 시도가 이루어지고 있다. 보와 기둥과 벽체로 이루어지는 십자 구도를 가로질러 놓인 계단은 사선 방향으로 또 하나의 좌표 구도를 형성하면서 전체 공간 속에 복합 구도를 만들어 놓는다. 계단은 수직 이동이라는 구체적 행위를 담는 부재인 동시에 시각적 자극이 강한 요소이기 때문에 체험적 영향의 범위가 확산되어 작용하는 결과를 낳는다. 여기에 빛이 더해질 경우 이러한 작용의 효과를 배가시키면서 실내에는 단순하면서도 분명한 복합 공간의 골격이 형성된다 도 144.

　　닐스(Niles)의 웨스턴 주택(Weston Residence)에서는 장방형의 건물 속에 사선 방향으로 놓인 벽체들에 의해 공간의 파노라마가 일어나고 있다. 이러한 처리는 2단계를 거쳐 일어나고 있다. 먼저 사선 구도를 형성하는 벽체들의 길이, 방향, 두께, 재료 등이 변화되면서 다양한 상태로 처리되어 있다. 어떤 벽체는 그리드 프레임으로 되어 있기도 하고 또 어떤 벽체는 곡선 형태로 휘면서 사선 방향으로 놓여있기도 하다. 다음 단계에서는 사선 구도 자체도 한 가지의 정형화된 축을 형성하지 못한 채 마치 막대기를 뿌려 놓은 듯이 여러 방향으로 흐트러져 있다. 그 결과 건물 속에는 크고 작은 비정형으로 조각난 공간들이 연속으로 이어지면서 전체적으로 복합 공간을 형성하고 있다. 그러나 이처럼 무작위로 형성되는 공간 전체의 사선 구도는 산만한 무질서로 끝나지 않고 치밀하게 계산된 시나리오에 따른 연속 공간(spatial sequence)의 구성을 갖는다. 이러한 구성은 다양한 공간 체험의 연속으로 이어지면서 건물 전체가 복합 공간 구도에 의한 하나의 스토리로 읽혀진다 도 145.

시자(Siza)의 갈리시안 현대 미술 센터(Galician Center of Contemporary Art) 역시 닐스의 예에서와 비슷한 사선 구도로 구성되고 있다. 시자의 건물에서는 계단실, 벽체, 천장, 2중 천장 슬래브 등의 실내 구성 요소들이 각도를 달리하면서 집합되어 있다. 이러한 처리를 통해 실내 전체에 분산적인 사선 구도가 형성되고 있다. 그러나 이러한 분산적 구성 요소들이 계단실을 중심으로 집중됨과 동시에 천장에서 떨어지는 빛이 초점 역할을 하면서 이 건물에서의 사선 구도 역시 산만한 무질서가 아닌 복합 공간의 스토리로 구성되어 진다 도 146.

도 146
알바로 시자(Siza),
갈리시안 현대 미술 센터(Galician Center of Contemporary Art),
산티아고 데 콤포스텔라
(Santiago de Compostela),
스페인, 1988-1993

5 이쪽 공간과 저쪽 공간

방과 방 사이의 구획이 선험적 규율에 의해 정해져버리는 절대주의 건축은 그것이 전통 고전 건축이건 독단적 기능주의 건축이건 몇 가지 공통점을 갖는다. 이러한 절대주의 건축하에서 공간과 공간 사이에는 출입, 채광, 환기 등과 같은 기본적 기능이외의 유통적 관계는 존재하지 않는다. 따라서 방과 방 사이, 그리고 실내와 실외 사이에는 열림 아니면 닫힘이라는 두 가지 공간 관계만이 존재할 뿐이다. 이러한 양자택일적인 관계는 서양 건축사에 뿌리 깊게 남아있는 양극적 가치 체계가 공간이라는 주제 속에 나타난 것으로 이해된다. 절대주의 건축하에서 이쪽 공간과 저쪽 공간 사이에는 유통이라는 기능에 의거한 한 가지 공간 관계만이 존재할 뿐이다. 고전 건축에서의 대칭적 구성이나 비례적 분할, 혹은 이것에서 파생된 모듈 단위가 반복되는 독단적인 기능주의에서의 가지런한 창 배열 등은 이러한 획일화된 공간 관계의 대표적인 예이다.

1960년대 복합 공간 운동에서는 이와 같은 획일화된 공간 관계를 열기 위해 폭파된 공간, 리미널 스페이스, 모서리 찢기 등과 같은 작위적 조형 조작들이 시도되었다. 이러한 시도들은 모두 이쪽 공간과 저쪽 공간을 가로막는 폐쇄적 단절 막에 숨통을 뚫어 공간 사이의 유통적 관계를 확보하려는 목적을 갖는다. 이러한 내용들은 뉴욕5 건축에서 한 번 절정에 달했으며 그 이후에도 다양한 양상으로 반복되고 있다. 복합 공간 속에서는 기능적 목적과는 상관없이 공간적 관계만을 위한 상호 관입이 방과 방 사이에 이루어진다.

굴리크센 & 카이라모 & 보르말라(Gullichsen & Kairamo & Vormala)의 피에크세메키 시민회관(Civic Center in Pieksa″ma″ki)에서는 실내를 구획하는 벽체에 이러한 모습이 잘 나타나고 있다. 이 벽체에는 모양, 위치, 프레임 등이 다양하게 변화 처리된 구멍이 개구부 형태로 뚫려 있어서 이쪽 공간과 저쪽 공간 사이에 다변적 관입의 관계가 형성되고 있다. 이 벽체는 계단실을 구획하고 있기 때문에 계단을 오르내리는 동선에 대해서 측벽의 역할을 하게된다. 이때 수직 동선을 오르면서 관찰자의 위치와 눈 높이 등은 끊임없이 변하게 되는데 여기에 측벽의 다양한 개구부가 대응되면서 이쪽 공간과 저쪽 공간 사이에는 다변적 공간 관계가 형성된다. 이 벽체가 천장 슬래브나 기둥 등의 구조체와 분리된 비내력벽으로 처리된 점은 다변적 공간 관계의 내용을 건축적으로 더욱 풍부하게 해주고 있다. 절대주의 공간에서는 기둥과 벽체와 천장이 한 몸으로 완강하게 봉합되어 빈틈이 허락되지 않았다. 이러한 절대주의 구조체에서는 최소한의 기능적 유통을 위한 개구부 이외의 틈새는 공간의 불완전성을 의미하는 흠이었다. 굴리크센의 실내 벽체는 이러한 절대주의적 봉합을 뜯어내려는 복합 공간의 의도를 분명한 모습으로 보여주고 있다 도 147.

볼레스 & 윌슨(Bolles & Wilson)의 줌토발 소비자 센터(Customer Center Zumtobal) 실내 설치 작품은 굴리크센의 벽체에 나타난 위와 같은 다변적 공간 관계의 개념을 회화성 짙은 미술 작품으로 보여주고 있다. 볼레스 & 윌슨의 벽체에서는 여러 형태의 사각형 창이 무작위로 뚫려 있다. 이렇게 뚫린 창의 일부에서는 강렬한 빛이, 그리고 또 다른 일부의 창에서는 은은한 빛이 흘러 나오고 있다. 또한 각 창마다에는 색채 조명이 한 가지씩 역시 무작위로 할당됨으로써 이쪽 공간과 저쪽 공간 사이의 다변적인 관계가 강화되고 있다. 볼레스 & 윌슨의 벽체는 마치 직사각형 판위에 별을 뿌려놓은 듯한 모습에 의해 복합 공간을 형성하고 있다 도 148.

이스라엘(Israel)은 브라이트 & 어소시에이츠(Bright and Associates)에서 굴리크센과 볼레스 & 윌슨의 벽체에 나타난 다변적 공간 관계를 입체적으로 발전시키고 있다. 이스라엘의 건물에서는 중심 공간과 이것을 에워싸는 측면 공간 사이에 무작위의 관입적 관계가 형성되고 있

도 147
굴리크센 & 카이라모 & 보르말라 (Gullichsen & Kairamo & Vormala), 피에크세메키 시민회관 (Civic Center in Pieksa"ma"ki), 피에크세메키, 핀란드, 1983-1989

도 148 ▲
볼레스 & 윌슨(Bolles & Wilson), 줌토발 소비자 센터(Customer Center Zumtobal)

도 149 ▶
프랭클린 디 이스라엘(Framklin D. Isrdel), 브라이트 & 어소시에이츠 (Bright and Associates), 베니스(Venice), 캘리포니아, 1991

다. 이렇게 관입된 구멍 너머의 저쪽 공간이 칠흑의 진공 상태로 보임으로써 저쪽 공간에 대한 상상 작용을 유발시키고 있다. 실제로 눈에 보여지는 것은 없지만 이와 같은 머리 속 상상 작용에 의해 이쪽 공간과 저쪽 공간 사이의 관계는 관념적 다양성을 획득하게 된다. 중심 공간의 천장 아래에서 가로 세로 방향을 가로지르며 벽체를 관통하고 있는 여러 개의 철재보는 이쪽 공간과 저쪽 공간사이의 관입적인 관계를 강화시켜주고 있다 도 149.

　　이스라엘의 이러한 공간 개념은 캘리포니아 스쿨(California School)을 대표하는 건축 경향 가운데 하나이다. 캘리포니아 스쿨이란 자유 정신을 상징하는 이 지역의 분위기에서 유래한 명칭으로 기존의 권위적 절대주의 가치 체계에 반대하는 여러 종류의 자유 건축 운동을 통칭하는 말이다. 피셔(Fisher) 역시 캘리포니아 스쿨에 속하는 건축가로서 위와 같은 이스라엘의 공간 처리 경향과 유사점을 보여준다. 피셔의 건물들은 언뜻 보면 평범한 육면체의 모습을 하고 있지만 공간의 골격, 매스 처리, 재료 사용 등에 있어서 정형적 질서에서 조금씩 벗어나는 구성을 보여준다. 피셔의 캘핀 하우스(Calpin House)는 이런 내용을 잘 보여주는 예이다. 피셔의 이 주택에서는 자잘한 부조화의 모습들이 여러 개 어우러져 전체적으로 치밀하게 계산된 비정형 구성이 이루어지고 있다. 예를 들면 실내 벽처리에 있어서 정형적 윤곽을 유지하는 가운데 비정형적 관입 처리가 동시에 가해짐으로서 이쪽 공간과 저쪽 공간 사이에 차분한 구획과 동시에 다변적 유통의 관계가 함께 일어나고 있다도 150.

바에사(Baeza)는 카디스 공립 학교(Public School in Cadiz)에서 이쪽 공간과 저쪽 공간 사이의 관입 관계를 복수의 경우로 다변화시킴으로써 미니멀리즘과 복합 공간 사이의 경계선을 넘나들고 있다. 바에자는 일반적으로 건물의 측면에는 개구부 사용을 가능한 한 자제하는 대신 천장이나 바닥과 맞닿는 위아래의 양극단 지점에 개구부를 뚫는 독특한 경향을 보여준다. 이때 하늘을 향해 천장에 난 개구부는 태양의 이동 경로를 고려한 지점에 뚫림으로써 시간이 흐르면서 실내에 다양한 장면을 연출해놓고 있다. 또한 바닥과 맞닿는 벽체 아래쪽에 뚫린 개구부는 이스라엘의 공간에서처럼 어두운 진공 상태로 보이고 있다. 이처럼 바에사의 건물에서는 미니멀리즘 분위기의 실내 공간에 불과 서너 개만의 단순한 개구부가 뚫려 있지만 이것들의 위치에 위상적 관계를 부여함으로써 하늘과 땅이라는 건물 밖 저쪽 공간으로의 확장이 일어나고 있다. 그 결과 바에사의 건물은 미니멀리즘과 복합 공간 사이의 경계선에 위치하는 특징을 보여준다도 151.

스미스밀러 & 호킨슨(Smith-Miller & Hawkinson)은 뉴욕5 건

도 150
프레데릭 피셔(Frederick Fisher), 캘핀 하우스(Calpin House), 베니스(Venice), 캘리포니아, 1978

도 151
캄포 바에사(Campo Baeza), 카디스 공립 학교(Public School in Cadiz), 카디스, 스페인, 1995

도 152
스미스밀러 & 호킨슨(Smith-Miller & Hawkinson), 뉴 라인 시네마 오피스(New Line Cinema Office), 뉴욕 시, 1990-1992

축으로 분류될 수 있는 공간 골격에 하이테크 디테일이나 해체적 조형 어휘 등과 같은 1980년대 이후의 건축 어휘를 섞어쓰는 경향을 보여준다. 스미스밀러 & 호킨슨의 뉴 라인 시네마 오피스(New Line Cinema Office)는 이런 경향을 잘 보여주는 예이다. 이 건물에서는 방과 방 사이를 고형적으로 봉합한 정형적 구획이 거의 존재하지 않는 폭발한 공간(exploded space)구조가 형성되어 있다. 보와 기둥과 벽체는 서로 어긋나거나 미끄러져 비껴나 있다. 벽체 자체가 이쪽 공간과 저쪽 공간 사이의 구별이 무의미해질 정도로 많이 열려있고 보가 벽체를 가로질러 뚫고 지나가고 있다. 스미스밀러 & 호킨슨은 이것으로도 모자라 기능적으로 꼭 막혀야 되는 바닥 슬래브는 유리로 처리함으로써 최소한 시각에 의해서만이라도 공간 사이의 관입을 시도하고 있다 도 152.

라날리(Ranalli)의 로프트 룸(The Loft Room)에서도 역시 변형이 심한 조형 처리 방식에 의해 공간 사이의 관입이 일어나고 있다. 그 결과 라날리의 실내에서는 스미스밀러 & 호킨슨의 건물과 흡사한 복합 공간 구도가 형성되어 있다. 라날리의 건물에서는 '방 속의 방' 개념의 공간 구도가 여러 곳에 반복되고 있는 가운데 작은 방을 구성하는 육면체의 윤곽에 들쭉날쭉한 조형 처리가 가해지고 있다. 이러한 처리 과정을 거쳐 라날리의 건물에서는 이쪽 공간과 저쪽 공간 사이에 여러 쌍의 다변적 관계가 형성되어 있으며 이것들이 모여 이루어지는 건물 전체는 하나의 커다란 복합 공간 덩어리가 되어있다 도 153.

이상 살펴본 것과 같은 실내 공간에서의 관입 처리가 내외부 공간 사이에 적용되어 건물 전체의 윤곽을 형성하는 경우도 하나의 큰 흐름으로 관찰되고 있다. 이 경우에 가장 많이 쓰이는 방법은 건물의 입면을 구성하는 개구부를 극도로 비정형적으로 분할하면서도 전체적으로 치밀하게 정합을 맞추는 처리기법이다. 홀(Holl)의 후쿠오카 하우징(Fukuoka Housing)에서는 무작위로 뚫어놓은 것 같은 개구부를 중심으로 바닥 슬라브와 계단 슬라브를 노출시켜 선형 요소로 활용하면서 입면을 분할하고 있다. 이렇게 처리된 입면은 언뜻 보기에 혼란스러운 무질서의 모습으로 느껴지기도 하지만 자세히 살펴보면 치밀하게 계산된 분할 구성에 의해 총체적 질서를 획득하고 있다. 그 결과 홀의 건물에서는 내외부 공간 사이에 다변적 관계가 형성되어 있다. 한 가지 모듈 단위의 개구부가 규칙적으로 반복되는 건물에서는 내외부 공간 사이에 역시 한 가지의 획일적 관계만이 존재한다. 이에 반해 홀의 건물에서는 실내의 위치가 바뀔 때마다 외부를 향해 열리는 공간 처리 방식도 따라서 바뀌는 다변적 관계가 형성되어있다 도 154.

뵈른들(Woerndl)은 홀의 건물에서 2차원 입면상으로 시도된 이

도 153
조지 라날리(George Ranalli),
로프트 룸(The Loft Room),
뉴욕 시

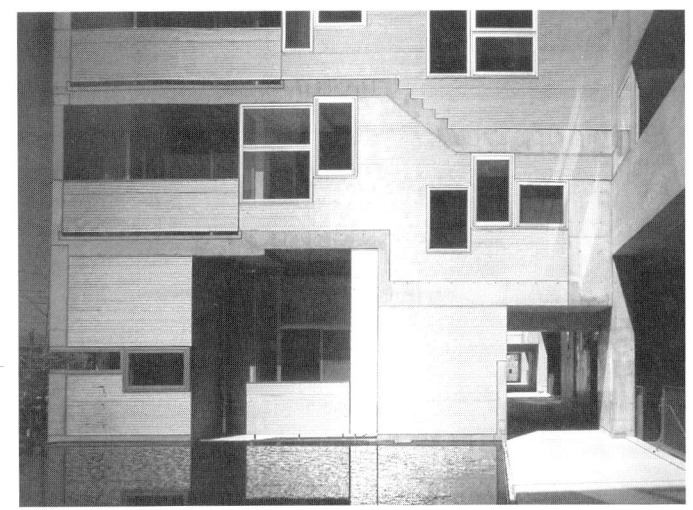

도 154
스티븐 홀(Steven Holl),
후쿠오카 하우징(Fukuoka Housing), 후쿠오카, 일본,
1989-1991

러한 처리 기법을 3차원 입체에 적용시킨 예를 보여준다. 이 건물은 뵈른들의 글루크 후프(Gluck Hupf)이다. 뵈른들의 건물에서는 홀의 건물에서와 유사한 방식으로 분할된 개구부를 개폐식으로 처리하여 놓고 있다. 그 결과 개구부를 막아 닫거나 여는 경우 수에 따라 건물은 다양한 모습으로 변하게 된다. 개구부를 모두 막아 닫으면 건물은 4면이 모두 막힌 가장 단순한 형태의 육면체가 된다. 개구부 중 일부를 열어젖힘에 따라 육면체 윤곽은 다양하게 변형된다. 건물은 더이상 건물이 아니라 마음먹은대로 모습을 둔갑할 수 있는 신화 속 키메라(Chimera)와 같다. 실내외 사이의 공간 관계는 획일적 관계에서 벗어나 무한대로 다양한 복합 관계로 발전하고 있다 도 155.

마스 & 반 레이스 & 브리스(Maas & van Rijs & Vries)는 뵈른들의 건물 윤곽에서 시도된 이러한 복합 공간의 개념을 실내 구성에 적용하고 있다. 이 건물은 더블 하우스(Double House)이다. 이 건물의 실내는 여러 실들의 공간 단위가 엇갈리고 맞물리면서 구성되어 있다. 그 결과 이쪽 공간과 저쪽 공간 사이에는 바닥 높이나 천장의 위치 등이 서로 어긋나는 위상학적 가변 관계가 형성되면서 실내 전체에 복합 공간의 골격을 만들어놓고 있다 도 156.

1960년대의 복합 공간 기법 중 하나였던 겹 공간은 1980-1990년대를 거치면서 꾸준히 반복되고 있다. 이러한 예들 가운데에는 이쪽 공

 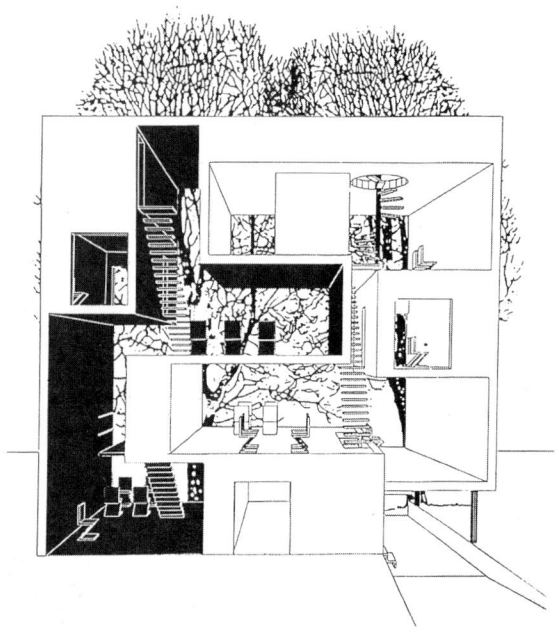

간과 저쪽 공간 사이의 관입을 시도하는 경우들이 관찰되기도 한다. 샤르네이(Charney)의 '룸 202(Room 202)'라는 실내 설치 작품은 이런 경향을 잘 보여주는 예이다. 이 작품에서는 육면체의 단일 공간 속에 세 장의 벽체가 서로 각도가 어긋나게 나란히 세워져 있다. 이때 각 벽체에는 출입문 크기의 큰 구멍이 서너 개씩 규칙적으로 뚫려있으며 각 벽체 면의 색채도 다르게 처리되어 있다. 이렇게 처리된 벽체들이 서로 어긋나면서 실내에는 여러 겹의 면 위에 뚫렸다 막혔다 하는 중첩 공간이 형성되고 있다. 여기에 마지막으로 이곳저곳에 분산적으로 설치된 조명이 더해지면서 실내에는 복합 공간의 모습이 나타나고 있다도 157.

부렌(Buren)은 고전 건축물에 그래픽 면처리를 가하여 고전 건축물의 절대주의적 권위를 희석시키는 여러 가지 시도를 하는 예술가이다. 이외에도 부렌은 면 중첩을 통한 복합 공간을 함께 시도한다. 부렌의 '건축의 색에 관하여: 파트 I - 그림 위에 그림(Del Colore dell' Architettura: partie I - pittura sopra pittura)'이라는 실내 설치 작품은 이런 내용을 잘 보여주는 예이다. 이 작품에서는 획일적으로 구획된 절대주의 공간들을 각각 다른 색으로 칠한 후 서로 중첩되어 보이게 처

도 155 ◀
에이치 피 뵈른들(H. P. Woerndl),
글루크 후프(Gluck Hupf),
몬트제(Mondsee), 오스트리아,
1993

도 156 ▲
마스 & 반 레이스 &
브리스(Maas & van Rijs & Vries),
더블 하우스(Double House),
위트레흐트(Utrecht), 네덜란드,
1995-1997

도 157
멜빈 샤르네이(Melvin Charney),
'룸 202(Room 202)', 1979

리함으로써 색채 차이에 의한 공간 느낌의 차이를 유발하는 기법이 시도되고 있다. 원래는 동일한 모습이었던 이쪽 공간과 저쪽 공간은 이처럼 색채 차이에 의해 서로 다른 공간으로 변하게 되며 궁극적으로 이쪽 공간과 저쪽 공간 사이에는 다변적 관계가 형성되고 있다.

 1980년대 이후의 유럽 합리주의 건축 중에는 뉴욕5 건축의 영향을 받아 복합 공간의 모습을 보여주는 예들이 많이 나타나고 있다. 뉴욕5 건축은 시작 때부터 합리주의 건축관을 일정 부분 공유하며 미국의 합리주의 건축으로 불리기도 하였다. 이런 가운데 1980년대를 넘기면서는 이와 반대로 미국의 뉴욕5 건축이 합리주의 건축에 영향을 끼치는 장면들이 나타나고 있다. 페트슈니그(Petschnigg)의 본 포럼(Forum in Bonn)은 이런 경향을 잘 보여주는 예이다. 이 건물은 중정을 중심으로 'ㅁ'자형 구성을 갖는 전형적인 합리주의 공간의 골격에 마이어 풍의 복합 공간 기법이 합쳐진 모습을 나타낸다. 그 결과 중정은 공간 질서를 정리해내던 합리주의적 요소에서 벗어나 4-5겹의 복합 공간을 만들어내는 중심체로 변화하고 있다. 이처럼 여러 겹을 갖는 공간 구조에 빛이 더해지면서 건물 실내에는 네모 반듯한 분위기의 모던-로코코 모습이 형성되어 있다 도 158.

 모랄레스 & 곤살레스(Morales & Gonzales)의 코리페 타운 홀(Coripe Town Hall) 역시 넓게는 위의 페트슈니그의 건물과 동일한 범위에 속하는 것으로 이해될 수 있다. 이런 가운데 이곳 타운 홀에서는

도 158
헨트리크 페트슈니그(Hentrich Petschnigg), 본 포룸(Forum in Bonn), 본, 독일, 1992

도 159
호세 모랄레스 & 후안 곤살레스(Jose Morales & Juan Gonzales), 코리페 타운 홀(Coripe Town Hall), 세비야(Sevilla), 스페인, 1995

사선 구도가 더해지고 벽체의 조형 조작이 더 심해지는 등의 차이점을 갖는다. 코리페 타운 홀의 실내에서는 곳곳에 공간의 골격이 파괴된 것 같은 분산적 장면이 형성되고 있으며 여기에 천창을 통해 들어온 빛이 더해지면서 마이어나 스미스-밀러에 못지 않은 현란한 복합 공간이 형성되어 있다. 옅은 보라빛이 감도는 빛으로 가득찬 코리페 타운 홀의 실내는 이들 미국 건축가들의 실내에서 느껴지는 차가운 백청색 공간과는 완전히 다른 라틴 계열의 서정성을 느끼게 해주고 있다도 159.

6 조명과 거울

조명은 현실 공간의 모습을 수시로 바꿔놓는 환상 작용에 의해 복합 공간을 형성하는 기능을 갖는다. 조명에 의해 현실 공간은 색, 깊이, 분위기 등에 있어서 본래의 상태와는 완전히 다른 모습으로 나타나게 된다. 조명은 때로는 현실 공간의 물리적 골격까지도 변형된 모습으로 보이게 만드는 작용을 하기도 한다. 이러한 조명 작용이 복수 개의 공간 사이에 걸쳐서 일어났을 때 이들 공간 사이에는 변화무쌍한 다변적 관계가 형성된다. 그러나 이렇게 형성되는 다변적 관계는 공간의 물리적 골격 자체는 바뀌지 않은 상태에서 빛 작용에 의해 유발되는 허상적 상태이다. 조명만 끄면 공간은 언제든지 본래 모습으로 돌아가면서 빛에 의한 환상 작용은 일순간에 사라지게 된다. 이 때문에 조명에 의해 형성되는 복합 공간은 비현실적 가상 공간의 한 종류로 분류되기도 한다. 공간 형성 기능을 물리적 구조체에 한정시키려는 본질주의자들은 조명이 지니는 이러한 인공적 특징을 거짓 조작에 의한 눈속임으로 배격하기도 한다. 반면에 조명이 지니는 가변적 조형 기능을 적극 활용하여 공간의 분위기를 다양하게 연출하려는 조명 예술가들이나 조명 건축가들도 있다.

플라빈(Flavin)은 조명을 이용하여 공간의 성격을 그려내는 대표적 조명 예술가이다. 플라빈의 '무제, 1976(Untitled, 1976)'은 이런 경향을 잘 보여주는 예이다. 이 작품에서는 조명이 벽체에 비추어지면서 벽체는 고형적 물리체에서 투명한 막으로 변신한다. 여기에 색채라는 또 하나의 조형 요소가 더해지면서 벽체는 물결이 흐르는 유체처럼 느껴지기까지 한다. 특히 조명이 모서리에 놓일 경우 모서리의 확장과 같은 건축에서의 복합 공간 기법과 동일한 효과를 갖기도 한다. 모서리에 조명이 놓이면서 모서리의 봉합이 열린 것처럼 보이며 궁극적으로 저쪽 공간으로의 관입 효과를 유발한다. 조명은 그 주위로 복층의 투명막을 형성하는 기능을 갖는데 조명이 모서리에 놓일 경우 이러한 기능이 배가된다. 모서리에 조명이 놓이면서 공간 속에는 조명 자체의 색, 조명이 벽체에 반사되어 만들어지는 색, 벽체 자체의 색 등에 의해 여러 겹의 색채막이 형성된다. 이러한 색채막들은 직각으로 꺾여 만나는 양쪽 벽 사이에 형성되면서 복합 공간 구도로 발전한다.

　　이상과 같은 내용이 조명이 지니는 비물질화(dematerialization) 기능이 진행하는 과정이다. 조명에 의해 고형적 단일 공간은 본래의 물질성을 완전히 벗어버리고 복층막으로 구성되는 복합 공간으로 둔갑한다. 조명은 본래의 공간 골격과는 상관없이 최소한의 바탕면만 주어지면 또 하나의 공간 세계를 마음먹은대로 만들어내는 환상적 구성 기능을 갖는다.

　　실베스트린(Silvestrin)은 미니멀리즘 건축가인 파우슨(Pawson)의 건물을 배경으로 조명 연출을 많이 시도하는 조명 건축가이다. 이러한 배경 때문에 실베스트린의 조명 작품은 플라빈의 경우보다 훨씬 차분한 경향을 나타낸다. 보기에 따라서는 실베스트린 자신이 미니멀리스트로 분류되기도 한다. 혹은 실베스트린의 조명이 더해지면서 파우슨의 미니멀리즘 공간은 복합 공간으로 둔갑하기도 한다. 실베스트린의 바커-밀 아파트(Barker-Mill Apartment)는 이런 내용을 잘 보여주는 예이다. 실베스트린은 큰 공간 단위들을 한 가지 대표색의 조명 빛으로 가득 채운 후 이런 것들을 몇 개 대비시키는 처리 기법을 보여준다. 이곳 아파트의 실내에서도 밝은 청색과 어두운 청색으로 대별되는 공간 단위들이 어우러져 전체 공간을 형성하고 있다 도 160.

　　혹은 실베스트린은 각 공간을 대표하는 조명색을 바꿔가면서 경우의 수를 다양화하는 시도를 하기도 한다. 각 공간은 조명의 색에 따라 각기 다른 특징을 띠게 되며 이런 공간들의 대비로부터 구성되는 실내는 미니멀리즘의 기본 분위기를 유지하는 가운데 다양한 공간 상태를 동시에 갖는 복합 공간의 모습을 나타낸다. 때로는 한 가지 조명색을 사용하되 채도나 조명 종류 등을 다르게 처리하여 공간 단위별로 배정함으로써

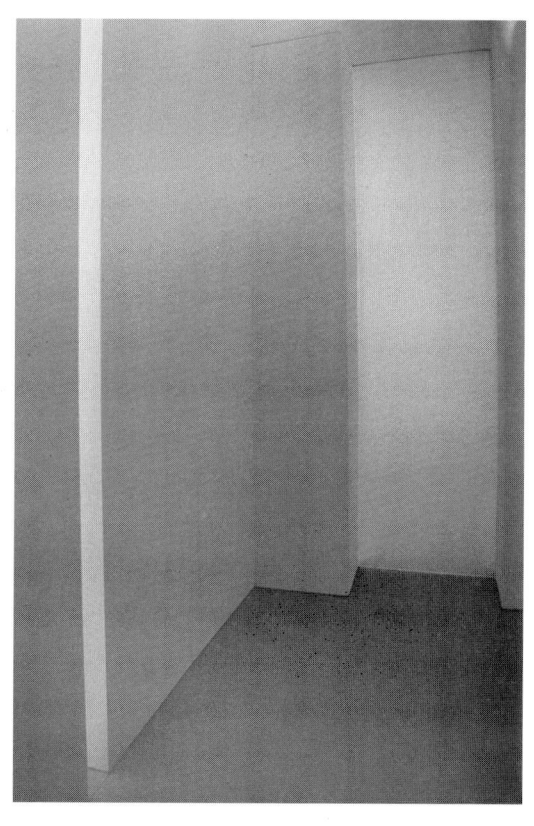

도 160
클라우디오 실베스트린(Claudio Silvestrin), 바커-밀 아파트(Barker-Mill Apartment), 런던

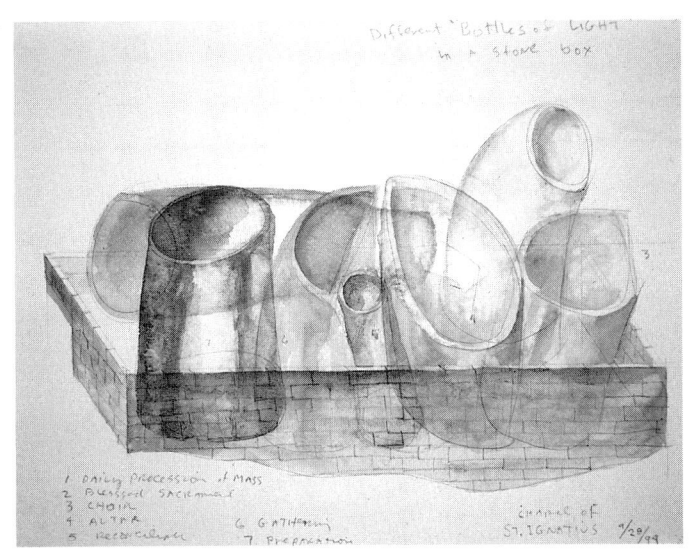

도 161
스티븐 홀(Steven Holl),
성 이그나치우스 채플(Chapel of
St. Ignatius), 시애틀 대학(Seattle
University) 내, 워싱턴, 1994-1997

미니멀리즘 공간과 복합 공간의 모습을 동시에 갖는 자신의 경향을 더욱 명확하게 보여주기도 한다.

어윈(Irwin)은 동일한 면 위에 몇 가지 조명색을 오버랩시켜 공간의 깊이 차이를 유발하는 처리 기법을 시도한다. 어윈의 '1234'는 이런 경향을 잘 보여주는 예이다. 이 작품에서는 옅은 바탕 위에 검은 빛으로 처리된 사각형이 중첩되고 있다. 이러한 검은 사각형은 심연의 블랙홀처럼 느껴진다. 그 결과 벽체는 더이상 고형적 물리체가 아니라 차원을 넘나드는 경계막으로 변화되어 있다. 혹은 이와 반대로 몇 장의 조명막이 중첩되면서 점점 밝은 색으로 처리되는 경우 벽체는 실내 쪽으로 확산되는 느낌을 주며 몇 겹의 겹 공간이 형성된 것 같은 착각을 준다. 조명의 색과 조명의 종류, 그리고 중복되는 면의 크기와 형태 등을 몇 가지로만 바꾸더라도 실내는 천의 얼굴을 가지며 변화무쌍한 모습으로 변한다.

홀(Holl)은 2중 벽체(double shell) 사이에 조명을 설치하는 기법을 통해 복합 공간을 시도한다. 홀의 2중 벽체 기법 및 이것이 지니는 모던 로코코의 의미에 대해서는 앞에서 살펴보았다. 이러한 기법을 통하여 홀의 건물에서는 자연광과 어우러진 조명색이 공간의 특징을 결정하는 역할을 하고 있다. 홀은 자신의 이러한 모던-로코코 기법을 여러

도 162
톰 코박(Tom Kovac),
'동굴을 파낸 것도 아니고 주물을
뜬 것도 아닌: 제3 언어에 의한 건축
(Neither Carved Nor Moulded:
An Architecture of the Third
Term)', 1997

건물에 적용시켜오고 있다. 이 가운데 성 이그나치우스 채플(Chapel of St. Ignatius)을 디자인하면서 남긴 스케치는 겹 공간에 조명을 쏘아 복합 공간을 형성하려는 모던-로코코의 공간관을 잘 나타내주고 있다도 161.

　　공간의 물리적 골격이 비정형일 경우 여기에 더해지는 조명은 더욱 활발한 환상적 구성 기능을 갖게 된다. 코박(Kovac)의 '동굴을 파낸 것도 아니고 주물을 뜬 것도 아닌: 제3 언어에 의한 건축(Neither Carved Nor Moulded: An Architecture of the Third Term)' 이라는 실내 장식은 이런 내용을 잘 보여주는 예이다. 이 실내에서는 해체적 분위기의 비정형적 공간 골격에 다양한 색의 조명이 더해지면서 실내는 현란한 요지경 속의 모습으로 나타난다. 불규칙한 공간 골격에 여러 색의 조명이 반사되면서 실내에서는 격렬히 요동치는 빛의 교감이 일어나고 있다. 빛은 비물질의 요소이며 주변 환경의 물리적 상태에 따라 쉽게 변하는 불안정성을 특징으로 갖는다. 이와 같이 빛이 불규칙하게 반사되어 상호 교감되면서 실내에는 무한대로 다양한 조형적 상황이 형성된다. 그 결과 실내 공간은 복합 공간의 단계를 넘어서 해체적 단계로까지 나아가고 있다. 특히 작품의 제목으로부터 코박은 조명을 제3의 건축 언어로

도 163
크루엑 섹스턴(Krueck Sexton),
페인티드 아파트(The Painted
Apartment), 시카고, 1983

실험하고 있음을 알 수 있다. 제1 언어는 동굴을 파낸다는 의미에서의 석조 조적식이며 제2 언어는 주물을 뜨는 의미에서의 메탈 접합식과 콘크리트 일체식이다. 코박은 이 두 가지 언어를 모두 부정하며 그 다음을 잇는 제3 언어로서의 조명이 지니는 새로운 조형 기능을 탐구하고 있다 도 162.

섹스턴(Sexton)은 페인티드 아파트(The Painted Apartment)에서 메쉬(mesh)판에 조명을 혼합하여 환영적 이미지를 만들어내는 조명 처리 경향을 보여준다. 섹스턴의 실내에서 공간 골격 자체는 코박의 실내보다 훨씬 단순한 형태를 하고 있다. 그러나 이러한 공간 중간에 두세 장의 메쉬판을 세워 놓은 후 여기에 인공광과 자연광을 적절히 섞은 광원을 첨가함으로써 코박의 실내만큼 환각적 공간이 만들어지고 있다. 메쉬판은 재료의 특성상 빛이 통과하면서 얼룩이 진 것과 같은 음영을 남기게 된다. 섹스턴은 이러한 메쉬판의 특성을 적극적으로 활용하기 위하여 두세 장의 메쉬판을 일정한 간격으로 세운 후 다양한 광원을 끌어들이고 있다. 그 결과 각 메쉬판이 만들어내는 얼룩덜룩한 음영이 여러 개 겹쳐지면서 공간 속은 최면에 걸린 것 같은 환영적 이미지로 가득차 있다 도 163.

공간 속에 거울이 놓이는 경우 반사 작용으로 인해 실내는 쉽게 복합 공간의 모습으로 변하게 된다. 이 경우도 역시 공간의 골격 자체는 복합 공간이 아니더라도 조명과 마찬가지로 첨가물에 의한 환상 작용의 결과로 복합 공간이 만들어지게 된다. 거울은 이처럼 쉽게 공간의 모습을 바꾸어 놓는 독특한 기능 때문에 기교적 조형관을 추구한 양식에서는 적극 차용되어 왔다. 로코코 양식은 이것의 대표적 경우에 해당된다. 로코코 건축에서는 앞에서 설명한 이중 벽체 구조와 함께 거울이 실내 장식에 적극적으로 쓰임으로써 실내 공간은 원래의 골격 상태를 가늠할 수

도 164
레리 벨(Larry Bell),
'빙산과 그것의 그림자(Iceberg and Its Shadow)', 1975

없을 정도로 기교적 변형이 심한 복합 공간의 모습으로 나타났다. 현대 건축과 조형 예술에서도 이러한 거울의 특성을 실내에 도입하여 공간 모습을 무한대로 다양하게 변화시키려는 시도들이 하나의 공통적 경향으로 관찰되고 있다.

　공간을 자신의 주요 과제로 다루는 조각가 레리 벨(Larry Bell)의 '빙산과 그것의 그림자(Iceberg and Its Shadow)'라는 설치 작품은 위와 같은 경향의 대표적 예이다. 벨은 여러 겹으로 꺾인 유리 조각품을 큰 방안에 설치해놓고 있다. 이 유리 조각품은 크기, 모양, 놓인 방향 등이 모두 다른 수십 개의 반사 거울 면으로 구성되어 있다. 이러한 거울 면에는 각기 다른 장면이 반사된다. 그 결과 벨의 유리 조각품은 수십 개로 조각난 방의 여러 장면들이 모자이크로 재구성된 모습으로 나타난다. 따라서 이 방안에는 원래의 방과 이것을 분해시킨 후 콜라주한 또 하나의 방, 이렇게 두 개의 방이 공존한다. 이것은 단일 공간의 한계를 깨는 복합 공간의 한 종류이다 도 164.

　비고(Vigo)의 '단일 공간(Monospazio)'이라는 실내 건축은 벨의 유리 조각품이 공간 골격에 적용된 예를 보여준다. 비고의 실내는 벽체뿐 아니라 바닥과 천장까지도 거울로 구성되어 있다. 벽체를 구성하는 거울은 개구부의 크기에 맞게 재단되어 있다. 개구부의 프레임과 모서리 등에는 조명까지 첨가되어 있다. 이러한 설치들이 어우러져 비고의 실내에는 정형적 공간 골격이 완전히 지워진 채 시작과 끝을 알 수 없는 조각난 공간들의 콜라주가 만들어져 있다. 비고의 실내 역시 벨의 작

도 165
난다 비고(Nanda Vigo),
'단일 공간(Monospazio)',
밀란(Milan), 이탈리아, 1973-1975

품에서와 마찬가지로 원래의 공간과 이것을 분해한 후 콜라주한 또 하나의 공간, 이렇게 두 개의 공간으로 구성되어 있다 도 165.

　　유리를 주요 재료로 사용하는 환경 조각가 그레이엄(Graham)은 투과와 반사가 동시에 일어나는 특수 유리를 이용하여 새로운 공간 차원을 제시하고 있다. 그레이엄의 '삼각형적 고형체: 직각들(Triangular Solid: Right Angles)'은 이런 경향을 대표하는 예이다. 투명 유리는 주변 환경에 대한 변형적 각색 능력은 갖지 않지만 경찰서나 정신 병원에서의 감시와 같은 저쪽 공간에 대한 통제를 상징한다. 반면에 반사 유리는 하나의 차단막으로서 저쪽 공간에 대한 단절과 무관심을 상징한다. 반사 유리에 비춰지는 또 하나의 내 모습은 이쪽 공간만의 독립성을 상징한다. 그레이엄은 이처럼 투과와 반사라는 상징적 기능이 동시에 작용하는 특수 유리를 이용하여 도심이나 공원, 혹은 건물 옥상 등에 환경 조형물들을 만든다. 그 결과 그레이엄의 작품에서는 한 장의 유리면 위에 이쪽 공간과 저쪽 공간의 장면이 오버랩되며 동시에 보여지고 있다.

　　이와 같은 유리 조각품을 통해 그레이엄은 이쪽 공간과 저쪽 공간 사이의 관계를 단절 아니면 통과라는 양자택일의 관점에서 정의하던 전통적인 3차원 유클리드 공간에서 벗어나 새로운 차원의 공간 구도로 정의해내고 있다. 전통적인 3차원 유클리드 공간에서 조형 환경으로서의 공간의 골격은 행위를 담는 그릇의 역할밖에 못하였다. 큐비즘에서 이러한 한계를 깨는 다면성 개념으로서 4차원 공간을 시도하였지만 이것

미니멀리즘과 상대주의 공간: 뉴욕5 건축과 공간 운동

도 167 ▲
비엘 아레츠(Wiel Arets),
쿠이익 경찰서(Police Station in Cuijk), 쿠이익, 네덜란드,
1994-1997

도 166 ◀
헤르초크 & 드 모이론(Herzog & De Meuron), 캐리커처 만화 박물관(Caricature and Cartoon Museum), 바젤(Basel), 스위스,
1994-1996

은 어디까지나 회화 차원에서의 시도였다. 이제 그레이엄의 작품에서 공간의 골격은 그 주위에서 일어나는 여러 행위들을 동시에 담아내는 4차원의 모습으로 나타나고 있다. 그레이엄은 이러한 독특한 기능을 갖는 유리를 90도로 꺾어 위치시키거나 평행하게 배열하는 등의 조작을 통해 무한대로 다양한 장면들이 오버랩되는 다차원 공간을 시도하고 있다.

건축 분야의 경우 1980년대 하이테크 건축기를 거치면서 유리가 지니는 조형적 가능성이 본격적으로 탐구되기 시작하였다. 유리의 반사 기능과 투과 기능을 다양화시키고 색 요소를 도입하는 등 독립적 조형 요소로서의 유리가 지니는 심미적 기능을 개발하려는 여러 실험들이 시도되고 있다. 이러한 시도는 하이테크 건축의 범위를 넘어 건축 분야 전반에 영향을 끼쳤으며 1990년대 이후 현대건축에서는 양식사조의 구별 없이 유리의 조형성을 적극 활용하려는 큰 흐름이 두드러지고 있다.

이런 가운데 1990년대 들어 미니멀리스트로 분류되는 건축가들 사이에 위와 같은 그레이엄식의 유리 사용 경향을 보여주는 예들이 발견된다.

헤르초크 & 드 모이론(Herzog & De Meuron)의 캐리커처 및 만화 박물관(Caricature and Cartoon Museum)은 이 같은 경향을 잘 보여주는 예이다. 이 건물에서는 투명 유리를 단겹으로 쓴 부분과 중복시켜 쓴 부분 사이의 투명도와 반사도 등의 차이를 이용하여 그레이엄의 특수 유리와 유사한 효과를 내고 있다. 헤르초크 & 드 모이론의 건물에서 시도된 이러한 차이점에 의해 유리면은 때로는 주변의 장면을 정확히 투과시켜 보이다가 또다른 지점에서는 모호한 상태로 반사시켜 보이는 등의 양면적 상태를 동시에 보여주고 있다도 166.

아레츠(Arets)의 쿠이익 경찰서(Police Station in Cuijk)에서는

좁고 긴 복도의 한 면을 투명한 유리, 반투명 유리, 코팅한 유리 등의 여러 종류를 섞어 구성함으로써 공간 분위기와 시선 조절 등에 있어서 수시로 변화하는 다양한 모습을 보여주고 있다. 이 건물에서는 시선의 위치나 자연광의 상태 등이 조금만 바뀌어도 공간의 분위기가 심하게 변하는 극단적인 복합 공간의 모습이 나타나고 있다. 이처럼 환경 요소의 조그만 변화도 즉각적으로 반영시키는 아레츠의 공간관은 건물이 지니는 환경에 대한 다변적 관계를 적극적으로 수용하여 복합 공간으로 발전시키려는 의도를 의미한다 도 *167*.

Ⅳ
상대주의 공간

1 공간의 다변성과 상대주의 공간

하나의 공간이 존재하기 위해서는 최소한의 물리적 구획이 필요하다. 이때 이러한 최소한의 구획을 결정짓는 요소는 벽체-바닥-천장이라는 3차원 좌표 구도를 구성하는 요소이다. 태초에 건물은 땅 위에 보호처(Shelter)를 세워 인간만의 질서에 의한 또 하나의 세계를 세우려는 목적을 가졌다. 이러한 목적하에서 공간은 실내를 가장 안정적 상태로 확보하여주기 위해 내외부가 엄격히 차폐되는 형태로 나타났다. 공간은 캐논(canon)이나 기능 등과 같은 선험적 법칙에 의해 일률적으로 구획되었으며 내외부 공간을 구별시켜주는 조형적 관계는 막힘 아니면 뚫림이라는 양자택일적인 한 가지 종류만이 있을 뿐이었다. 공간은 아직 체험의 대상이 되지 못했으며 그보다는 오히려 이러한 정형적 질서를 형성하는 물리적 구조체와 동일시되었다. 3차원 유클리드 기하학을 기본 패러다임으로 삼아 형성된 고전주의 공간과 모더니즘의 기능주의 공간은 이러한 절대주의 공간의 대표적 예에 해당된다. 절대주의 공간은 3차원 유클리드 기하학에서 가장 안정된 상태인 밀폐된 육면체 형태로 정의되었다.

  절대주의 공간은 이와같이 질서 지향적 안정성을 주요 특징으로 갖기 때문에 하나의 문명체계가 자리잡아가는 과정을 대표하는 공간 타입 역할을 해왔다. 고대 그리스와 로마 문명이 그러했고 르네상스와 계몽주의가 또한 그러했으며 마지막으로 모더니즘이 그러했다. 모더니즘 건축은 그 이전의 고전주의 절대 공간을 거부하며 시작되었지만 50여 년의 시간이 경과된 1900년대 중반을 넘기면서 남겨진 결과물들은 똑같은 절대주의 공간이었다. 재료만 석재에서 철골과 콘크리트와 유리로 바뀌었을 뿐 독단적 기능주의가 남긴 공간 구조는 여전히 획일적 절대 공간이었다. 공간은 여전히 감상 대상으로서의 독립적인 가치를 갖지 못한 채 기능과 경제성이라는 더 큰 가치를 생성해내기 위한 보조적인 역할밖에 못하였다.

2차 대전을 끝내면서 시작된 현대 건축에서의 공간 운동은 이러한 독단적 기능주의의 절대 공간을 탈피하려는 시도들의 연속으로 정의될 수 있다. 그 결과 1950-1960년대의 겹 공간, 1960-1970년대의 복합 공간, 1980년대의 해체 공간 등의 공간 운동들이 연속적으로 진행되었다. 이러한 공간 운동들은 모두 절대주의 단일 공간을 반대하는 상대적 공간관을 기본 개념으로 공유한다. 이렇게 보았을 때 포괄적 의미에서의 상대적 공간이란 현대 건축을 이끌어온 탈모더니즘 운동 중 공간 운동에 해당되는 반(反)절대주의 공간 개념을 통칭하는 것으로 정의될 수 있다. 이러한 정의에 의하면 지금까지 살펴본 겹 공간, 복합 공간, 그리고 일정 부분의 미니멀리즘 공간들은 모두 기본적으로 상대주의 공간에 속하는 것으로 이해될 수 있다. 이외에도 이들 공간들에 속하지 않으면서 집약적으로 상대적 공간 개념을 추구하는 다른 종류의 공통적 경향들이 관찰된다. 이런 경향들은 통틀어 상대주의 공간 운동으로 부르고자 한다. 상대주의 공간 운동은 다음과 같은 세 가지 공간관을 기본 개념으로 갖는다.

첫째, 공간의 물리적 골격을 구성하는 데 있어서 절대주의 공간에서와 같은 획일적 구조를 배격하고 다양한 상태로 존재하게 된다. 예를 들어 상대주의 공간에서는 안과 밖을 구별해주는 관계가 다변적으로 존재하며 심지어 안과 밖이 전도된 상태로 공간이 구성되기도 한다. 혹은 상대주의 공간을 구성하는 골격은 심하게 뒤틀리기도 하며 비물질화된 상태로 존재하기도 한다. 예를 들어 시자(Siza)의 핀투 & 소투 마이요르 은행(Pinto & Sotto Mayor Bank)을 보자. 이 건물의 실내는 어느 한 곳 직각으로 구성되는 곳 없이 사선과 둔각, 그리고 예각과 곡선으로 구성되어 있다. 이러한 공간 구조는 정형적 단일 구조로 존재하는 절대주의 공간을 깨려는 가장 직접적이고 1차적인 시도에 해당된다도 168.

도 168
알바로 시자(Alvaro Siza),
핀투 & 소투 마이요르 은행
(Pinto & Sotto Mayor Bank),
올리베이라 데 아제마이스
(Oliveira de Azemeis),
포르투갈, 1971-1974

둘째, 공간의 성격을 규정하는 데 있어서 상대주의 공간관은 물리적 골격과 공간을 동일시하던 절대주의 공간관을 배격하고 그러한 골격 사이의 여백 상태를 공간으로 정의한다. 절대주의 건축 체계에서 공간은 질서라는 더 큰 가치를 구성하는 보조자였기 때문에 공간의 존재 상태는 그러한 질서의 결과물인 물리적 구조체로 치환되어 받아들여졌다. 이에 반해 상대주의 건축 체계에서 공간은 물리적 구조체 사이의 비물질적 여백의 상태로 정의된다. 예를 들어 브룰만(Brullmann)의 재외 스위스인 센터(Auslandschweizer-Zentrum)를 보자. 이 건물의 골격은 고형적 구조체에서 벗어나 가변성과 표정을 갖는 막의 상태로 제시되고 있다. 공간은 물리적으로도 수축과 팽창이 자유로운 유기체처럼 느껴지고 있다. 뿐만 아니라 빛과 조명, 그리고 날씨와 계절 등의 상태에 따라 공간은 다양한 표정으로 변하는 감성체로 정의되고 있다 도 169.

셋째, 공간의 가치를 규정하는 데 있어서 정형적 질서 형성 기능을 갖는 것으로 정의되던 절대주의 공간관을 배격하고 공간은 체험의 대상으로 정의된다. 상대주의 공간관하에서 공간은 어떠한 선험적 가치

도 169
쿠노 브룰만(Cuno Brullmann),
재외 스위스인 센터
(Auslandschweizer- Zentrum),
브루넨(Brunnen), 스위스

규정도 거부하며 관찰자의 공간적 심리 상태에 따라 다양하게 체험되는 감성적 가치를 갖는다. 예를 들어 스타르크(Starck)의 아사히 불꽃(Asahi La Flamme)을 보자. 이 건물의 실내는 전혀 다른 두 종류의 처리 기법으로 디자인된 두 개의 장면이 나란히 이어지면서 구성되어 있다. 한쪽 벽면을 대각선 방향으로 양분한 후 위쪽에는 장식적 성격이 강한 팝 어휘로, 이와 반대로 아래쪽은 백색 한 가지 만으로 각각 처리하고 있다. 이곳 실내에서 공간의 질서와 안정은 더이상 디자인의 주제가 아니다. 그보다는 공간을 체험과 감상의 대상으로 정의하려는 상대주의적 시각이 적극적으로 표출되고 있다 도 170.

이상이 상대주의 공간을 구성하는 기본 개념들이었다. 이러한 기본 개념들을 바탕으로 절대주의 공간을 탈피하려는 상대주의 공간 운동들이 꾸준히 시도되어 오고 있다. 이러한 운동들 가운데에는 통일된 큰 흐름으로 발전한 경우도 있는 반면 그렇지 못하고 다양한 실험을 시도하는 수준에 머문 경우들도 많이 있다. 이 가운데 전자의 경우에 대해서는 아래에서 제목별로 다룰 것이다. 여기에서는 이 가운데 후자의 경우에 속하는 자잘한 상대주의 공간 실험들을 〈뒤집힌 공간〉, 〈투명도 조작〉, 〈절대주의 공간 어휘의 분해〉, 〈뒤틀린 공간〉, 〈가변형 공간〉으로 분류하

도 170 ▶
필립 스타르크(Philippe Starck),
아사히 불꽃(Asahi La Flamme),
도쿄(Tokyo), 일본, 1989

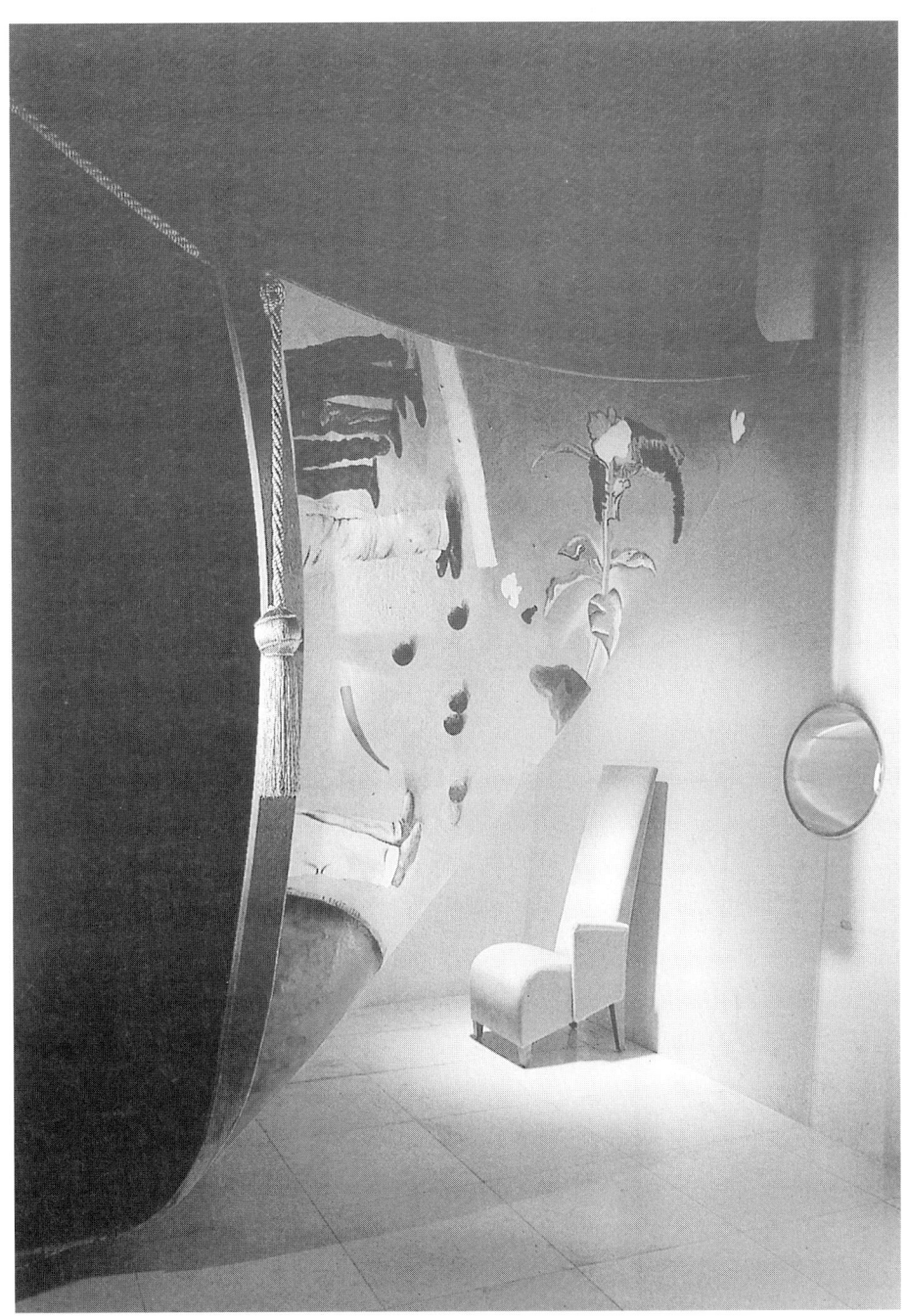

207 상대주의 공간

도 171
찰스 무어(Charles Moore), 침머만 하우스(Zimmermann House), 페어팩스 카운티(Fairfax County), 버지니아, 1972-1975

여 소개하고자 한다.

〈뒤집힌 공간〉

1960-1970년대 대중 건축 운동에서는 건물의 안과 밖이 뒤집힌 겹 공간 개념에 의해 상대주의 공간을 시도한 예가 발견된다. 무어(Moore)는 집 속에 또 하나의 작은 닫집(aedicule: 이디큘)을 설치하는 기법을 이용하여 겹 공간을 추구하였는데 어느 순간 닫집이 크게 확대되어 밖으로 나오면서 그 속에 오히려 진짜 집을 담는 안과 밖의 전도를 시도하고 있다. 무어의 침머만 하우스(Zimmermann House)는 이런 처리를 잘 보여주는 예이다. 이 주택에서는 천공판으로 지어진 가건물 형태의 닫집이 건물의 가장 바깥 윤곽을 형성하고 있고 그 속에 각도를 틀며 흰 육면체 형태의 본 건물이 들어가 있다. 이것은 공간을 구성하는 골격에 있어서 주종(主從)적 질서 관계를 엄격히 구분하던 절대주의 공간 규칙을 거꾸로 뒤집는 명확한 상대주의 공간에 해당된다 도 171.

이와 같이 안과 밖을 전도시키는 기법은 이후에도 다른 건축가들

도 172
안네 라카톤 & 장 필립 바살(Anne Lacaton & Jean Philippe Vassal), 라타피 하우스(Latapie House), 보르되(Bordeus), 프랑스, 1993

에 의해 가끔씩 시도되곤 했는데 라카톤 & 바살(Lacaton & Vassal)의 라타피 하우스(Latapie House)는 이것을 대표한다. 이 주택에서는 바깥 윤곽을 구성하는 가건물이 유리와 금속 막대기로 지어진 차이점을 제외하고 전체적인 공간 개념은 무어의 주택에서 시도된 안과 밖의 전도가 반복되고 있다. 이때 바깥 가건물과 안쪽 본 건물 사이의 여백은 데크 등과 같은 옥외 공간으로 쓰이고 있다. 투명한 가건물을 통해 본건물이 들여다 보이도록 한 처리는 겹 공간 개념이 극단화된 경우로서 작은 공간을 담는 큰 그릇의 개념으로 공간을 해석하려는 상대주의 공간관을 의미한다 도 172.

위와 같은 뒤집힌 공간 개념은 건물의 안과 밖을 구획하는 벽면의 상태를 다양하게 처리하는 기법으로 응용되기도 한다. 이런 기법을 통하여 공간의 존재 상태는 다변화될 수 있다. 절대주의 건축에서는 건물의 안과 밖 사이의 공간적 관계가 막힘 아니면 뚫림이라는 양자택일적 단일 관계로 형성되었다. 이에 반해 상대주의 공간에서는 하나의 벽체에 막힘, 뚫림, 반사 등의 여러 상태가 동시에 존재하게 함으로써 안과

도 173
루치아노 파브로(Luciano Fabro),
'반(半)반사 반투명(Mezzo specchiato mezzo trasparente)',
1965

밖 사이의 공간 관계가 다변적 상태로 구성된다.

이러한 공간 개념은 미술 분야에서 먼저 시도되었다. 파브로(Fabro)의 '반(半)반사 반투명(Mezzo specchiato mezzo trasparente)'은 이것의 좋은 예를 보여준다. 이 작품에서는 전면 유리로 된 벽면에 거울을 부분적으로 붙임으로써 바깥 경치와 반사된 실내 모습이 하나의 장면 속에 동시에 보여지고 있다. 한편 이 작품은 이것과 정반대의 해석도 가능하다. 벽면은 전면 유리가 아닌 전면 거울로 처리되었으며 여기에 나타난 실내의 부분적 모습 또한 거울에 반사된 것이 아니라 사진을 걸어놓은 것으로 해석될 수도 있다. 이렇게 되면 벽면 전체에 나타난 나무의 모습은 유리를 통해 보여지는 바깥 경치가 아니라 반대편의 경치가 거울에 반사되어 나타나는 상태가 되는 것이다. 또한 유리면의 왼쪽에 치우쳐 만들어진 긴 홈은 저쪽 공간으로 통하는 좁은 통로처럼 보인다. 이상과 같은 여러 해석들이 어우러져 파브로의 벽면은 안과 밖 사이에 변화무쌍한 공간적 관계를 형성시켜 놓고 있다. '반(半)반사 반(半)투명'이라는 작품 제목은 이러한 다변성을 상징적으로 표현하고 있다 도 173.

딜러 & 스코피도 (Diller & Scofido)의 합판 주택(Plywood House)은 또다른 좋은 예에 해당된다. 이 주택에서는 건물의 입면을 구

도 174
딜러 & 스코피도(Diller & Scofido), 합판 주택(Plywood House), 웨스트체스터 (Westchester), 뉴욕 주, 1980

성하는 여덟 개 창문의 막히고 뚫린 상태를 다르게 처리함으로써 상대주의 공간 개념을 제시하고 있다. 딜러 & 스코피도의 입면에는 똑같은 형태의 여덟 개의 정사각형 창문이 나 있다. 이 여덟 개의 창문은 전면 투명 통창, 전면 불투명 통창, 중간에 수직 프레임으로 한 번 나뉜 상태의 투명창, 중간에 수직 프레임으로 한 번 나뉜 상태에서 좌측 절반이나 우측 절반이 막힌 창, 계단이 들여다 보이는 창 등과 같이 각기 다르게 처리되어 있다. 이러한 처리를 통해 딜러 & 스코피도는 안과 밖 사이의 공간 관계를 다변적으로 정의하려는 상대주의 공간관을 상징적으로 보여주고 있다 도 174.

〈투명도 조작〉
안과 밖 사이의 다변적 공간 관계를 실제 건물에 적용할 경우 투명도 조작과 매체 혼용 등의 기법이 쓰이게 된다. 벽면의 투명도를 조작하여 원하는 공간 상태를 얻으려는 시도는 현대 건축에서 여러 공간 운동들 사이에 공통적으로 쓰이는 중요한 기법이다. 미니멀리즘 공간과 복합 공간에서의 투명도 조작 기법에 대해서는 앞에서 살펴보았다. 상대주의 공간에서 투명도 조작 기법은 전면 유리로 구성되는 건물 윤곽에 불규칙적으로 투명한 부분을 덧붙여 막는 방법이 대표적으로 쓰인다. 아레츠 (Arets)의 에르푸르트 기차 역사(Erfurt Railway Station) 계획안은 이것의 좋은 예이다. 이 계획안에서는 건물 전체가 반투명 유리로 구성된

도 175
비엘 아레츠(Wiel Arets),
에르푸르트 기차 역사(Erfurt Railway Station), 독일, 1995

가운데 여러 형태의 불투명 면 부재가 이곳저곳에 무작위적으로 덧붙여져 있다. 건물의 외관에는 수시로 변하는 실내 모습이 다양한 양상으로 투영되고 있다. 최종적으로 이런 것들이 어우러져 형성되는 가변적 장면이 건물의 입면을 구성하고 있다도 175.

　페로(Perrault)의 프랑스 국립 도서관(French National Library)도 투명도 조작을 통해 상대주의 공간을 시도한 좋은 예를 보여준다. 이 건물에서는 전면 유리로 외피를 구성한 후 그 바로 안쪽에 목재로 만들어진 실내벽이 한 겹 더 세워져 있다. 이 목재벽은 창문 높이에 맞춰서 층별로 분할된 후 길이 방향으로 자잘이 한 번 더 나뉘어져 있다. 이렇게 잘게 나뉜 목재벽 조각은 90도로 회전이 가능하도록 만들어져 있어서 외부에서 들어오는 광선의 양을 조절하는 일종의 실내 루버(louver) 역할을 하고 있다. 건물 전면에서 볼 때 수백 개의 목재벽 조각이 각기 다른 각도를 유지하면서 안과 밖 사이에는 무한대로 다양한 개폐의 관계가 형성되어 있다도 176.

　투명도 조작 기법은 다매체를 입면 요소로 활용하려는 경향으로 발전하기도 한다. 입면의 일정 면적을 영상 매체에 할애한 후 영상의 내

도 176
도미닉 페로(Dominique Perrault),
프랑스 국립 도서관(French
National Library), 파리, 1995

용을 바꿔가면서 안과 밖 사이의 다변적 공간 관계를 추구하는 기법이 이것의 좋은 예이다. 이러한 기법은 다중 매체 시대를 맞이하여 최근에 많이 쓰이고 있는 상대주의 공간 기법이다. 아키텍처 스튜디오(Archtecture Studio)의 대학 기숙사(University Residence) 계획안은 이런 내용을 잘 보여주는 예이다. 이 계획안의 입면은 하나의 대형 유리판과 세 개의 작은 유리판으로 구성되고 있다. 이러한 유리판들은 건축 부재와 스크린 역할을 동시에 하면서 건물의 외벽을 기존의 불투명한 고형체에서 투명한 영상막 개념으로 바꾸어 놓고 있다 도 177.

1960년대 대중 건축 운동에서 벤투리(Venturi)에 의해 시도된 다중 매체 건축은 1980년대 후반부에 접어들어 건물의 투명도 문제와 접목되면서 영상적 이미지를 적극 활용하는 방향으로 발전하고 있다. 빈터 & 회르벨트(Winter & Hoerbelt)의 상자 주택(Kastenhaeuser)에서는 수백 개의 작은 모니터들로 외벽이 구성되어 있다. 이 모니터들은 각기 다른 색채와 조명으로 처리되어 있다. 그 결과 건물 전체는 현란할 정도로 다양한 멀티비전의 이미지로 나타나고 있다. 이런 장면은 실내와 실외에 동일하게 형성되어 있다. 이 건물에서 벽체는 불투명 고형체이거나 단조로운 유리 가운데 한 가지였던 절대주의 공간 체계에서 벗어나 자잘한 영상 이미지의 파노라마라는 완전히 새로운 개념으로 구성되고 있다 도 178.

테라니 오피스(Terragni Office)의 베이루트 시장(The Beirut Souk) 계획안에서는 영상 이미지가 적극 활용되어 가상 현실(virtual reality)의 분위기로까지 발전하고 있다. 이 계획안에서 건물은 이제 더 이상 고정된 물리 구조체가 아니라 투명막과 빛이 어우러져 만들어내는 영상 이미지로 나타나고 있다. 이러한 영상 이미지에는 반사, 투과, 확

도 177
아키텍처 스튜디오(Archtecture Studio), 대학 기숙사(University Residence), 파리, 1989-1996

도 178
볼프강 빈터 & 베르트홀트 회르벨트(Wolfgang Winter & Berthold Hoerbelt), 상자주택(Kastenhaeuser)

도 *179*
테라니 오피스(Terragni Office),
베이루트 시장(The Beirut Souk),
베이루트, 레바논

산 등과 같은 다양한 빛의 작용이 가해지고 있다. 다양한 상태로 작용하는 빛이 여러 겹의 투명막을 통과하면서 영상 이미지는 또 하나의 다른 세계를 암시하는 환영적 이미지로 발전하고 있다. 이처럼 무게를 갖지 않는 빛과 음영과 색채의 작용으로 구성되는 환영 세계에서는 유클리드 3차원 공간의 물리적 척도인 거리, 입체, 형태, 무게 등이 모두 무의미해진다. 유클리드 3차원 공간을 구성하던 고형적 벽체와 봉합이 잘 맞은 모서리 등은 이 계획안에서 안과 밖의 구별이 없는 투명면과 빛의 작용으로 대체되고 있다. 그 결과 공간 전체에는 극도로 비현실적인 가상 현실이 만들어지고 있다 도 *179*.

〈절대주의 공간 어휘의 분해〉
상대주의 공간 기법 중에는 절대주의 건축 어휘를 차용한 후 이것에 남아있는 절대주의적 특성을 상대주의적 구조로 바꾸어놓는 방법도 있다. 이런 기법은 전시 공간에서 가장 적극적으로 쓰이고 있다. 최근의 박물관들에서는 고전 유적을 건물의 구성 요소로 직접 차용하는 공통적 경향

도 180
요하네스 키스텔(Johannes Kister), 전시 건축(Ausstellungs Architektur), 쾰른(Köln), 독일, 1995

이 나타나고 있다. 이때 이렇게 차용된 고전 어휘는 총체적 구성 체계로서의 절대주의적 규범성을 박탈당한 소품으로 처리되면서 그 주위로 상대주의 공간 구조가 형성된다. 키스텔(Kister)의 전시 건축(Ausstellungs Architektur)에서는 유적지 분위기가 느껴지는 고전 건물의 골격 속에 유리로 만든 육면체를 '집 속의 집' 개념으로 집어넣어 놓고 있다. 이때 유리로 만든 육면체가 위에 소개한 테라니 오피스의 가상 현실적 분위기와 유사하게 처리되면서 실내 전체가 상대주의 공간으로 변화되고 있다 도 180.

툰옹 & 만시야(Tunon & Mansilla)의 미술 및 고고 지리학 박물

도 181
에밀리오 툰옹 & 루이스 마레노 만시야(Emilio Tunon & Luis Mareno Mansilla), 미술 및 고고 지리학 박물관(Fine Art and Archaegeology Museum), 자모라(Zamora), 스페인, 1993-1996

관(Fine Art and Archaegeology Museum)에서는 재료와 높낮이가 다른 여러 종류의 벽면을 블록 쌓기처럼 느슨하게 병렬시킴으로써 상대주의 공간 골격이 형성되어 있다. 벽면을 구성하는 물리적 축조 방식도 여러 종류를 콜라주 해놓은 것처럼 다양화되어 있다. 이때 소품화된 고전 어휘가 이러한 벽면의 한 종류로 차용되면서 절대주의적 규범성은 철저히 지워지고 없다. 아치 벽체는 단단한 석구조의 이미지를 벗고 무대 소품처럼 조각난 상태로 구성되어 있다. 이와 같은 절대주의 건축 어휘의 변형적 활용을 통하여 이 건물에서 상대주의 공간의 이미지는 더욱 강화되어 나타나고 있다 도 181.

강한 구심력을 공간적 특징으로 갖는 전통 원형 구조물은 최근 들어 변형적 목적하에 자주 차용되는 절대주의 어휘이다. 이때 원형 구조물의 구심력을 그 반대인 원심력으로 바꿔 초점을 분산시키는 방법은 그러한 변형의 대표적 기법이다. 이러한 기법을 통하여 구심적 통제력이라는 원형 구조물의 절대주의적 규범성은 무한 확산이라는 상대주의 공간의 한 유형으로 바뀌게 된다. 고트프리트 뵘(Gottfried Boehm)의 독일 은행(Deutsche Bank)에서는 좌우 측벽이 모두 터진 상태의 원통형 공간 골격이 대형 건물 속에 담겨져 있다. 고전적 구성 체계하에서 자체적 완결성이 가장 강한 어휘였던 원통형 공간이 이 건물에서는 큰 공간 속에 전이 지역으로 변형되어 담겨져 있다. 뵘의 원통형 공간 골격에는 여러 방향으로의 이동 동선이 첨가되면서 불규칙한 분산이라는 상대주의적 공간 특성이 형성되어 있다. 가장 안정적이고 규칙성이 강한 건축 어휘였던 원통형 공간이 뵘의 건물에서는 360도 방향으로의 자유로운 확산과 관입을 가능하게 해주는 가장 역동적 어휘로 변모해 있다 도 182.

장 누벨(Jean Nouvel)은 프리드리히 슈타트 파사겐 블럭 207

(Friedrichstadtpassagen Block 207)에서 원추형 공간의 초점 형성 기능을 분산적 공간 구조로 바꾸어 놓음으로써 상대주의 공간의 한 유형을 제시하고 있다. 절대주의 건축 체계하에서 종결적 집중을 상징했던 원추형의 초점이 장 누벨의 건물에서는 또다른 세계로 이어지는 통로로 바뀌어 나타나고 있다. 저 끝에서 큰 구멍 형태로 밝게 빛나는 초점은 그 밖으로 새로운 공간이 펼쳐지고 있음을 암시하고 있다. 원추의 몸체 처리에 있어서도 이러한 연속적 확산성은 동일하게 강조되고 있다. 원추의 몸체는 여러 개의 고리형 골격이 차례로 쌓이면서 형성되어 있다. 이때 이러한 고리형 골격에 반사와 투과의 정도, 그리고 명암과 채도 등이 서로 다른 유리를 사용함으로써 원추의 내곡면은 무한 확산적 공간의 모습로 나타나고 있다. 절대주의 건축 체계하에서 원추형 공간은 장인들의 정교한 시공 솜씨에 의해 완결적 상태로 축조됨으로써 규범적 가치를 획득하였다. 이에 반해 장 누벨의 원추형 공간은 주관적 감성에 의해 즉흥적 체험의 대상으로 바뀌면서 현대의 다원주의적 시대 가치에 맞는 공간 모습으로 나타나고 있다 도 183.

도 182
고트프리트 뵘(Gottfried Boehm),
독일 은행(Deutsche Bank),
룩셈부르크. 1987-1991

  1980년대의 포스트 모더니즘을 대표했던 그레이브스(Graves)는 1990년을 전후한 시점부터 규범적 특성이 강한 전통 고전 어휘를 사용하는 변화를 보인다. 이러한 그레이브스의 전통 고전 어휘는 포스트 모더니즘기 때의 장식적 경향에서 벗어나 엄숙한 느낌을 풍기는 거석 문화적 분위기로 처리되는 경향을 보여준다. 그러나 공간 구조에 있어서는 위에 설명한 예들과 같은 상대주의적 개념이 주도적으로 쓰이고 있다. 그레이브스의 후쿠오카 하이야트 리전시 호텔 & 사무실 건물(Fukuoka Hyatt Regency Hotel & Office Building)은 이런 경향을 잘 보여주는 예이다. 이 건물에서는 커다란 원통형 공간 속에 피라미드가 담겨지는 '집 속의 집' 개념의 겹 공간이 시도되고 있다. 또한 원통형 공간과 피라미드 각각의 처리에 있어서도 뵘이나 누벨의 예에서와 같은 확산적 구조

도 183
장 누벨(Jean Nouvel),
프리드리히 슈타트 파사젠 블록
207(Friedrichstadtpassagen Block
207), 베를린(Berlin), 독일, 1996

도 184
마이클 그레이브스(Michael
Graves), 후쿠오카 하이야트
리전시 호텔 & 사무실 건물
(Fukuoka Hyatt Regency Hotel &
Office Building), 후쿠오카
(Fukuoka), 일본, 1990

로 처리되고 있다. 피라미드에는 작은 정사각형 창이 반복해서 뚫려 있으며 원통형 공간을 구성하는 벽체에는 격자로 구획된 큰 정사각형 창이 역시 반복해서 뚫려있다. 원통형이나 피라미드처럼 정형적 규칙성이 강한 공간 모델에 이처럼 규칙적으로 창문이 뚫릴 경우 이 공간들은 여전히 절대주의 공간으로 남게 된다. 그런데 이 건물에서는 이러한 두 개의 공간이 '집 속의 집' 개념의 겹 공간 구도를 이루면서 전체적으로 막힘과 뚫림 사이에 다변적 관계가 형성되어 있다. 이러한 공간 구조는 상대주의 공간의 한 종류로 해석될 수 있다도 184.

〈뒤틀린 공간〉

상대주의 공간 기법 중에는 물리적 골격을 심하게 변형시킨 뒤틀린 공간을 추구하는 경향이 있다. 이러한 경향은 복합 공간에 해체 공간이 혼합된 상태쯤으로 이해될 수

도 185
에셔(Escher), 〈상대성 *Relativity*〉, 1953

있다. 뒤틀린 공간은 복합 공간의 골격을 기본으로 삼아 이것을 조금 더 심하게 흔들어놓은 모습으로 나타난다. 이러한 뒤틀린 공간은 1940-1960년대에 걸쳐 에셔(Escher)가 시도했던 '불가능한 공간(Impossible Space)' 시리즈까지 거슬러 올라간다. 에셔는 이러한 불가능한 공간을 통하여 우리의 조형 환경을 구성하는 유일한 진리로 믿어왔던 유클리드 기하학이 허구일 수 있다는 사실을 주장하였다.

    유클리드 기하학은 단일 공간을 구성하는 물리적 질서에 한해서만 진실이다. 단일 공간들이 여러 개 모여서 구성되는 건물이나 이러한 건물들이 다시 군집하여 형성되는 도시 환경들을 인지할 때 유클리드 기하학의 법칙은 철저히 무시된다. 유클리드 기하학은 우리의 공간 인지 체계 속에서는 한낱 거짓일 뿐이며 이론 세계에서나 존재하는 비현실적 가설일 뿐이다. 이러한 공간관을 바탕으로 에셔는 유클리드 기하학상으로 '불가능'하지만 실제로는 성립될 수 있는 공간이 얼마나 많은지를 증명하는 일련의 그림들을 그려 나갔다. 그리고 이런 공간들은 우리의 인

도 186
안토니오 산마르틴 &
마누엘 오르티스(Antonio
Sanmartin & Manuel Ortiz),
수도원 개축(Rehabilitation du
Couvent), 후에스카(Huesca),
스페인, 1994-1996

식 세계 속에서는 매일 일어나고 있는 또 하나의 현실적 공간이라는 주장을 폈다. 에셔의 그림에서는 유클리드 기하학을 구성하는 질서 체계인 앞뒤, 좌우, 위아래, 안팎, 높낮이, 거리, 차원 등의 물리적 법칙들이 모두 무시된 불가능한 공간들이 버젓이 하나의 공간 세계를 구성하고 있다. 에셔는 자신의 불가능한 공간 시리즈 중 일부에 〈상대성 *relativity*〉이라는 제목을 붙임으로써 이러한 공간들이 상대주의적 세계관을 기초로 하고 있음을 밝히고 있다 도 185.

에셔의 그림은 우리가 공간을 인지하는 마음 속의 현실과 실제 구조물이 구성되는 물리적 현실 사이의 괴리에 대한 고발이다. 그렇기 때문에 에셔의 불가능한 공간이 물리적으로 세워지는 것은 그야말로 불가능하다. 그러나 일부 건축물의 경우 공간을 구획하는 정형적 질서를 극도로 흐트러뜨림으로써 뒤틀린 공간의 모습이 암시되기도 한다. 산마르틴 & 오르티스(Sanmartin & Ortiz)의 수도원 개축(Rehabilitation du Couvent)에서는 면 사이의 접합이 일어나는 모서리를 어긋나게 처리함으로써 에셔의 상대주의 공간과 비슷한 장면이 형성되어 있다. 이 수도원에서는 천장, 바닥, 벽체 사이의 접합 방식이 아무런 규칙도 형성하지 못한 채 극도로 자유롭게 처리되어 있다. 어떤 천장은 벽체와 완전 분리되어 별도의 기둥으로 받쳐지는 독립 판재로 처리되어 있다. 이런 처리는 건물 구성 전체에 걸쳐 일어나고 있다. 그 결과 공간은 매우 헐거워진 느낌을 준다. 하나의 공간이 형성되는 데 필요한 에워쌈(enclosure)의 최소 한계를 제시하고 있는 것 같기도 하다. 이상과 같은 처리를 통하여 유클리드 기하학의 질서 체계인 안팎과 위아래의 위계가

거의 느껴지지 못할 정도로 약화되어 있다 도 186.
    계단실의 노출 정도를 조작하면서 사선 구도를 섞어쓰는 처리 기법은 뒤틀린 공간을 얻기 위해 자주 쓰이는 방법이다. 스카르파(Scarpa)의 마시에리 파운데이션(Masieri Foundation)에서는 기울어진 벽체, 사선 축, 깨진 천장 등으로 구성되는 기우뚱한 공간 속을 마지막으로 계단실이 엇갈려 지나가면서 뒤틀린 공간의 골격이 형성되어 있다. 스카르파의 공간은 1970년대 복합 공간의 골격을 조금씩 어긋나게 밀어낸 듯한 느낌을 주는데 이런 모습은 게리(Gehry)의 해체 공간으로 넘어가기 직전의 폭발적 잠재력을 농축적으로 담고 있는 것처럼 보인다 도 187.

    빌모트(Wilmotte)의 장-자크 뒤트코 갤러리(Galerie Jean-

도 187
카를로 스카르파(Carlo Scarpa), 마시에리 파운데이션(Masieri Foundation), 베니스(Venice), 이탈리아, 1983

도 188
장-미셸 빌모트(Jean-Michel Wilmotte), 장-자크 뒤트코 갤러리(Galerie Jean-Jacques Dutko), 파리, 1992

Jacques Dutko)에서는 스카르파의 공간 개념에 기교적 처리가 더해진 공간이 형성되어 있다. 빌모트의 실내 공간에서는 특히 계단실을 기교적으로 활용함으로써 뒤틀린 공간의 느낌이 효과적으로 창출되고 있다. 빌모트의 실내 공간에서는 계단실이 부분적으로 가려지다 노출되고 유리를 통해 투과되어 보이다가 유리에 반사되어 보이기도 하는 등 계단실을 중심으로 폭발한 것 같은 복잡한 공간 구도가 형성되어 있다. 이렇게 여러 상태로 존재하는 계단실들은 각각의 운동 에너지를 암시하면서 공간 전체에 극도로 불안정한 역동성을 확산시켜놓고 있다. 안정적 정체를 지향하는 유클리드 기하학의 질서는 이곳 빌모트의 실내 공간에서 철저히 거부된 채 뒤틀린 활성으로 뒤바뀌어져 있다도 188.

〈가변형 공간〉
가변형 공간은 상대주의 공간의 결정판이라 할 수 있다. 가변형 구조물은 1950-1960년대 가구에서 먼저 시도되었다. 이렇게 접으면 이런 모양의 가구가 되고 저렇게 접으면 저런 모양의 가구가 되는 등 한 가지 가구를 여러 모습으로 변하게 하려는 시도는 지상의 모든 구조물을 한 가지 상태로 단정지으려는 절대주의적 디자인관에 대한 전면적 반기였다. 최근에는 이러한 개념이 건축물에도 적용되어 시도되고 있다. 홀(Holl)은 스토어프론트 갤러리(Storefront Gallery)에서 가변형의 조형 개념을 개구부에 적용시키고 있다. 홀의 건물에서는 개구부가 여러 다른 형태의 회전 벽체로 처리되어 있다. 그 결과 각 벽체를 어떤 각도에 위치시키느냐에 따라 건물의 외벽은 완전 밀폐에서부터 80%쯤의 개방에 이르기까지 무한대로 다양하게 가변될 수 있다도 189.

나카오(Nakao)의 블랙 마르샤 원(Black Marcia I)에서는 가변형 골격에 막힘, 뚫림, 반사 등 다양한 면의 상태가 또 하나의 가변 요소로 첨가되면서 전체 조형물의 가변성을 배가시켜 주고 있다. 나카오의 조형물은 세 부분으로 구성되고 있는데 이것들을 접거나 펼치는 방법에 따라 골격 자체가 '二' 자형, '두꺼운一' 자형, '긴一' 자형, 'Y' 자형, 'ㄱ' 자형 등으로 다양하게 가변된다. 여기에 위와 같은 다양한 면의 상태가 첨가되면서 가변성은 단순한 형태상의 문제를 넘어서 전체 모습의 문제로까지 확대되고 있다. 나카오의 조형물은 전체 골격이 변할 때마다 그 속에 형성되는 공간 상태의 편차가 매우 크기 때문에 가변성의 개념이

곧 상대성을 의미함을 단적으로 보여주고 있다 도 *190*.

존스 파트너스(Jones Partners)의 하이 시에러스 캐빈스(High Sierras Cabins)는 크고 작은 공간 단위의 조합으로 구성된 직육면체의 컨테이너로 이루어져 있다. 이때 크고 작은 공간 단위들이 사방으로 불

도 189 ◀
스티븐 홀(Steven Holl),
스토어프론트 갤러리(Storefront Gallery), 뉴욕 시, 1991-1992

도 190 ▲
히로시 나카오(Hiroshi Nakao),
블랙 마르샤 원(Black Marcia I),
일본, 1990-1994

도 191
존스 파트너스(Jones Partners),
하이 시에러스 캐빈스(High Sierras Cabins), 캘리포니아

규칙하게 접혀나감으로써 전체 모습이 수시로 변하고 있다. 존스 파트너스의 가변 오두막은 그때그때의 상황에 따라 구성 요소들이 다르게 작용하여 무한대로 다양한 결과물을 만들어낸다. 이 과정에서 건물 본체뿐 아니라 차양이나 데크 등과 같이 주거 단위를 구성하는 기본 요소들도 함께 가변적 모습으로 제시되고 있다. 이제 건물은 한 가지로 고정된 정형적 모습에서 벗어나 수시로 변하는 상대주의적 개념으로 정의되고 있다 도 *191*.

2 그리드와 무한반복

현대 문명의 맹점 가운데 하나는 생산 시스템과 문화 현상 사이에 상반되는 가치 체계가 요구되는 이중성에 있다. 현대 문명을 탄생시킨 산업 기계 생산 방식은 표준화를 가장 중요한 가치 기준으로 삼는다. 이에 반해 현대 문화는 개체의 개성을 중시하는 다원주의적 양상으로 전개되고 있다. 이것은 현대 문화가 다양한 개체들의 혼잡(congestion)으로 정의되는 상대주의적 가치 기준을 가짐을 의미한다. 이러한 상반되는 조건을 동시에 만족시키는 일이 현대 건축가들에게는 힘든 과제 가운데 하나이다. 일부 건축가들은 표준화의 요구로부터 해방된 상태에서 작품을 설계할 수 있는 특혜가 주어지긴 하지만 대부분의 건축가들은 여전히 표준화된 모듈의 범위 내에서 창작력을 발휘해야 하는 어려움을 겪는다.

그리드(grid)는 이러한 양면적 상황을 해결해주는 유용한 수단이 될 수 있다. 그리드는 정사각형의 반복으로부터 형성된다. 이때 정사각형은 표준화에 대한 극단적 상징성을 갖는다. 또한 정사각형의 반복에 의해 하나의 건물이 형성됨으로써 가장 간단하고 효율적인 축조성을 상징하기도 한다. 표준화의 가치에 대해 그리드가 갖는 이러한 상징성은 형태적 측면에서만 그러한 것이 아니라 실제로 구조물이 세워지는 물리적 측면과도 일치한다. 그리드는 이와 동시에 하나의 요소가 무한 반복되기 때문에 변화가 요구되는 상황에 대해 뛰어난 적응력을 갖는다. 그리드는 가장 표준화된 건축 어휘이면서 유기적 유연성을 함께 갖는 양면적 특성을 나타낸다.

그리드가 지니는 위와 같은 조형적 특성은 여러 예술가들에 의해 환경 통합 능력으로 해석되어 차용되어 왔다. 팝 아트의 효시로 평가받는 해밀턴(Hamilton)은 '매직 카페츠(Magic Carpets)'에서 대중 상업 문화 시대에 맞는 실내 환경을 구성하는 배경으로 백색 그리드를 사용하고 있다. 해밀턴은 중산층의 생활 환경을 구성하는 장면들을 콜라주로 모아 팝 건축의 실내 유형을 제시하고 있다. 이때 배경으로 쓰인 백색 그리드는 자칫 비현실적 주장으로 끝나기 쉬운 콜라주의 분산적 특성을

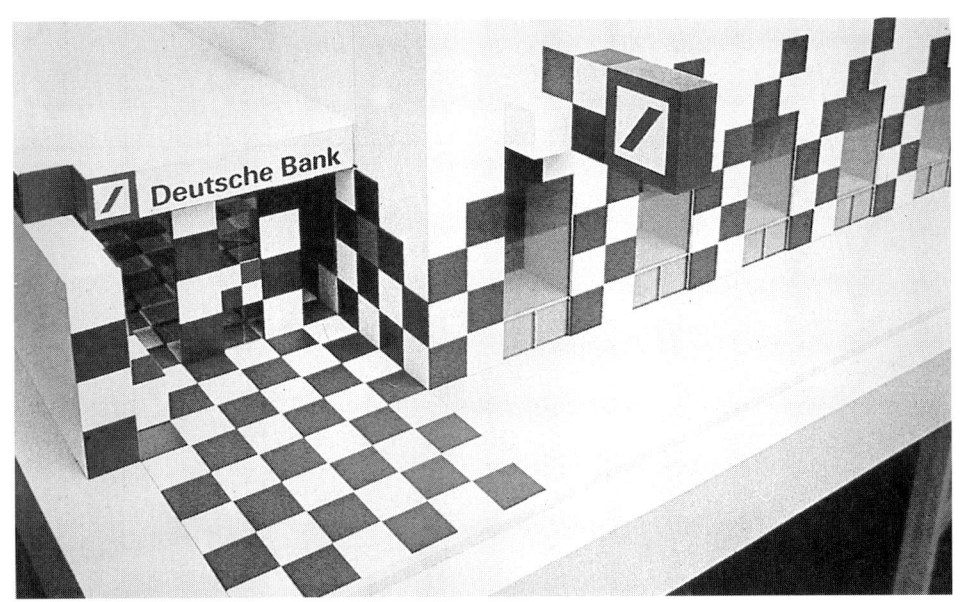

도 192
한스 홀라인(Hans Hollein),
독일 은행 시각 디자인(Visual Design for the German Bank),
프랑크푸르트(Frankfurt), 독일,
1973

현실성 높은 실내 공간으로 통합시켜주는 능력을 발휘하고 있다. 그리드가 지니는 평등적 징성은 대중이 사회의 주역인 민주주의 시대의 이상과 일치하면서 팝 건축의 의미를 배가시켜주고 있다. 해밀턴에게 있어서 이처럼 그리드는 극단적 반(反)절대주의 예술 운동인 팝 아트를 감싸는 상대주의적 기능을 갖는 것으로 해석되어 졌다.

또다른 팝 건축가 홀라인(Hollein)은 그리드를 모자이크 장식으로 번안하여 활용하고 있다. 홀라인은 독일 은행 시각 디자인(Visual Design for the German Bank)에서 상업 문화 시대에 맞는 은행의 입면 디자인에 모자이크 장식을 사용하고 있다. 유럽에서도 은행은 보수적 상업기관으로 인식되고 있다. 모자이크는 이러한 은행이 상업 문화 시대에 맞게 변화하는 데 유용한 디자인 모티브로 쓰일 수 있다. 모자이크가 갖는 장식적 유쾌함은 상업 문화 시대의 즉흥성과 잘 어울린다. 이와 동시에 모자이크는 그리드의 골격을 유지함으로써 정형적 규범성을 함께 갖는다. 이러한 상반되는 두 가지 특성은 보수적인 은행의 이미지를 팝 건축의 모습으로 번안해내는 데 적합한 것으로 이해된다. 홀라인은 모자이크 장식을 적극 활용했던 비엔나 아르누보 건축의 전통을 이어받아 모자이크 장식을 적절한 목적에 활용하고 있다도 192.

라날리(Ranalli)의 퍼스트 오브 오거스트 스토어(First of August Store)에서 그리드는 팝의 현란한 색채를 통제하여 건물 속에 묶어두는 상자 역할을 하고 있다. 라날리의 건물에서는 미국 대도시 집합 주거의 모습이 전면 유리를 이용한 윤곽 형태로 형성되어 있다. 경사 지붕, 굴뚝, 다락창 등이 모두 유리로 짜여진 윤곽 형태로 제시되고 있다. 그 속에는 삼원색을 중심으로 한 화려한 조명이 투명하게 비추고 있다. 이 건물은 이처럼 빛이라는 비물질적 요소와 유리라는 비내력적 재료로 구성되면서 분산적이고 불안정한 분위기를 강하게 풍기고 있다. 이때 유리 전면을 나누고 있는 그리드는 이러한 가건물 같은 분위기를 바로잡아주는 구조 골격의 역할을 상징적으로 하고 있다. 특히 그리드를 구성하는 검은선은 이러한 역할을 강조해준다. 라날리의 그리드는 이처럼 비항구적 요소들을 가두어 세움으로써 항구적 구조물로 바꾸어주는 환경 통합 기능의 좋은 예에 해당된다 도 193.

도 193
조지 라날리(George Ranalli), 퍼스트 오브 오거스트 스토어(First of August Store), 뉴욕 시, 1984

이소자키(Isozaki)의 굼마현(縣) 미술관(Gumma Prefectural Museum of Fine Arts)에서는 3차원 그리드 육면체가 건물 전체를 구성하는 뼈대 마디 역할을 하고 있다. 이소자키의 그리드 육면체는 기본 공간 단위를 형성함과 동시에 이것이 반복되면서 축이나 조닝(zoning) 등과 같은 건물 전체의 질서를 구성하고 있다. 그리드는 이렇게 형성된 뼈대를 씌우는 표피 전면에 걸쳐 다시 한 번 주요 구성 요소로 쓰이고 있다. 건물 표면에 쓰인 이소자키의 그리드는 크기, 재료, 막힘과 뚫림 처리, 투명도, 윤곽 등이 다양하게 변화되면서 포스트 모더니즘의 다원주의적 시대 가치를 표현하고 있다. 이처럼 이소자키의 그리드는 건물의 기본 뼈대에서부터 구성 체계 및 표현 체계에 이르기까지 하나의 조형 환경 단위를 구성하는 핵심적 역할을 수행한 점에서 환경 통합 기능의

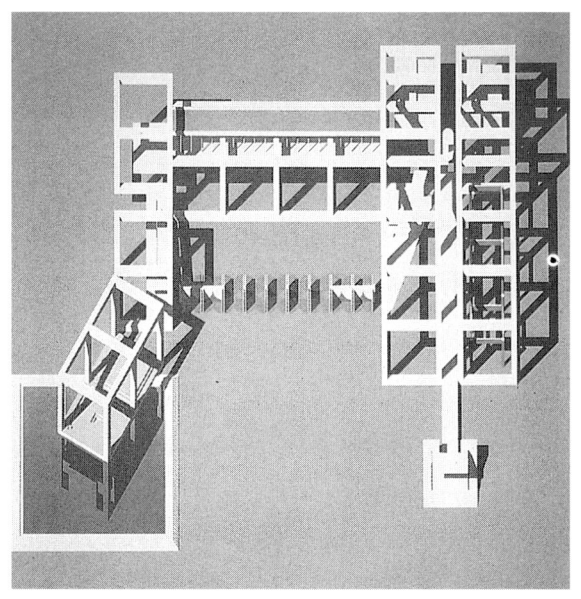

도 194
아라타 이소자키(Arata Isozaki), 굼마현(縣) 미술관(Gumma Prefectural Museum of Fine Arts), 다카사키(Takasaki), 일본, 1971-1974

또다른 예를 보여주고 있다 도 194.

그리드는 정사각형이 반복하여 형성된다는 특징을 갖기 때문에 합리주의적 건축관 위에 형성된 건축 양식들에서 자주 쓰이기도 한다. 웅게르스(Ungers)의 프리드리히 슈타트 파사겐 블럭 205(Friedrichstadt-passagen Block 205)는 이런 경향을 대표한다. 웅게르스는 도시의 역사적 연속성을 추구하는 다른 합리주의 건축가들과 달리 정형적 반복의 개념으로부터 합리주의를 정의한다. 이때 정사각형으로 구성되는 그리드는 이러한 정형적 반복을 형성해주는 가장 기본적 매개이다. 정사각형은 세로와 가로의 길이가 같다는 특징으로 인해 평등성을 상징하는 기하 형태이다. 이와 동시에 정사각형은 시대와 지역을 초월한 완결적 보편성을 갖는 점에서 권위적인 기하 형태이기도하다. 이러한 양면적 성격의 정사각형이 반복되어 형성되는 그리드는 평등적 권위를 갖는 것으로 이해된다. 그리드에 담겨 있는 평등적 권위는 민주주의 시대에 맞는 고전의 원형적 가치로 인정되며, 이런 점에서 그리드는 합리주의를 구성하는 기본 매개로 정의될 수 있다. 웅게르스의 건물에서 그리드는 중립성과 익명성 등과 같은 평등의 가치를 표현함과 동시에 균질적 완결성으로 대표되는 시대 초월적 고전의 권위를 상징한다 도 195.

환경 조형 예술가인 레이노(Raynaud) 역시 그리드의 환경 통합 능력을 논할 때 빠져서는 안되는 인물이다. 레이노는 그리드를 가장 많이 사용하는 대표적인 그리드 예술가이다. 레이노는 눈금이나 도량 등의 수치적 어휘, 그리고 기호, 기하 형태 등을 사용하여 세상의 질서를 자신만의 예술적 시각으로 재구성하려는 작품 경향을 보여준다. 그리드는 레이노의 이러한 합리주의적 조형관을 구성하는 가장 기본적 정형 어휘이다. 특히 자신의 주택을 필두로 그리드 시스템만으로 구성되는 레이노의 실내 건축은 현대 조형 예술에서 그리드 사용 경향을 대표하는 작품 가운데 하나이다.

　　레이노의 제로 스페이스(Espace Zero)는 이것의 대표적 예 가운데 하나이다. 레이노의 제로 스페이스는 한 가지 크기의 정사각형만이 반복되는 통일성 강한 그리드 시스템으로 구성되어 있다. 이것은 그리드가 지니는 정형화 기능을 극단화시키려는 의도로 해석된다. 이제 실내는 '가로 세로 방향의 정사각형 개수'라는 한 가지 조형 요소만으로 구성되어 있다. 이러한 과정을 통하여 사용자는 실내 환경에 대한 완벽한 조형적 장악력을 확보하게 된다. 이와 동시에 실내는 그리드 시스템이 지니는 무한 반복의 특징으로부터 절대적 폐쇄성을 깨는 확장적 상대성을 획득하게 된다. 마지막으로 공간이 단조로와지는 것을 방지하기 위해 모서리 부분에 높낮이 차이와 조명 등의 조형 처리가 더해져 있다.

도 195
오스발트 마티아스 웅게르스 (Oswald Mathias Ungers), 프리드리히 슈타트 파사겐 블럭 205(Friedrichstadtpassagen Block 205), 베를린, 독일

　　미니멀리즘 건축가들 가운데는 그리드를 미니멀 요소로 해석하여 사용하는 경우가 많다. 그리드는 단순한 형태에 비해 건축적 의미를 많이 포함하고 있기 때문에 미니멀 요소로서 적합한 측면이 많은 것이 사실이다. 또한 그리드는 재료, 크기, 형태 등을 조금씩만 바꾸어도 조형적 편차가 크게 나타나는 장식적 경향을 함께 갖는다. 이러한 특징들 때문에 그리드는 부재를 적게 쓰면서도 일정양의 다양성을 유지하고 싶어하는 미니멀리즘 건축가들의 취향에 잘 부합된다. 바에사(Baeza)의 산 페르밍 퍼블릭 스쿨(San Fermin Public School)은 이런 경향을 대표하는 예이다. 이 건물에서는 겹 공간을 구성하는 안과 밖의 두 개의 면이 모두 그리드 프레임으로 구성되고 있다. 이때 이 두 개의 그리드 프레임 가운데 바깥 면은 유리 블럭으로, 그리고 안쪽 면은 막힌 부분이 하나도 없는 뼈대로 각각 처리되고 있다. 이러한 처리를 통하여 미니멀리즘을

도 196
캄포 바에사(Campo Baeza),
산 페르밍 퍼블릭 스쿨
(San Fermin Public School),
마드리드(Madrid), 1985

정의하는 매개의 최소성이라는 기준을 만족시키는 범위 내에서 공간의 다양성이 확보되고 있다 도 196.

아레츠(Arets)의 뮌스터 예술 아카데미(Academy of Art in Muenster)도 위의 바에사의 예와 동일한 범위 내에서 이해될 수 있다. 아레츠 역시 1990년대의 미니멀리즘을 대표하는 건축가 가운데 한 사람인데 그의 건축에서 그리드는 미니멀리즘과 상대주의 공간관을 연결해주는 중간 고리의 개념으로 쓰이고 있다. 아레츠의 아카데미 건물에서는 유리 블럭으로 구성되는 그리드 면을 중첩시키는 방법을 통해 바에사의 실내에서와 비슷한 분위기가 얻어지고 있다. 아레츠의 건물에서는 그리드 면이 각도를 틀면서 병렬 처리되어 있으며 각 그리드 면에는 개구부가 뚫려 있다. 이 개구부를 통해 각기 다른 각도로 진행되는 이쪽 그리드 면과 저쪽 그리드 면이 중첩되어 보여진다. 그 결과 이 건물에서도 미니멀리즘의 한계를 지키면서 동시에 다양한 공간 장면이 제시되고 있다 도 197.

그리드는 건물 스케일을 초월하여 도시 환경에 대한 통합 능력을 갖기도 한다. 나탈리니 & 수퍼스튜디오(Natalini & Superstudio)는 그리드가 지니는 극단적 균등성과 극단적 반복성이라는 두 가지 극단적 특징으로부터 후기 산업 사회의 도시 상황에 대한 복합적 진단을 내리고 있다. 나탈리니는 그리드의 균등성이 평등이라는 민주 시대의 사회적 가치를, 그리고 반복성이 표준화된 대량 생산이라는 산업 사회의 경제 기술적 가치를 각각 싱징하는 것으로 정의한다. 이것은 그리드가 후기 산업 사회를 대표하는 보편적 가치를 획득한 건축 어휘임을 의미한다. 나탈리니 & 수퍼스튜디오의 록펠러 센터(Rockefeller Center)는 이런 내용을 잘 보여주는 예이다. 이 작품에서 나탈리니는 그리드를 이용하

도 197
비엘 아레츠(Wiel Arets),
뮌스터 예술 아카데미(Academy of Art in Muenster), 뮌스터, 독일, 1995

여 뉴욕의 맨하탄을 감싸는 거대한 유리성을 지어보인다. 나탈리니의 유리성은 시작과 끝을 알 수 없고 크기도 가늠이 안되는 초월적 스케일로 지어져 있다. 현대 도시를 대표하는 맨하탄에 초월적 스케일의 모뉴멘트를 덧씌우는 작업을 통하여 나탈리니는 후기 산업 사회를 상징하는 도시적 유토피아(urban utopia)를 제시하고 있다. 그리드로 구성되는 초월적 스케일의 모뉴멘트는 평등적 영원성이라는 우리 시대의 또다른 집단적 보편 가치를 표현한다 도 198.

타이거만(Tigerman)은 포마이카 쇼 룸(Formica Show Room)에서 3차원 그리드 프레임을 무한대로 반복시켜 얻어지는 구조물을 이용하여 상업 공간을 구성하고 있다. 타이거만의 그리드 구조물은 검은색과 흰색의 두 개의 프레임이 교차하며 형성되고 있기 때문에 반복성의 느낌과 함께 혼란한 모습이 동시에 나타나고 있다. 그리드의 기본적 특징인 반복적 규칙성을 지키는 범위 내에서 불규칙한 분산의 느낌을 표현하려는 의도가 분명히 나타나고 있다. 타이거만은 이러한 양면성의 표현을 통하여 현대 도시가 처한 조형 환경의 상황을 상징화해내고 있다.

도 198 ▲
나탈리니 & 수퍼스튜디오(Natalini & Superstudio), 록펠러 센터 (Rockefeller Center), 1969

도 199 ▶
스탠리 타이거만(Stanley Tigerman), 포마이카 쇼 룸 (Formica Show Room), 시카고, 1986

현대 도시는 표준화된 구조 생산 방식의 지배하에 놓이면서 모듈 개념의 특성 없는 단위 공간들이 반복하며 형성되고 있다. 현대의 도시 공간 속에서 사람들은 방위와 위계를 상실한 무질서를 경험한다. 타이거만의 그리드 구조물은 이러한 현대 도시의 양면적 상황을 상징적으로 번안해 내고 있는 것으로 이해된다. 그러나 타이거만의 구조물에서는 현대 도시의 무질서한 조형 환경을 제압하여 정형화시키려는 건축가의 의지도 함께 느껴지고 있다도 199.

그리드는 정형적 특성이 강한 어휘이긴 하지만 적절한 처리를 가할 경우 장식적 효과를 갖기도 한다. 시리아니(Ciriani)의 누아지 투(Noisy II)에서는 그리드를 이용하여 모자이크와 착시 효과라는 두 가지 장식적 효과가 시도되고 있다. 이 건물에서는 그리드의 프레임과 여백 부분을 다른 재료로 처리함으로써 일차적으로 모자이크 풍의 장식적 분위기가 얻어지고 있다. 혹은 건물의 입면이 탁자보나 옷감의 체크 무늬처럼 느껴지면서 재료 전이 효과도 나타나고 있다. 그리드의 일정 부분을 개구부로 할당하여 공동화(空洞化)시킨 처리는 이러한 장식 효과를 배가시켜준다. 또한 시리아니의 건물에서는 그리드를 분산적으로 처리하는 방법을 통해 마치 면이 중첩되어 있는 것 같은 착시 효과도 얻어지고 있다. 시리아니의 건물에서는 한 종류의 그리드로 구성된 입면을 부분적으로 분할한 후 이렇게 분할된 벽면 조각을 뒤로 밀어 넣는 매스 조작이 가해지고 있다. 입면에는 불완전한 형태로 조각난 두 개의 면이 앞뒤로 거리차를 두면서 서 있게 된다. 이때 그리드가 갖는 강한 반복성의 특징 때문에 각면의 잘려나간 부분에까지도 그리드가 연속되는 것 같은 연상 작용을 일으킨다. 가장 규칙적인 건축 어휘인 그리드는 이러한 처리들을 통하여 전이와 착시라는 예술적 허구 기능을 획득하고 있다 도 200.

도 200
앙리 시리아니(Henri Ciriani), 누아지 투(Noisy II), 마른느-라-발레 신도시(Ville nouvelle de Marne-la-Vallee), 프랑스. 1975-1980

뉴욕5 건축가였던 마이어 역시 그리드를 즐겨쓰는 건축가 가운데 한 사람이다. 마이어(Meier)의 그리드 사용 역시 위와 같은 시리아니의 장식적 경향의 연장선에 있는 것으로 이해되는 가운데 세부 처리에 있어서 시리아니의 경우보다 더욱 정교하면서도 기교적인 차이점을 보인다. 이런 점에서 마이어의 그리드 사용 경향은 후기 모더니즘(Late Modernism)으로 분류되기도 한다. 마이어의 하트포드 세머네리(Hartford Seminary)는 이런 내용을 잘 보여주는 예이다. 이 건물에서도 한 종류의 그리드가 전체 골격을 구성하고 있다. 이때 그리드의 배수에 따라 건물의 단위 요소가 분할되고 있으며 이러한 단위 요소에 첨가와 따내기 등의 매스 변화가 가해지고 있다. 이렇게 분할된 그리드 단위에 개구부와 프로그램 등의 기능들이 할당되고 있다.

그리드 자체의 처리에 있어서 마이어는 백색 알루미늄 판만을 사용함으로써 깔끔한 반복성을 지키려는 의도를 보인다. 이것은 그리드 자체의 처리로부터 재료 전이 효과나 모자이크 풍의 장식 효과 등을 노리던 시리아니의 경우와 차별점을 보이는 것으로 이해된다. 마이어의 그리드는 평소 그의 건물에서 지속적으로 추구되던 백색의 중성미를 공

도 201
리처드 마이어(Richard Meier), 하트포드 세머네리(Hartford Seminary), 하트포드, 코네티컷, 1978-1981

유하고 있다. 그러나 마이어는 그리드에 할당되는 매스 단위를 심하게 변화시키는 기법을 통해 백색의 중성미와 대립되는 기교적 혼돈미를 함께 추구하고 있다. 그리드 사용에 있어서 마이어가 보여주는 이러한 대립 구도는 비합리적 합리주의(irrational rationalism)나 중성적 의인화(impersonal personalization) 등과 같은 모순 어법을 의미한다. 마이어의 모순 어법은 궁극적으로 현대 문명의 이중적 갈등 상황을 상징적으로 표현하는 것으로 이해된다 도 201.

마이어와 함께 뉴욕5 건축을 이끌었던 과스메이(Gwathmey) 역시 그리드를 장식적으로 사용하는 경향을 보여준다. 과스메이의 워너 오토 홀(Werner Otto Hall)은 이런 경향을 잘 보여주는 예이다. 이 건물은 매스 변화 없는 평활면을 한 종류의 그리드가 분할하는 양상으로 구성되어 있다. 이런 점에서 과스메이의 그리드 사용은 시리아나 마이어와는 달리 2차원적인 특징을 보인다. 그대신 과스메이는 그리드의 배수로 구성되는 개구부를 다양하게 처리하는 방법에 의해 장식적 효과를 노리고 있다. 과스메이의 그리드는 크기는 한 종류로 구성된 가운데 회색과 흰색의 두 가지 색이 쓰이고 있다. 또한 창의 크기와 프레임 처

도 202
찰스 과스메이(Charles Gwathmey), 워너 오토 홀 (Werner Otto Hall), 하버드 대학 (Harvard University) 내, 케임브리지(Cambridge), 메사추세츠(Massachusetts), 1989-1991

리 등에 다양한 변화를 줌으로써 2차원 면에 장식의 효과가 느껴진다. 이때 그리드는 다양한 형태의 개구부를 하나로 용해시켜 속독으로 읽게 해주는 공통 분모의 역할을 하고 있다. 과스메이의 건물에서 그리드는 다양한 형태의 개구부를 형성하는 장식적 기능과 동시에 이것을 하나의 큰 구성력으로 묶어주는 정리 기능을 갖는다 도 202.

위와 같은 과스메이의 그리드 사용 경향은 여러 건축가들에게서 공통적으로 발견된다. 아키텍처 스튜디오(Archtecture Studio)는 부활 교회(Church of the Resurrection)에서 그리드의 크기를 한 종류로 유지하면서 재료와 색채 등의 다른 요소를 변화시켜 장식 효과를 얻으려는 과스메이의 기법을 사용하고 있다. 이 건물에서는 비계(飛階) 형식으로 처리된 그리드 프레임 속에 정육면체의 건물 본체가 들어 있다. 이때 바깥쪽 그리드 프레임이 본체에 끼워지는 형식으로 처리되면서 결과적으로 두 개의 구조체는 같은 크기의 그리드로 분할된 모습을 보여준다. 이렇게 형성된 본체의 그리드는 다시 한 번 작은 그리드로 잘게 분할되면서 시각적 자극이 강한 장식 효과를 내고 있다. 본체를 구성하는 정육면

도 203 ▲
아키텍처 스튜디오(Archtecture Studio), 부활 교회(Church of the Resurrection), 파리, 1986-1989

도 204 ▶
페프 사수르카(Pep Zazurca), 콘셉시온 스쿨(Concepcion School), 바르셀로나(Barcelona), 스페인, 1991

체의 한 가운데에 뚫린 구멍을 통해서 보여지는 색채는 이러한 장식적 분위기를 배가시켜준다 도 203.

사수르카(Zazurca)의 콘셉시온 스쿨(Concepcion School)에서는 여러 재료로 처리된 그리드가 콜라주 형식과 합쳐지면서 입면을 형성하고 있다. 이 건물에서는 노란 벽면을 분할하는 그리드, 반사 유리를 프레임 없이 분할하는 그리드, 유리면을 프레임이 분할하면서 만들어지는 그리드 등의 다양한 그리드 종류가 나란히 맞닿으면서 하나의 입면을 형성하고 있다. 이때 이처럼 여러 종류의 그리드가 쓰이면서도 전체적으로 균형감 있는 구성미가 느껴지고 있다 도 204.

그리드의 장식적 사용 경향은 실내에서도 동일하게 발견된다. 팝과 장식적 경향을 혼용한 합리주의 건축을 시도하는 그레고티(Gregotti)는 밀란의 아파트(Apartment in Milan) 실내에서 유리와 그리드 프레임으로 만들어진 투명 면으로 공간을 구획하고 있다. 그 결과 실내의 어느 지점에 서든지 몇 장의 그리드 면이 앞뒤로 중첩되어 보이도록 처

도 205
비토리오 그레고티(Vittorio Gregotti), 밀란의 아파트 (Apartment in Milan), 밀란, 이탈리아, 1975-1977

리되어 있다. 실내에는 그리드의 정형적 윤곽을 바탕으로 잘게 조각난 그리드의 파편이 중첩되면서 현란한 장식적 분위기가 형성되어 있다. 이런 장면은 위에서 소개한 타이거만의 그리드 프레임 구조물을 면 중첩으로 번안해놓은 것처럼 보인다. 혹은 레이노의 실내를 구성하는 불투명 그리드 면을 투명면으로 바꾸어놓은 듯한 모습으로 이해되기도 한다 도 205.

3 실내 광장과 후기 산업 사회

건축가 쪽에서 공간과 관련된 모든 사항들을 결정해야 된다는 당위론은 절대주의 공간을 결정짓는 특징 가운데 하나이다. 건축가들은 공간의 구성 체계에서부터 공간을 감상하는 방법, 심지어 그러한 감상으로부터 얻어질 수 있는 건축적 가치의 종류까지 모든 사항들을 설계 과정에서 자신들이 모두 결정하여 제시하여야 한다는 사명감을 갖는다. 혹은 좀 더 원론적으로 얘기해서 이런 경우 건축이 추구하는 가치는 선험적으로 먼저 가정되며 공간은 그러한 가치를 구체화시켜주는 매개 가운데 하나일 뿐이다. 공간은 그 자체로서 자생적 가치 창출 능력을 부여받지 못하고 선험적으로 가정된 더 큰 가치를 타율적으로 강요받게 된다. 이와 같은 절대주의 공간관은 하나의 문명이 새로이 자리잡아가는 성기(盛期) 시대에 그 문명의 기본적 가치관을 전파하는 데 유용한 역할을 담당하였다. 르네상스 건축의 기하 구성과 비례 분할 및 보자르(Beaux-Arts)건축의 축 구성 등은 모두 고전주의 문명의 조화로운 질서와 위계적 권위를 상징한 점에서 위와 같은 절대주의 공간관의 전형적인 예에 속한다.

고전주의 문명을 기계 문명과 산업 자본주의로 대체하며 시작된 모더니즘하에서도 절대주의 공간은 새로운 가치관을 강도 높게 표출시키는 구체적 물리체로서의 역할을 수행하였다. 효율성과 단순성은 모더니즘하의 기계 문명과 산업 자본주의를 떠받치는 기본 가치관이자 시대 정신이었다. 건물은 이러한 가치들을 물리적 형태로 구체화시켜주는 표현 매개였을 뿐 아니라 궁극적으로는 부동산 가치의 증대를 통해 산업 자본주의가 자리잡게 해준 생산 매개이기도 했다. 이와 같은 목적을 효율적으로 달성하기 위해 건물과 관련된 모든 사항들은 다시 한 번 건축가들에 의해 선험적 법칙에 따라 결정되어야 했다. 그 결과 건물은 한치의 낭비도 없는 가지런한 구성 체계를 가져야 했다. 그리고 공간은 자생적 생성 논리를 갖지 못한 채 이러한 구성 체계에 귀속되어 꽉 짜이고 획일화된 모습으로 나타났다. 공간의 질이나 이것과 관련된 사용자의 심리 상태 등은 모더니즘 체제를 정착시킨다는 더 큰 명제 아래 무시되었다. 그보다는 공간은 소수의 교육 받은 건축가들에 의해 효율의 가치를 실험하고 완성시켜보이는 실험장으로 인식되었다.

위와 같은 모더니즘 절대주의 공간은 모더니즘 문명이 완성되어가는 성기 시대에는 하나의 건축적 미덕으로 받아들여졌을 것이다. 그러나 1960년대에 접어들어 서구 선진국에서 시작된 후기 산업 자본주의하에서 절대주의 공간은 많은 문제점을 드러내며 심각하게 수정되어야 할 필요성에 직면하게 되었다. 성기 산업 자본주의는 부의 축적을 가장 기본적 시대 가치로 추구하였던 반면에 후기 산업 자본주의는 그렇게 축적된 부를 활용하여 새로운

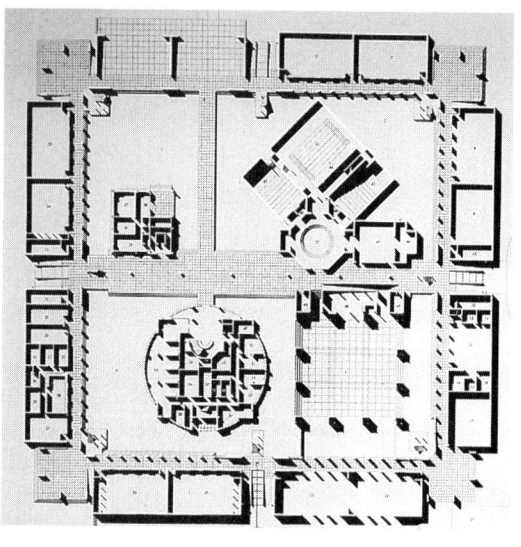

도 206
바턴 마이어스(Barton Myers), 세빌 만국 박람회 미국관(United States Pavilion at Seville World's Fair), 세비야(Sevilla), 스페인, 1989

부를 추가로 생산해내는 전혀 다른 문명 운용 체계를 갖게 되었다. 그 결과 건축 분야에서도 이렇게 바뀐 문명 운용 체계에 따라 새로운 현상들이 나타나기 시작했는데 대형 공공 공간의 출현은 그것의 대표적 경우 가운데 하나였다. 후기 산업 자본주의하의 대형 공공 공간에는 성기 모더니즘 개념의 절대주의 공간으로는 더이상 담아내지 못하는 새로운 건축적 요구 사항들이 개진되었다. 실내 광장은 이러한 요구 사항들에 맞추어 새롭게 창출된 상대주의 공간 타입의 한 종류였다.

예를 들어 마이어스(Myers)의 세빌 만국 박람회 미국관(United Stares Pavilion at Seville World's Fair)을 보자. 이 건물에서는 크고 작은 육각형 공간, 원형 공간, 작은 광장, 계단 등이 어우러져 실내 광장을 형성하고 있다. 이런 실내 모습은 모더니즘 건축에서는 생각하기 힘든 분산적 구도로 이루어져 있다. 큰 용기 속에 이런 저런 공간 단위들을 담는 개념으로 처리된 이 같은 실내 광장은 후기 산업 자본주의하에서 나타날 수 있는 새로운 공간 타입이다. 대형 공간 속에 실내 광장을 갖는 경향은 유럽과 미국에서 각기 다른 방향으로 전개되었다 도 206.

유럽에서의 대형 공공 공간은 주로 도심 외부 공간의 문제점에 대한 고민에서 출발하였다. 유럽에서는 2차 대전 이후 전후 복구를 비롯한 향후 대도시의 개발 방향을 놓고 중요한 논쟁이 벌어졌다. 팀 텐(Team

도 207
도인톄르 & 이스타 & 크라메르 & 반 빌레겐(Duintjer & Istha & Kramer & van Willegen), 아카데믹 메디칼 센터(Academic Medical Center), 암스테르담 (Amsterdam), 네덜란드, 1968-1983

X)과 이탈리아의 역사주의자들을 중심으로 모더니즘식 도시 개발이 유럽의 고도(古都)들을 망쳐 놓았다는 비판이 강하게 제기되었다. 이런 주장은 흔히 알려진 유럽식 탈모더니즘 운동의 서막으로서 1956년과 1959년의 두 차례 국제 근대 건축가 회의(CIAM)에서 제기되었다. 이후 유럽에서는 고도 내의 오래된 물리적 도시 구조를 보존하면서 연속적으로 이어가려는 여러 종류의 도시 운동이 본격적으로 전개되었다. 대형 공간 안에 유럽 고도의 광장이나 골목길 같은 도시 외부 공간을 이식하려는 실내 공간 개념의 상대주의 공간 운동은 위와 같은 유럽식 역사 도시 운동의 한 종류로 시작되었다 도 207.

네덜란드를 중심으로 한 1960-1970년대의 구조주의(Structuralism) 건축은 실내 광장 개념의 대형 공간을 최초로 도입한 상대주의 공간 운동이었다. 구조주의 건축은 표준화나 대량 생산 체계 같은 모더니즘의 산업 구조 방식을 받아들이는 위에 도시의 오래된 외부 공간을 지키는 수단으로 실내 광장을 창출해냈다. 헤르츠베르게르(Hertzberger)의 사회 사업 및 고용성(Ministry of Social Affairs and Employment) 청사는 이런 내용을 잘 보여주는 예이다. 이 건물에서는 5-6개 층의 높이를 갖는 대형 실내 공간 속에 광장의 기능들이 담겨지면서 실내 광장이 형성되어 있다. 실내 광장을 중심으로 주위를 둘러선 각 방향의 실내 전개면들이 마치 외부 광장 주변의 건물 입면들처럼 다양하게 처리되어 있다. 예를 들면 여러 종류의 발코니와 창 등이 실내 입면에 따라 다양하게 할당되어 있으며 경우에 따라서는 매스 관입 등과 같이 보다 적극적인 외부 공간 처리 기법이 시도되기도 한다. 이러한 실내 광장에서는 노천 카페가 차려지기도 하면서 실내 광장을 바라보는 각 면들은 더욱 외부 공간의 입면처럼 느껴지게 된다. 혹은 바닥을 광장의 포도(鋪道)와 같은 패턴으로 깔고 가로수를 심으며 가로등을 설치하면 외부 공간 같은 느낌은 더욱 배가 된다. 실내 광장을 가로질러 형성된 브리지, 계단, 데크, 누드 엘리베이터 등도 역시 도시 외부 공간의 가로 구조를 본떠 만들어져 있다.도 208.

구조주의 건축을 이끌었던 네덜란드에서는 위와 같은 구조주의식 실내 광장 개념이 다음 세대의 건축가들에게서 반복되어 나타나고 있다. 이것은 구조주의 건축에서 추구되었던 상대주의 공간관의 영향이 그 이후로도 계속되고 있음을 의미한다. 반 벨센(Van Velsen)의 제볼데 공립 도서관(Public Library Zeewolde)에서는 서고를 구성하는 실내 공간 요소들을 활용하여 실내 광장과 같은 공간 구도가 형성되어 있다. 이 건물에서는 서가, 서비스 데크, 세미나 룸, 책상, 계단실, 경사로, 조명등, 화장실 등과 같이 도서관의 서고를 구성하는 기본 요소들을 마치 낱알 뿌려 놓은 듯 자유분방하게 배열함으로서 외부 공간의 혼란스러운 도시 분위기를 본뜨고 있음을 강하게 암시하고 있다. 다발로 묶여 비스듬히 세워진 기둥과 사선 방향으로 처리된 노출보와 2층 화랑의 난간 등은 이러한 분위기를 배가시켜준다. 외벽에 직사각형의 작은 창을 천공판처럼 반복해서 뚫어 놓음으로써 복잡한 골목길 같은 음영 효과가 얻어지고 있다. 서고 사이에 만들어져 있는 자그마한 외부 데크는 광장 한 모퉁이의 공터에 자연스레 형성된 주머니 공원처럼 느껴진다.도 209.

도 208
헤르만 헤르츠베르게르(Herman Hertzberger), 사회 사업 및 고용부 (Ministry of Social Affairs and Employment), 헤이그(The Hague), 네덜란드, 1987-1990

이처럼 반 벨센의 도서관에서는 오랜 세월을 두고 자연발생적으로 형성된 도심 외부 공간 같은 비정형 구도가 만들어져 있지만 그런 가운데에서도 한 방향으로 빛이 발산되는 듯한 느낌의 내재된 질서가 은연중에 암시되고 있다. 이 건물의 실내 공간은 한 마디로 치밀하게 연출된 혼란의 구도로 이루어져있다. 이러한 '치밀하게 연출된 혼란'은 1990년대 이후 실내 공간을 특징짓는 새로운 상대주의 공간 개념이다. 이것은 1960-1970년대 구조주의 건축에서의 실내 광장 개념이 1980년대 해체

도 209
쿤 반 벨센(Koen van Velsen),
제볼데 공립 도서관(Public Library
Zeewolde), 제볼데, 네덜란드,
1990

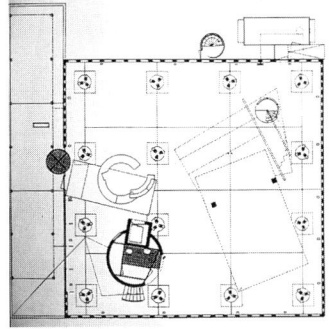 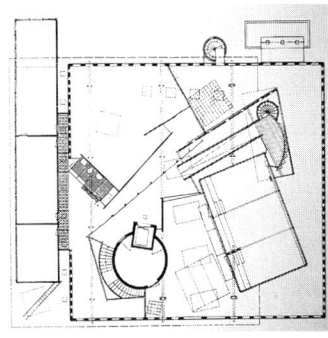

도 210
렘 콜하스(Rem Koolhaas),
아가디르 컨벤션 센터(Agadir
Convention Center), 모로코,
1990

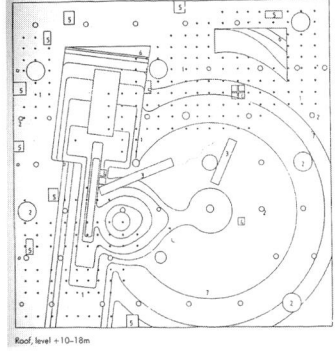 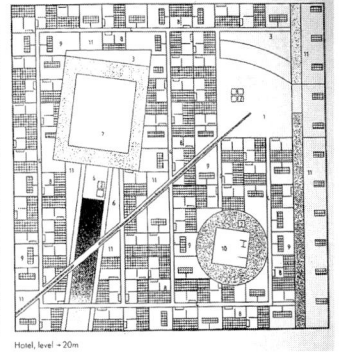

공간기를 거친후 이 두 가지 공간 개념이 혼합되어 나타나는 새로운 공간 개념으로 이해될 수 있다. 반 벨센은 비교적 크지 않은 규모의 건물에 자신의 새로운 상대주의 공간 개념을 실험해보이고 있다.

한편 위와 같은 새로운 공간 개념은 대형 공공 공간에도 적극 적용되는 경향이 최근에 두드러지게 나타나고 있다. 이때 '치밀하게 연출된 혼란'이라는 새로운 공간 특성 중 혼란의 개념을 극단화시킨 공간은 카오스(Chaos)이론이나 혼잡(congestion)의 개념으로까지 발전하고 있다. 예를 들면 콜하스는 현대 도시의 대표적 특징을 '혼잡 문화(culture of congestion)'라 정의하며 이것을 대형 공간 속으로 이식하려는 디자인 전략을 구사한다. 콜하스(Koolhaas)의 아가디르 컨벤션 센터(Agadir Convention Center)는 이런 내용을 잘 보여주는 예이다 도 210. 카오스와 혼잡 이론에 대해서는 아래의 〈카오스와 무질서의 세계〉에서 다룰 것이다.

도 211
피터 쿨카(Peter Kulka),
켐니츠 2002 스포츠 스타디움
(Sportstadion Chemnitz 2002),
켐니츠, 독일, 1994

　반면 일단의 대형 공공 공간은 '치밀하게 연출된 혼란'이라는 새로운 상대주의 공간 개념에 의해 정의되면서도 일정 부분의 내재적 질서를 잃지 않고 유지하는 공통적 경향을 보인다. 쿨카(Kulka)의 켐니츠 2002 스포츠 스타디움(Sportstadion Chemnitz 2002)은 이런 경향을 잘 보여주는 예이다. 이 스타디움을 구성하는 대형 공간은 나무 모습으로 형상화된 기둥 숲에 의해 전체 골격이 구성된 후 그 사이사이로 계단과 에스컬레이터 같은 이동 시설과 각 실들이 광장의 느낌으로 배열되어 있다. 무작위적 상대성이 전체적인 느낌을 이루고 있지만 무작위의 정도가 일정한 도를 넘지 않는 범위 내에서 최소한의 내재적 질서가 느껴지고 있다 도 211.

　유럽에서의 실내 광장은 1990년대에 접어들어 양식 사조별 차이를 뛰어넘어 여러 양식 어휘들을 포괄하는 종합적 모습으로 나타나는 경향을 보인다. 유럽의 팝 건축을 대표하는 홀라인(Hollein)의 산탄데르 은행 본부 사옥(Banco de Santander HQS)에 나타난 실내 광장은 이러한 경향을 잘 보여주는 예이다. 홀라인의 실내 광장은 전체적 공간 구성에 있어서는 구조주의 건축에서의 실내 광장과 흡사한 가운데, 실내 각 부분을 처리하는 데 있어서는 합리주의 건축, 팝 건축, 후기 모더니즘 등의 여러 양식 어휘들이 혼재되어 쓰이고 있다. 홀라인은 여러 양식 어휘들을 적절히 섞을 줄 아는 균형감과 이것을 3차원 공간으로 구체화시켜내는 조형 능력을 발휘하며 다양하면서도 일정한 정도의 절제된 질서가 지켜지는 실내 광장을 창출해내고 있다 도 212.

랑호프(Langhof)의 베를린 프레스 하우스(Berlin Presshaus) 계획안 역시 여러 양식 어휘들을 포괄적으로 담아내는 실내 광장의 모습을 보여주고 있다. 랑호프의 실내 광장은 앞에서 소개한 쿨카의 경우와 마찬가지로 숲을 이루는 기둥 열에 의해 전체 골격이 형성되고 있다. 이때 무량 천장 슬래브를 받치고 있는 기둥은 르 코르뷔지에의 원주 필로티를 연상시킨다. 이렇게 형성된 실내 광장의 골격 속에는 합리주의 건축풍의 둔탁한 육면체 매스들이 담겨져 있는데 여기에 팝 분위기의 밝은 색채가 배정되면서 전체적으로 다양한 양식이 혼합된 모습을 보여준다 도 213.

도 212
한스 홀라인(Hans Hollein), 산탄데르 은행 본부 사옥 (Banco de Santander HQS), 마드리드(Madrid), 1997

이상 살펴본 바와 같이 유럽에서의 실내 광장은 후기 산업 자본주의하에서 도시의 역사적 연속성에 대한 고민을 대형 공공 공간으로 흡수하여 상대주의 공간 개념으로 해석해낸 복합적 배경을 갖는다. 부와 기술의 축적이 어느 정도의 완성점에 도달한 이후 전개되는 후기 산업 자본주의라는 새로운 문명 체계하에서 모더니즘식의 도시 개발은 더이상 자행되어서는 안된다는 인식이 유럽 전역에 급속도로 확산되었다. 합리주의 건축으로 대표되는 여러 종류의 도시 건축 운동이 본격화되며 유럽의 현대 건축을 주도하게 된 것도 이때였다. 이런 가운데 쾌적한 실내 열환경을 갖는 대형 공간의 필요성이 후기 산업 자본주의적 현상의 하나로 점차 대두되게 되었다. 이것은 성기 모더니즘기를 거치며 축적된 부와 기술을 바탕으로 기계식 공조 방식을 적극 활용한다는 모던 휴머니즘적 의미를 갖는 것으로 이해된다.

이러한 복합적 시대 상황 아래에서 대형 공공 공간 속에 도심의

도 213
크리스토프 랑호프(Christoph Langhof), 베를린 프레스 하우스 (Berlin Presshaus), 베를린, 독일, 1992

오래된 물리 구조를 이식하여 재현함으로써 경제 기술적 요구 사항과 건축적 현상을 모두 포함해내려는 건축 운동이 진행되었다. 그리고 2차 대전 이후 폭넓게 진행되던 상대주의 공간은 이와 같은 실내 광장 개념과 잘 부합되면서 이것을 담아내는 공간 골격을 제공하게 되었다. 이렇게 해서 탄생된 유럽의 실내 광장은 외부 공간에서 벌어지던 생활 행태를 쾌적한 실내 열환경 속으로 옮기려는 건축적 서비스 정신을 동시에 갖는다. 이것은 건축 환경으로부터 인본주의적 가치를 꾸준히 구하던 유럽의 오랜 전통이 후기 산업 자본주의라는 현 시대의 특수 상황에 맞게 적절한 돌파구를 찾은 것으로 이해된다.

바에사(Baeza)의 오리후엘라 공공 도서관(Orihuela Public Library)은 이런 내용을 잘 보여주는 예이다. 이 건물은 모더니즘이라는 극단적 급진 운동이 1세기 동안 운영된 결과 도달한 현 시대의 평균적 공간 모습을 보여주고 있는 것으로 이해된다. 성기 모더니즘기때만 해도 기계 문명이 모든 것을 다 해결해주며 세상을 온통 바꿔놓을 것으로 믿어졌다. 그러나 기계 문명이 건축을 주도하기 시작한지 100-200년의 세월이 지나면서 건축에서의 기계 문명이라는 것도 결국 유럽의 오랜 전통인 휴머니즘적 세계관을 좀더 잘 실현시켜 주는 효율성 이외의 근본적인 가치는 못 갖는 것으로 결론지어지고 있다. 그리고 위에 소개한 것과 같은 실내 광장은 이 경우의 좋은 예에 해당된다 도 214.

미국에서의 실내 광장은 위와 같은 유럽의 복합적 배경과는 달리

도 214
캄포 바에사(Campo Baeza), 오리후엘라 공공 도서관(Orihuela Public Library), 오리후엘라, 스페인, 1992

처음부터 상업적 목적 한 가지에 초점이 맞추어져 시도되었다. 미국은 후기 산업 자본주의기로 접어들면서 자동차 문화를 배경으로 교외의 값싼 부지에 대형 쇼핑 몰을 개발하게 되었다. 이것은 물건을 만 들어 부를 축척하려던 성기 산업 자본주의 가 완성점에 달한 후에 시작된 후기 산업 자본주의적 상황에 대한 미국식 대응 방법 으로 이해될 수 있다. 그동안 축적된 부를 활용하여 추가적 부를 생산해내야 하는 후 기 산업 자본주의하에서 미국은 대중 상업 문화를 중요한 경제 운용 방식으로 채택하 였다. 이것은 대다수 중산 대중에게 축적 된 부를 풍족하게 소비하도록 권장하여 경 제의 생산성을 유지하겠다는 전형적인 미 국식 상업 자본주의의 한 형태이기도 하 다. 냉난방이 잘되는 쾌적한 대형 실내 공 간은 이 과정에서 미국식 상업 공간을 구 성하는 기본 골격으로 다시 한 번 차용되 었다. 그러나 이 경우는 위에 언급한 유럽에서의 상황과는 달리 중산 대 중의 소비를 촉진하기 위한 최소한의 자본주의적 서비스 개념으로 차용 된 차이점을 갖는다. 이것은 궁극적으로 역사나 문화적 배경과 관련된 유럽과 미국의 차이에서 기인한 것이다.

알티케이엘(RTKL)의 타우슨 타운 센터(Towson Town Center) 에 나타난 대형 공간은 이 같은 미국적 상황을 잘 보여준다. 이 대형 공 간은 밝은 빛으로 가득차 위생적이고 미래 지향적으로 느껴지고 있다. 이 같은 대형 공간은 축적된 부를 바탕으로 쾌적한 실내 환경을 제공하 여 더 많은 부를 창출하겠다는 미국식 대중 상업 문화의 속성을 단적으 로 보여주는 건축적 장면으로 이해된다. 실내를 온통 백색으로 처리한 점이나 그 사이사이에 녹색의 수목을 심어 놓은 처리 등은 이러한 미국 식 대형 공간의 상업적 의도를 돕는 조형 요소들이다 도 215.

이외에도 미국의 상업 공간은 소비를 촉진하기 위한 또다른 서비

도 215
알티케이엘(RTKL), 타우슨 타운 센터(Towson Town Center), 타우슨, 메릴랜드, 1984-1990

스 장치로서 유럽의 실내 광장과 흡사한 공간 구성을 차용하기도 한다. 이것은 사용자들이 지루함을 느끼지 않게끔 대형 상업 공간을 일종의 테마 파크(theme park)개념으로 꾸며 재미있는 공간 경험을 선사하겠다는 서비스 정신을 의미한다. 또한 이것은 그동안 성기 자본주의를 거치며 축적된 부와 기술을 활용하여 그러한 축적을 일구어낸 중산 노동 계층에게 놀이터 개념으로서의 대형 공간을 서비스하겠다는 공공성을 갖는 것으로 이해될 수도 있다. 그러나 이것만이 전부는 아니어서 미국의 상업 공간에 가해진 이러한 서비스 장치들은 궁극적으로 더 많은 사람들을 더 오랫동안 상업 공간 안에 머물게 함으로써 더 많은 소비 행위를 유발시키려는 치밀한 상업적 목적을 갖는다.

또한 공간을 처리한 내용에 있어서도 미국의 상업 공간에 차용된 유럽식 실내 광장은 유럽의 경우에서와 같은 역사적 당위성이 결여된 무대 세트 정도의 가치밖에 못갖는다. 역사가 일천한 미국은 유럽에서처럼 오래된 도시가 갖는 역사적 연속성에 대한 고민이 있을 수 없다. 이런 상황에서 미국의 상업 공간에는 유럽의 실내 광장에서 모방해온 것으로 이해되는 구성 요소들이 소품화되어 채워져 있다. 앞에 소개한 알티케이엘의 공간은 이러한 내용을 잘보여준다. 포르트만 역시 이러한 경향을 대표하는 건축가이다. 포르트만(Portman)의 웨스틴 피치트리 플라자(Westin Peachtree Plaza)는 이 같은 내용을 잘 보여주고 있다.

도 216
존 포르트만(John Portman), 웨스틴 피치트리 플라자(Westin Peachtree Plaza), 애틀랜타(Atlanta), 조지아, 1976

포르트만의 이곳 실내 광장에는 유럽의 오래된 광장을 구성하는 고전 어휘들이 장소적 당위성을 상실한 채 무대 세트화되어 차용되고 있다. 특히 고전 어휘를 미국의 팝 건축이나 포스트 모더니즘 풍으로 장식 처리한 점은 이런 내용을 확실하게 설명해 주고 있다. 유럽의 실내 광장에서 기계 문명에 맞서 역사적 연속성이라는 시대사적 고민을 표출하는 매개였던 고전 건축 어휘가 이곳에서는 라스베가스나 디즈니랜드 같은 상업 놀이 공간에 어울리는 모습으로 전도되어 나타나고 있다도 216.

후기 산업 자본주의 시대에 지어지는 대형 호텔의 로비 역시 위와 같은 상업적 목적하에 구성되는 실내 광장의 또다른 대표적인 예에 해당된다. 알티케이엘(RTKL)의 그랜드 하이야트 워싱턴(Grand Hyatt Washington)은 이런 내용을 잘 보여주는 예이다. 이 호텔의 로비에서는 십여 층의 높이를 갖는 장쾌한 대형 공간 속에 다양한 구성의 실내 광장이 꾸며져 있다. 연못이 있고 노천 카페가 있으며 연못을 가로질러 이 방향 저 방향으로 다리와 에스컬레이터가 지나가고 있다. 그 사이사이로 정자가 놓이고 나무가 심어져 있다도 217.

이와 같이 여유있는 대형 공간이 도심에 세워질 수 있다는 사실 자체가 후기 산업 자본주의적 상황을 가장 잘 설명해주는 단서라고 할 수 있다. 부의 축적이 최우선의 목적이었던 성기 산업 자본주의하에서 도심에 지어지는 건물은 부동산의 개념에 강하게 얽매일 수 밖에 없었다. 이러한 상황에서 건물은 주어진 윤곽으로 부터 최대한의 바닥 면적을 갖게끔 설계되었다. 이에 반해 부동산이 지니는 부의 증대 효과가 상대적으로 약해진 후기 산업 자본주의하에서는 더이상 건물의 분양 면적 자체가 경제적 가치를 의미하지 않게 되었다. 그보다는 공간의 질이 더 중요한 기준으로 작용하기 시작했다. 이것은 건물 속으로 더 많은 사람을 끌어들여 돈을 쓰게 만듦으로써 경제적 가치를 창출해내는 부의 운용 단계로 접어들었음을 의미하는 현상으로 이해된다. 이처럼 건물을 이용하여 2차적 경제 효과를 얻기 위해 실내에는 적절한 유인 장치를 필요로 하게 되었으며 호텔 로비에 등장한 실내 광장은 이것의 대표적인 예에 해당된다. 이러한 호텔 로비의 실내 광장은 양식적 순도의 관점에서 보자면 무의미한 소품화된 어휘로 가득 채워진 어린이 놀이 공간 이상의 가치를 못 갖는 것으로 판단될 수도 있다. 그러나 다른 한편 여러 계층의 불특정 다수를 유인할 수 있는 상업화된 건축 어휘로는 이처럼 소품화된 실내 광장보다 더 적절한 예를 찾기가 쉽지 않은 것 또한 사실이다.

이상 살펴본 바와 같이 미국의 상업 공간은 여러 종류의 외부 조형 환경을 소품화시켜 담고 있는 대형 공간으로 구성된다. 이렇게 소품화된 외부 조형 환경은 다양한 공간 경험을 제공해주는 실내 광장으로 구성된다. 이러한 실내 광장은 도심에 있던 재래식 구멍가게(retail shop)를 대신하여 새로운 상업 기능을 떠맡게 된다. 이 같은 미국식 대형 상업 공간은 기본적 수준의 노동 행위를 영위하는 모든 시민들에게 공평하게 열려있다는 평등 정신을 모토로 삼는다. 그리고 이러한 평등 정신은 바로 미국 민주주의의 핵심 이념이다. 미국식 대중 상업 문화의 논리는 정치적 이념과 하나의 끈으로 묶여 있는 것이다. 이런 점에서 상업 공간에서 파생된 미국식 실내 광장 개념은 관공서 건물에 그대로 적용되기도 한다. 로저 인터내셔널(Rosser Int.)의 훌턴 카운티 센터(Fulton County Center)는 이 경우의 대표적 예에 해당된다. 이 건물의 로비는 상업 공간에 쓰인 실내 광장과 조금도 다르지 않은 동일한 모습으로 구성되어 있다. 풍족한 소비 생활을 통해 경제 평등을 보장해준다는 미국식 상업 자본주의에 내재된 유토피아적 이미지가 시민의

도 217
알티케이엘(RTKL),
그랜드 하이야트 워싱턴
(Grand Hyatt Washington),
워싱턴 디 시(Washington D.C.),
1986-1987

도 218
로저 인터내셔널(Rosser Int.),
훌턴 카운티 센터(Fulton County Center).

평등권이라는 정치 이념과 오버랩되면서 미국만의 독특한 상대주의 공간이 형성되고 있다도 218.

4 집 속의 집과 컨테이너 건축

위에서 설명한 실내 광장의 공간 구조는 '집 속의 집(House within a House)'이라는 극단적인 겹 공간 개념으로 정리 발전될 수 있다. 실내 광장도 기본 골격은 겹 공간으로 구성된다. 실내 광장은 일정 면적의 옥외 공간을 떼어내 무대 세트화 한 후 이것을 싸는 더 큰 공간을 씌워 만들어지기 때문이다. 그러나 다른 한편 실내 광장에서는 이처럼 세트화된 건축 어휘가 강한 시각적 유인 요소로 작용하기 때문에 겹 공간에 대한 인식은 그다지 명확하게 일어나지 않는 편이다. 이때 세트화되는 건축 어휘의 종류를 줄여 건물 한 채만으로 정리할 경우 이것은 곧 집 속의 집이라는 겹 공간이 된다. 집 속의 집은 독단적 기능주의의 삭막한 공간 환경에 대한 치유적 대안의 개념으로 꾸준히 시도되어 왔다.

    1960년대의 대중 건축 운동을 이끌었던 무어(Moore)는 공간의 조형성을 풍부하게 함과 동시에 공간 안에 존재적 영역을 확보하려는 목적에서 집안에 작은 닫집(aedicule)을 하나 더 첨가하는 공간 개념을 선보였다. 이 내용에 대해서는 앞에서 살펴 보았다. 1980년대의 합리주의 건축을 대표하는 건축가 가운데 한명인 웅게르스(Ungers)는 자신의 합리주의 건축관을 강도 높게 주장하는 수단으로 집 속의 집을 활용하였다. 웅게르스는 모더니즘식 개발에 밀려 파괴되어가는 도시의 오래된 건축적 기억을 보존하려는 방법으로 집 속의 집이라는 공간 개념을 사용하고 있다. 웅게르스의 건축 박물관(Architecture Museum)은 이런 내용을 잘 보여주는 예이다. 웅게르스는 도시 내 전통 건축 단위를 추상기하 어휘로 단순화시켜 집 속에 담아내는 기법에 의해 이 건물의 실내를 구성하고 있다 도 219.

    위와 같이 집 속의 집 개념은 대형 공간이 등장한 후에도 꾸준히 차용되어 간략하게 정리된 실내 광장의 모습으로 주로 나타나게 된다. 마이어스(Myers)는 상업 시설뿐 아니라 여러 종류의 건물 타입에 실내 광장의 공간 구도를 꾸준히 적용시켜오고 있는 가운데 특히 집 속의 집 개념을 두드러지게 사용하는 경향을 보인다. 마이어스의 서리터스 공연

도 219
오스발트 마티아스 웅게르스
(Oswald Mathias Ungers),
건축 박물관(Architecture
Museum), 프랑크푸르트
(Frankfurt), 독일, 1983

예술 센터(Cerritos Center for the Performing Arts)는 이런 내용을 잘 보여주는 예이다. 이곳의 실내 광장에는 정원, 골목길, 브리지, 노천 카페, 공터 등과 같은 옥외 공간 요소가 극도로 자제된 대신에 여러 종류의 건물 단위들이 큰 공간 속에 비교적 빼곡히 담겨져 있는 특징을 나타낸다. 이러한 공간 처리는 집 속의 집 개념을 집합 단위로 확장시켜 적용시킨 경우에 해당된다. 혹은 프로그램 구성의 해석을 좀더 효율적으로 하려는 기능주의적 시각이 어느 정도 스며든 예로 이해될 수 있다 도 220.

야우히아이넨 시제이에이(Jauhiainen CJA)의 네스테 사옥 확장(Neste HQS Extension)에서는 거대한 원형 공간으로 구성된 로비 속에 작은 집 두 채가 담겨져 있다. 이때 원형 공간의 거대한 크기에 비해 그 속에 담기는 집은 매우 작기 때문에 마치 바다에 떠있는 섬처럼 느껴지기까지 한다. 이렇게 처리된 두 채의 집 주위로 데크와 계단이 형성되면서 실내에서의 동선 구조는 선험적 정형성에서 벗어나 상대주의적 자유로움을 획득하게 된다 도 221.

대형 공간 속에 담겨지는 집 속의 집 구도는 촘촘히 복층을 이루는 수직 구도로 확장 적용될 수 있다. 컨테이너 건축(Container Architecture)이라고 불리기도 하는 이러한 공간 구도 역시 독단적 기능주의

도 220
바턴 마이어스(Barton Myers), 서리터스 공연 예술 센터(Cerritos Center for the Performing Arts), 캘리포니아, 1987-1993

도 221
야우히아이넨 씨제이에이 (Jauhiainen CJA), 네스테 사옥 확장(Neste HQS Extension), 에스포(Espoo), 핀란드, 1994

에 나타난 절대주의 공간에 반대하는 상대주의 공간의 한 종류로서 시도되고 있다. 컨테이너 건축은 외관과 공간의 두 가지 측면에서 이해될 수 있다. 외관적 측면에서의 컨테이너 건축은 구조 방식이 건물의 형태를 결정해야 한다는 성기 모더니즘의 강령에서 탈피하여 건물의 표피를 가능한 한 분절이 없는 평활면으로 구성하려는 시도를 일컫는다. 이 내용은 후기 모더니즘 편에서 다룰 것이다. 다른 한편 공간 구성적 측면에서 컨테이너 건축은 하나의 커다란 육면체 속에 일정 크기로 구획된 공간

도 222
드리에센 & 메르스만 & 토마에스
(Driesen & Meersman & Thomaes), 세빌 만국 박람회 벨기에관(Belgian Pavilion at Seville World's Fair),
세비야(Sevilla), 스페인, 1992

단위들을 층층이 쌓는 방식을 지칭한다. 이것은 마치 컨테이너 속에 물건 박스들이 담겨지는 것과 동일한 방식으로 공간이 구성됨을 의미한다.

드리에센 & 메르스만 & 토마에스(Driesen & Meersman & Thomaes)의 세빌 만국 박람회 벨기에관(Belgian Pavilion at Seville World's Fair)은 이 가운데 후자에 대한 좋은 예가 될 수 있다. 이 건물에서는 기본 3원색으로 칠해진 컨테이너 박스형의 공간들이 수직으로 중첩되면서 전체 공간 구성이 이루어지고 있다. 이때 이 박스형 공간들을 포장하듯 더 큰 공간이 한 겹 씌워짐으로써 전체 공간 구성은 말 그대로 컨테이너 박스 속처럼 이루어지고 있다 도 222.

이와 같은 개념의 컨테이너 공간 구성은 1970년대에 유행했던 오피스 배치 방법인 오픈 플랜(Open Plan)에 뿌리가 맞닿아 있는 것으로 이해된다. 오픈 플랜은 공간의 사용 내역과 상관 없이 선험적으로 결정되는 공간 구획에 반대하여 한 층을 하나의 완전히 뚫린 공간으로 놔두고 그때그때의 사용 요구에 따라 가변적으로 공간을 구획하는 방식을 일컫는다. 반 클링게렌(Van Klingeren)의 트 카레가트 복합 기능 코뮤니티 센터(Multi-functional Community Center 't Karregat)는 이런 내용을 잘 보여주는 예이다. 이 건물의 실내 윤곽은 벽 구획이 없는 큰 단일 공간으로 이루어져 있다. 이 속에서 사무 집기들은 그때그때의 상황에 가장 적합한 방식으로 배치됨으로써 이러한 오픈 플랜의 모습을 잘 보여주고 있다 도 223.

건축가 쪽에서는 건물의 전체 외피만 제공하면서 공간의 선험적 구획을 최소화하려는 오픈 플랜의 개념이 대형 공간 속에서 수직 복층에 적용될 경우 컨테이너 건축의 기본 개념으로 발전하게 된다. 스타르크

도 223
프랭크 반 클링게렌(Frank van Klingeren), 트 카레가트 복합 기능 커뮤니티 센터(Multi-functional Community Center' t Karregat), 에인트호벤(Eindhoven), 네덜란드, 1970-1973

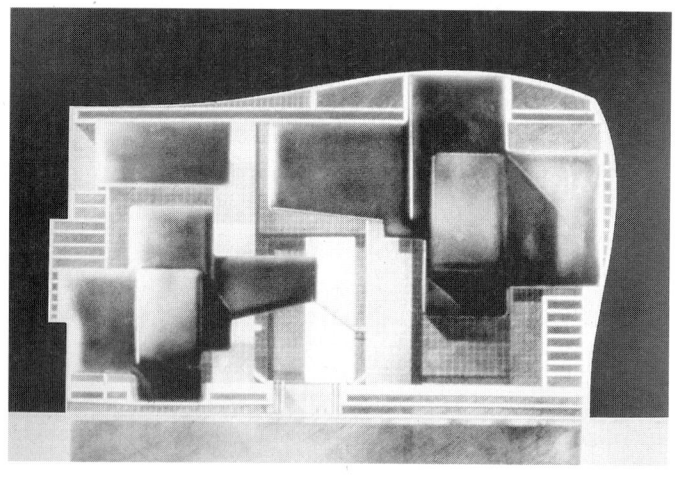

도 224
필립 스타르크(Philippe Starck), 도쿄 오페라 하우스(Tokyo Opera House), 도쿄(Tokyo), 일본, 1987

(Starck)의 도쿄 오페라 하우스(Tokyo Opera House) 계획안 단면은 이런 내용을 잘 설명해주고 있다. 이 건물에서는 복층과 단층 사이의 공간 조합 방식에 맞춰 블록을 끼워넣는 양상으로 다양한 실내 공간이 형성되고 있다. 이런 장면은 컨테이너 박스를 자른 단면의 모습과 매우 흡사하다. 이것은 오페라 하우스가 갖는 기능의 의미를 새롭게 해석하여 실내에 다양한 공간 구조를 형성하려는 상대주의 공간관을 의미한다도 224.

컨테이너 건축은 모더니즘 건축에 대한 치유적 수단으로 스케일

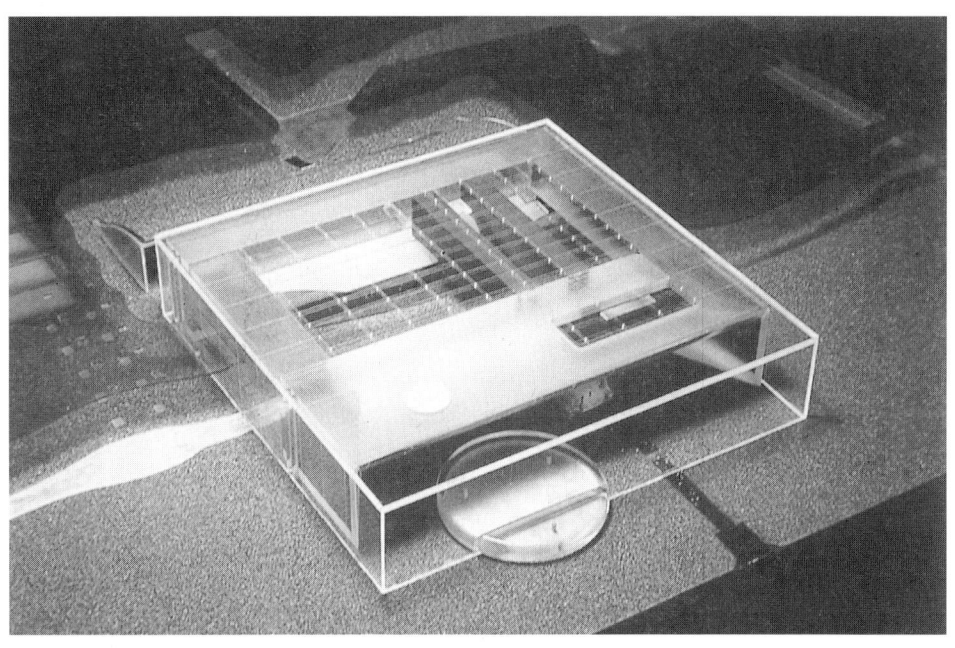

도 225
아키텍처 스튜디오(Architecture Studio), 유럽 특허 사무국 오피스 (European Patents Office), 헤이그(The Hague), 네덜란드, 1989

지우기의 기법을 차용한다. 대형 공간을 성기 모더니즘의 논리로 구성할 경우 건물에는 모뉴멘트적 위압감이 필연적으로 나타나게 된다. 컨테이너 건축은 이것을 극복하기 위한 수단으로 스케일 지우기의 기법을 차용한다. 아키텍처 스튜디오(Architecture Studio)의 유럽 특허 사무국 오피스(European Patents Office) 계획안은 이런 내용을 잘 보여주는 예이다. 성기 모더니즘에서는 프로그램 해석에 있어서 선험적으로 가정되는 효율적 기능 구성과 이것을 구체화시켜주는 구조 방식으로부터 건물의 형태와 공간이 결정되어야 한다는 논리 순서 상의 절대성이 강요된다. 이러한 논리에 따라 대형 건물을 구성할 경우 휴먼 스케일(human scale)의 요소가 지나치게 많이 반복되거나 혹은 초 휴먼 스케일의 구조 부재가 등장하는 등 지루하고 위압적인 모뉴멘트로 귀결되기 쉽다. 이에 반해 컨테이너 건축은 스케일을 가늠하는 기준인 구조 방식에 의한 표면 분절이 최소화된 단순 박스 형태로 건물을 구성함으로써 오히려 스케일감을 못 느끼게 하는 트릭을 구사한다. 이것은 절대주의 건축을 구성하는 척도 요소인 스케일의 강제성을 지움으로써 상대주의 공간을 추구하려는 전략으로 이해된다 도 225.

도 226
산체스 아르키텍토스(Sanchez Arquitectos), 피노 수아레스 시장 (Pino Suarez Market), 멕시코, 1992

　　스케일을 지운 단순 박스가 지나치게 단조롭게 느껴질 경우 컨테이너 형태에 의도적인 조형 조작을 가할 수 있다. 산체스 아르키텍토스(Sanchez Arquitectos)의 피노 수아레스 시장(Pino Suarez Market) 건물은 이것의 좋은 예에 해당된다. 이 건물에서는 파도치는 듯한 곡선 형태로 컨테이너의 지붕이 처리되어 있고 그 밑에는 컨테이너 공간 구성 방식으로 해석된 프로그램이 배열되어 있다. 기능을 작은 육면체 단위로 묶는 방식에 의해 프로그램이 해석되고 있으며 이렇게 형성된 작은 육면체를 기본 매스 단위로 삼아 반복 중첩이 이루지고 있다. 이때 반복 중첩되는 양상이 자유로운 블록 쌓기의 모습으로 나타나면서 컨테이너 건축에서 추구되는 상대주의 공간관이 분명하게 제시되고 있다 도 226.
　　컨테이너 건축에 수반되는 이러한 형태주의적 처리는 박스의 양식화(stylization) 단계로 정의될 수 있다. 이것은 모더니즘 건축의 정수인 박스 건물이 이제 더이상 기능과 구조 방식이라는 성기 모더니즘적 고민들의 표상적 결과물이 아니라 그 자체로서 하나의 완결된 형태 어휘로 변해가는 단계에 접어들었음을 의미한다. 박스의 양식화라는 개념

도 227
렌조 피아노(Renzo Piano),
빌딩 워크숍 뉴 메트로폴리스
(Building Workshop New
Metropolis), 암스테르담
(Amsterdam), 네덜란드, 1995

아래에서 컨테이너 건축은 박스 건물을 자유로운 조형 처리 대상으로 파악한다. 박스의 모서리 한 귀퉁이를 바꾸는 데에도 많은 조건들을 따져 보아야 했던 성기 모더니스트들의 진지함은 이제 도가 지나친 신중함으로 무시되기 시작한 것이다. 렌조 피아노(Renzo Piano)의 빌딩 워크숍 뉴 메트로폴리스(Building Workshop New Metropolis)는 이러한 현상에 대한 좋은 예에 해당된다. 표준화된 부재의 대량 생산 방식을 하이테크 건축의 개념으로 해석하는 데 평생을 보냈던 피아노는 최근 작품에서 그러한 내용들을 모두 지운 자유 형태의 컨테이너 건축을 사용하는 변화를 보여주고 있다 도 227.

컨테이너 건축과 관련된 이상과 같은 사항들은 모두 후기 산업 자본주의기에 나타나는 현상으로 이해될 수 있다. 후기 산업 시대에 접어들면서 사회 기능은 점점 분화되어가고 있으며 그 결과 요구되는 프로그램도 복합적 구성을 요구하는 쪽으로 변화하게 되었다. 동일 모듈로 공간을 미리 구축해버리는 절대주의 공간 구성은 이제 더이상 이러한 변화된 상황을 수용할 수 없게 되었다. 그렇다고 이렇게 다양하고 세분화된 프로그램 구성을 일일이 외부에 표출하는 다원주의적 입장은 많은 비용과 시간을 허비하는 비효율의 한계를 지니게 된다. 컨테이너 건축은 이러한 공간 기능을 마치 보자기로 싸듯 큰 덩어리로 감싸 버린후 나머지 자잘한 공간 구획은 사용자에게 맡기는 상대주의적 자율성을 기본 건축관으로 갖는다. 메카누 아키텍텐 (Mecanoo Architekten)의 우트레크트 공과대학 경제 경영학 교수 회관(Faculty Building of Economics and Management at Utrecht Polytechnic University)은 이런 내용을 잘 보여주는 예이다. 이 건물에서는 커다란 유리 박스 속에 적절한 규모로 구획된 공간 단위가 반복하면서 담겨짐으로써 전체 구성이 이루어지고 있다. 이러한 처리는 컨테이너 건축에서 추구하는 상대주의적 자율성의 의미를 잘 보여주고 있다 도 228.

도 228
메카누 아키텍텐(Mecanoo Architekten), 우트레크트 공과대학 경제 경영학 교수 회관(Faculty Building of Economics and Management at Utrecht Polytechnic University), 우트레크트, 네덜란드, 1995

5 탈(脫)포디즘과 미로

양질의 조형 환경을 얻기 위해서는 건축가 쪽에서 건물의 구성과 특징, 그리고 이것을 감상하는 방법까지 모두 결정해서 사용자에게 제시해야 한다는 계몽적 가정은 건축적 결정론(architectural determinism)이라는 집단화된 사고 방식으로 나타난다. 건축적 결정론은 건물을 통해 대중을 계몽하고 지배할 수 있다는 엘리트주의의 전형적 예로 볼 수 있다. 또한 건축적 결정론은 사용자의 감성적 체험에 우선하는 선험적 가치를 강요하는 점에서 절대주의 건축의 기본 논리를 구성한다. 건축적 결정론이 가장 극명하게 드러난 경우가 기능주의 건축의 대표적 공간 형태인 일직선 복도이다.

일직선 복도는 산업 자본주의가 정착되는 과정에서 생산성 향상을 위한 기능적 효율을 보장해주는 시대적 당위성을 가지며 건물의 주도적 공간 구조로 나타났다. 일직선 복도의 공간 구조 속에서 건축가는 선 몇 개에 의해 사용자의 이동과 생활 행태까지도 마음먹은대로 조종할 수 있게 된다. 사용자는 자신의 감성적 편차와 상관 없이 건축가가 미리 짜 놓은 이동 경로대로만 움직여야할 의무를 갖는다. 그리고 이 모든 선험적 통제와 강요는 부의 축적이라는 시대 가치를 보장해주었기 때문에 절대적 권위를 가지며 허용되었다. 일직선 복도는 최단 이동이라는 동선 효율을 의미했고 성기 자본주의하에서는 이것이 곧 업무 효율을 보장해주는 미덕으로 강요되었다. 이처럼 일직선 복도는 더 많은 물건을 생산해내기 위한 자본주의의 발명품인 포디즘(Fordism)의 컨베이어 벨트 시스템과 동일한 건축적 예에 해당된다.

위와 같이 절대주의 공간 구조는 자본주의 전성기에는 효율이라는 시대적 가치를 만족시키는 타당성을 가졌다. 그러나 후기 산업 자본주의 시대에 들어오면서 절대주의 공간 구조는 척박한 단조로움으로 인해 비판의 대상이 되고 있다. 그리고 그 대안으로 '재미있는 공간의 연속(spatial sequence)에 의한 파노라마(panorama)'라는 상대주의 공간관이 새롭게 실험되고 있다. 이것은 실내 공간에서의 동선과 관련된 선형(linear) 공간 타입을 효율적 수단으로서가 아닌 체험적 감상의 대상으로 정의하겠다는 새로운 공간관을 의미한다. 이러한 새로운 공간관은 산책로에서부터 미로에 이르기까지 다양한 방식으로 시도되고 있다.

공간을 연속적 파노라마로 보려는 이러한 새로운 공간관이 일직선 복도라는 동선처리 문제에 적용되어 나타난 결과가 산책로의 개념이다. 마이어(Meier)의 장식 예술 박물관(Museum for the Decorative Arts)은 이것의 좋은 예에 해당된다. 마이어의 이 건물에서는 곧게 뻗은 경사로(ramp)가 복도와 계단이라는 수평-수직 이동 기능을 하나로 묶으며 공간 한 가운데를 가로지르고 있다. 이 같은 마이어의 경사로는 형태만 보았을때 독단적 기능주의에서의 일직선 복도와 다르지 않다.

도 229
리처드 마이어(Richard Meier), 장식 예술 박물관(Museum for the Decorative Arts), 프랑크푸르트(Frankfurt), 독일, 1979-1985

그러나 공간의 기본 특성에 있어서 마이어의 경사로는 좌우가 벽으로 꽉 막힌 채 동선을 몰아대는 일직선 복도와는 달리 공간 속 주변 환경을 감상하게 해주는 여행로의 개념으로 처리되어 있다. 특히 경사로를 주변 벽체에서 띄워 그 틈새로 천광을 끌어들여 떨어뜨리거나 경사로가 지나가는 주변 벽체를 다양하게 처리한 것과 같은 공간 처리는 여행로의 느낌을 배가시켜 준다. 마이어의 경사로는 일직선 형태라는 대표적인 절대주의 공간 구도를 체험과 즐기는 대상으로서의 상대주의 공간 구도로 바꾸어놓고 있다 도 229.

대형 공간 속에 경사로가 놓일 경우 감상 대상이 되는 주변의 장면이 많아짐과 동시에 경사로 자체가 주는 시각적 역동성이 확연히 드러나면서 여행로서의 공간 효과는 더욱 증대된다. 피아노(Piano)의 커머셜 센터 베르시 투(Commercial Center Bercy 2)는 이것의 좋은 예에 해당된다. 피아노는 180도로 꺾이는 일자형 에스컬레이터 한 쌍을 대형 공간의 한 복판에 설치하고 있다. 에스컬레이터를 타고 오르내리

도 230
렌조 피아노(Renzo Piano), 커머셜 센터 베르시 투(Commercial Center Bercy 2), 파리

면서 사용자는 수직-수평 방향의 관점에서 보았을 때 최소한 4종류의 다양한 이동 경험을 하게 된다. 여기에 피아노 특유의 하이테크 어휘로 처리된 주변의 공간 모습이 볼거리로 제공되면서 일자형 공간은 동선 이동을 지루한 노동에서 즐거운 여행으로 바꾸어 놓고 있다. 또한 완전히 뚫린 거대 공간을 사방으로 가로지르며 겹쳐 보이는 에스컬레이터의 역동적 모습은 효율적인 목적만으로 강요되던 절대주의 개념의 일자형 공간을 개인의 주관적 감상이라는 상대주의 개념으로 바꾸어 놓고 있다 도 230.

산책로가 이쪽 공간에서 저쪽 공간을 가로지르는 브리지로 처리될 경우 동선의 방향성이 다변화되면서 절대 공간의 구도가 깨어지게 된다. 아키텍처 스튜디오(Architecture Studio)의 쥘 베른 고등학교(Jules Verne High School)는 이런 처리를 잘 보여주는 예이다. 이 건물에서는 대형 공간으로 구성된 중정을 가로질러 브리지가 걸려 있다. 그 결과 중정을 돌아가는 순환 공간의 중간을 선형 동선이 자르고 지나가면서 동선 방향은 다변적으로 선택될 수 있게 변화되고 있다. 이에 따라 산책로를 타고 이동할 때 느끼는 공간 체험의 종류도 다양해지고 있다. 이때 중정을 면하는 주변을 복합 공간으로 처리함으로써 이 같은 다변적 효과는 배가되고 있다 도 231.

포르트만(Portman)은 엠바르카데로 센터(Embarcadero Center)에서 이와 다소 다르게 산책로의 상태 자체를 다양화함으로서 공간 체험에 변화를 주고 있다. 포르트만의 건물에서는 중정 한 가운데에 산책로 개념으로 처리된 계단실이 형성되어 있다. 이때 계단실의 윤곽 자체를 완만한 곡선으로 돌리는 등 초보적 수준의 조형 조작을 통해서 산책로 속의 공간 경험에 다양성을 주고 있다. 타원의 윤곽을 따라 걷는

도 231
아키텍처 스튜디오(Architecture Studio), 쥘 베른 고등학교(Jules VerneHigh School), 일 드 프랑스(Ile-de-France), 프랑스, 1993

도 232
존 포르트만(John Portman), 엠바르카데로 센터(Embarcadero Center), 샌프란시스코(San Francisco), 캘리포니아, 1976

것처럼 둥글게 돌아 올라가는 선형 동선은 이동 행위 자체를 색다른 경험으로 느껴지게 해주면서 공간 전체의 가변성을 확대시켜 놓고 있다 도 232.

    산책로 자체의 상태를 다양화하려는 시도는 보다 기교적 경향의 상대주의 공간 기법으로 발전할 수 있다. 나바스 & 솔레(Navas & Sole)

도 233
다니엘 나바스 & 네우스 솔레
(Daniel Navas & Neus Sole),
에스파라구에라 시민 회관
(Esparraguera Civic Center),
에스파라구에라, 1991

의 에스파라구에라 시민 회관(Esparraguera Civic Center)은 이런 내용을 잘 보여주는 예이다. 이 건물에서는 이동 경로를 브리지, 경사로, 계단 등으로 다양화시킴으로서 기교적 공간 효과를 노리고 있다. 이 같은 여러 종류의 이동 경로는 서로 자연스럽게 연결되면서 수직-수평의 동선 방향과 경사도 등에 다양한 변화를 일으키고 있다. 이 건물의 산책로에서는 이처럼 다양한 공간 경험이 연속적으로 일어나면서 이 산책로는 마치 인생의 여로를 상징하는 것처럼 느껴지고 있다 도 233.

시자(Siza)는 갈리시안 현대 미술관(Galician Center of Contemporary Art)에서 산책로의 상태를 이보다 훨씬 더 추상적인 분위기로 처리하면서도 고도의 기교적 기법을 구사함으로써 절대주의 공간의 획일성을 흐트러놓고 있다. 시자의 건물에서는 저쪽 벽을 가로질러 넘어온 브리지가 이쪽 공간의 중간에서 갑자기 끊기며 캔티레버(cantilever)로 처리되어 있다. 그 옆에서는 이 브리지보다 훨씬 좁은 폭의 또다른 브리지가 이번에는 끊기지 않고 온전하게 공간을 가로질러 이동 경로로서의 역할을 충실히 하고 있다. 시자는 이처럼 온전한 브리지와 불완전한 브리지 두 개를 나란히 대비시킴으로써 절대주의 공간을 구성하는 일직선 복도의 존재 가치에 강한 의문을 표하고 있다. 이것은 결국 기능적 효율이라는 명분 아래 자행되는 일직선 복도의 지루한 횡포를 거부하는 상대주의 공간관을 주장한 것으로 이해된다 도 234.

일직선 형태의 동선 구도는 그대로 유지하되 이것을 통과하면서 겪는 공간 경험을 다양화하려는 위와 같은 상대주의 공간관은 탈포디즘(Post-Fordism)이라는 후기 산업 자본주의적 현상에 대한 건축적 동의어로 이해될 수 있다. 동선을 구성하는 데 있어서 어떠한 형태의 낭비적

도 234
알바로 시자(Alvaro Siza),
갈리시안 현대 미술관(Galician
Center of Contemporary Art),
산티아고 데 콤포스텔라(Santiago
del Compostela), 스페인,
1988-1993

요소도 인정하지 않으려는 독단적 기능주의하에서의 일직선 복도는 포디즘적 논리 구조가 건축에 적용되어 나타난 결과였다. 포디즘은 생산 효율을 높이기 위해 사전에 치밀하게 계획된 일직선적 생산 방식을 기본 운영 논리로 갖는다. 이때 최고의 생산 효율을 확보하기 위해 한 단락의 생산 라인은 가능한 한 짧고 일직선으로 구성되어야 했다. 최단 시간 혹은 최단 거리를 가장 큰 미덕으로 여기는 이러한 포디즘식 논리 구조는 부의 축적을 지향하는 성기 산업 자본주의하에서 모든 분야를 통제하는 보편적인 사고 체계로 자리잡았다. 그리고 최단 거리의 이동을 궁극적 건축 가치로 추구했던 기능주의가 남긴 일직선 복도는 포디즘식 생산 라인 개념이 건물에 적용되어 나타난 결과였다.

다품종 소량의 다원주의 문화로 특징지워지는 후기 산업 자본주의 시대에 들어오면서 포디즘식 효율의 개념은 창조적 사고를 가로막는 독단적 통제 체계로 비판받기 시작하였다. 효율적 생산이 곧 창조를 의미했던 시대에서 다원적 경험이 창조로 정의되는 시대로 바뀌게 된 것이다. 그 결과 시대를 주도하는 논리 구조도 최단 거리의 일직선 구도에서 중간 과정의 다원성을 추구하는 복합 구도로 바뀌게 되었다. 탈포디즘으로 불리는 이러한 현상은 1960년대부터 본격적으로 불기 시작한 탈모더니즘 운동의 한 형태로 이해될 수 있다.

건축의 경우도 1960년대 대중 건축 운동에서 추구한 여러 종류의

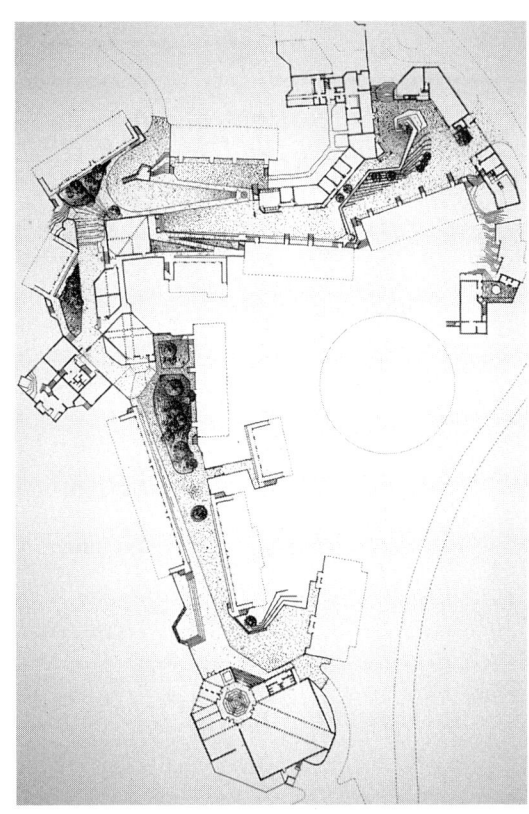

도 235
찰스 무어(Charles Moore),
크레스지 칼리지(Kresge College),
산타 크루스(Santa Cruz),
캘리포니아, 1970-1973

복합 공간 운동이 넓은 의미에서의 탈포디즘적 현상으로 분류될 수 있다. 그리고 이 주제가 특히 동선의 이동 경로 과정에서의 다양한 경험이라는 문제에 집중되어 시도된 내용이 연속 공간(spatial sequence)이라는 개념의 상대주의 공간관이었다. 연속 공간은 서양 건축사에서 절대주의 규범에 반대하는 다원주의 경향이 시작될 때면 예외 없이 등장하는 공간 개념이었다. 매너리즘(Mannerism)을 대표하는 비뇰라(Vignola)의 빌라 줄리아(Villa Giulia)나 19세기 절충주의를 촉발시킨 소안(Soane)의 영국 은행(Bank Of England)은 이것의 대표적인 예라고 할 수 있다.

현대 건축에서 연속 공간이 본격적으로 나타나기 시작한 건물은 1960년대 대중 건축 운동을 이끌었던 무어(Moore)의 크레스지 칼리지(Kresge College)였다. 이 건물은 비정형 윤곽을 갖는 작은 매스들이 서로 충돌하듯 연속적으로 이어지면서 구성되어 있다. 이러한 작은 매스들은 여러 기능을 분산적으로 담아내는 일정한 길이의 공간 스토리를 만들어낸다. 사용자는 이러한 동선을 이동하는 과정에서 오르내리고 꺾이는 등의 다양한 공간 경험을 하게 된다. 공간을 따라 서있는 건물의 매스와 입면도 모두 조금씩 다르게 처리됨으로써 공간 스토리의 다양성을 배가시켜 준다. 전체적으로 흰 바탕의 입면에 색채 요소를 섞어 쓴 팝적인 처리 역시 공간 스토리의 다양성을 돕고 있다. 이러한 공간 스토리는 일직선의 방향을 따라 구성되어 있지만 효율을 강요하는 따위의 일직선 축은 형성되어 있지 않다. 방향은 있되 축은 없는 크레스지 칼리지의 연속 공간은 끊임없이 변하는 장면들의 파노라마를 제공해준다 도 235.

무어는 크레스지 칼리지에서 형성된 연속 공간 개념을 이후에도 계속해서 사용하는 경향을 보여준다. 무어의 후드 박물관(Hood

도 236
찰스 무어(Charles Moore),
후드 박물관(Hood Museum),
다트머스 대학(Dartmouth College)
내, 하노버(Hanover), 뉴 햄프셔,
1986

Museum)은 크레스지 칼리지와 흡사한 공간 구성을 갖는 외에 고전 어휘와 버나큘러(Vernacular) 어휘가 섞여 쓰이는 차이점을 갖는다. 문화적 혹은 역사적 상징성이 강한 이러한 구상 상징 어휘를 나열하여 연속 공간을 구성할 경우 그 공간은 더욱 강한 스토리 전달 능력을 갖게 된다. 크레스지 칼리지에서는 추상 어휘가 주류를 이루는 가운데 일부 고전 어휘가 약하게 섞여 나타났지만 그 조차도 추상 기하 형태로 번안되어 처리되었다. 그러나 후드 박물관에는 아치(arch), 보울트(vault), 페디먼트(pediment), 오더(order), 프로필리엄(Propylaeum) 등과 같은 여러 종류의 고전 어휘가 차용되고 있다. 물론 이런 고전 어휘들도 상당 부분 추상 형태로 각색되어 있기는 하지만 크레스지 칼리지에서 보다 훨씬 더 구상적 원형 상태에 가깝게 처리되어 있다. 또한 경사 지붕과 개구부 모양, 그리고 조적 재료 등의 처리 내용에 있어서는 버나큘러적 특성이 강하게 나타나고 있다. 이처럼 후드 박물관에서는 고전 어휘와 버나큘러 어휘가 뒤섞여 형성되는 여러 형태의 건물 매스들이 중정을 둘러싸며 파노라마처럼 연속적으로 전개되고 있다 도 236.

  유럽을 대표하는 팝 건축가 홀라인(Hollein)도 비엔나 시 공립 학

도 237
한스 홀라인(Hans Hollein),
비엔나 시 공립 학교(Public School of the City of Vienna),
비엔나, 1990

교(Public School of the City of Vienna)에서 무어의 예에서와 같은 연속 공간 구성을 차용하고 있다. 홀라인의 건물에서는 무어의 후드 박물관에서 보다 조금 더 구상 형태에 가까운 고전 어휘들을 나열한 연속 공간 구성이 이루어지고 있다. 그러나 전체적인 분위기는 무어의 경우와 많은 차이점을 보여준다. 무어의 후드 박물관에서는 고전 어휘가 버나큘러 어휘에 조화롭게 용해되어 쓰이면서 전체적으로 차분한 분위기가 형성되어 있다. 중정을 들러싸고 있는 여러 매스들이 각도를 조금씩 틀면서 이어지기 때문에 자칫 산만해지기 쉬움에도 불구하고 각 건물들이 땅에 강하게 뿌리내리도록 처리됨으로써 전체적 분위기는 다양성 속의 안정감으로 느껴지고 있다. 이에 반해 홀라인은 고전 어휘를 테마 파크 속의 소품화된 요소처럼 처리하여 사용하고 있다. 간간이 섞여 나오는 강한 원색은 이러한 팝 건축적 분위기를 더욱 명확히 해준다. 또한 총체적 구성력에 있어서도 홀라인의 각 건물들은 화학적 융합을 통한 제 3의 상태로 나타나지 못한 채 어깨를 겹친 단순 나열 쪽에 가깝게 배치되어 있다. 각 건물들이 땅에 뿌리박지 못하고 데크 위에 올려져 공중에 뜬 상태로 처리된 점은 이러한 산만성을 부추기는 결과를 낳고 있다. 홀

도 238
프랭크 게리(Frank Gehry),
미드-애틀랜틱 도요타 배급소(Mid-Atlantic Toyota Distributors),
글렌 버니(Glen Burnie), 메릴랜드,
1978

라인의 연속 공간에서 관찰되는 이러한 특징들은 1980년대의 해체 건축과 팝 건축기를 거친 후 나타나는 시대적 현상으로 이해될 수 있다 도 237.

연속 공간을 구성하는 어휘들은 이상의 예들에서와 반대로 순수 추상 형태의 조작만으로도 구성될 수 있다. 이것은 건축이 지니는 의미론(semantic)적 상징 기능을 부정하고 통사론(syntactics)적 문법만으로 건물을 구성하려는 아이젠만의 개념과 비슷한 것으로 이해될 수 있다. 구상 요소들의 나열에 의해 연속 공간을 구성할 경우 그러한 구상적 의미를 이해할 수 있는 특정인들에게는 그 공간이 강한 스토리 전달 능력을 가질 수 있지만 그 외의 사람들에게는 문화적으로 낯설게 받아들여지며 오히려 거부될 수도 있다. 이에 반해 추상 어휘를 이용한 통사론적 문법만으로 구성되는 연속 공간은 직접적으로 의미를 전달하는 능력은 결여되지만 누구에게나 동일한 내용으로 제시될 수 있다는 보편성의 장점을 갖는다. 통사론적 문법에 의해 연속 공간을 구성할 경우 점, 선, 면, 입체를 조작한 다양한 상태의 추상 어휘들이 가장 많이 쓰이는 건축 어휘가 된다.

게리(Gehry)의 미드-애틀랜틱 도요타 배급소(Mid-Atlantic Toyota Distributors)는 이러한 경향에 대한 좋은 예이다. 이 건물의 실내는 다양한 상태로 조작된 벽체를 중심으로 한 추상 어휘들의 연속으로 구성되고 있다. 크고 작은 여러 형태의 개구부가 뚫린 벽체는 스크린처럼 느껴지며 이러한 스크린들이 연속적으로 나열된 사이사이를 헛보가 사선 방향으로 가로지르며 지나가고 있다. 게리의 이러한 통사론적 어휘는 뉴욕5 건축의 어휘에 좀더 분산적인 조형 처리를 가하여 얻어진 결과로 해석될 수 있다. 게리의 연속 공간은 여러 장의 스크린이 겹쳐 보이며 형성되는 복합 공간 속의 긴장감을 특징으로 갖는다 도 238.

건축적 경향을 강하게 나타내는 설치 조형 예술가 샤르네이(Charney)도 통사론적 구성으로 이루어진 실내 설치 작품과 옥외 조경 작품을 많이 남기고 있다. 샤르네이의 '로지에에서 포포바까지(From Laugier to Popova)' 라는 제목의 실내 설치 작품은 이런 경향을 잘 보여주는 예이다. 이 작품에서 샤르네이는 앞에 소개한 게리의 실내와 유사한 연속 공간 구성을 보여주고 있다. 이 제목에서 암시하듯 로지에와 포포바는 모두 조형 환경을 추상 어휘로 구성하려 시도한 대표적 인물들이다. 로지에는 추상 어휘를 합리주의적 시각에 기초한 아키타입(archetype)의 개념으로, 그리고 포포바는 추상 어휘를 구성주의적 시각으로 각각 해석해내었다. 샤르네이는 이 모든 것을 통합한 추상 어휘의 종합판 개념으로 실내를 구성하고 있다. 샤르네이의 연속 공간은 생략과 관입과 중첩 등의 조형 조작이 가해진 추상 어휘들의 긴장감 넘치는 연속 구성을 특징으로 갖는다 도 239.

베빌라크 & 갈부시에리(Bevilacque & Galbusieri)의 아르테미드 로스엔젤레스 쇼룸(Artemide Los Angeles Showroom)은 위와 같은 통사론적 구성에 캘리포니아 지방의 '자유 정신(free spirit)' 개념이 첨가된 특징을 보여준다. 이 상업 공간에서는 긴 장방형 실내의 중앙에 사각형 단면의 튜브 공간이 역시 길이 방향으로 설치되어 있다. 네 장의 스크린이 이 튜브 공간을 직각에서 조금 벗어난 각도로 가로지르며 관입되고 있다. 실내의 양끝 모서리 공간은 벽체를 이용하여 극도로 비정형적으로 구획되고 있다. 평면도상으로는 비교적 갈끔하게 정리된 모습을 보여주는 이들의 실내는 각 추상 어휘들에 심한 조형 조작이 가해지면서 실제로는 캘리포니아 스쿨의 전형적인 해체적 분위기로 나타나고 있다.

도 239
멜빈 샤르네이(Melvin Charney),
'로지에에서 포포바까지(From Laugier to Popova)', 1985

　위에 예를 든 통사론적 실내 구성들에서는 추상 어휘들 사이에 관입이나 중첩 등과 같은 연속적 연결이 지켜지면서 총체적으로 하나의 실내라는 통일감이 느껴지고 있다. 이에 반해 베빌라크 & 갈부시에리의 실내에서는 각 추상 어휘들이 단독으로 존재하면서 사이사이에 크고 작은 간극들이 벌어져 있다. 그 결과 이들의 실내에서는 파편적인 느낌이 강한 추상 어휘들이 연속적으로 늘어서면서 해체적 분위기의 연속 공간이 형성되어 있다. 그로테스크한 색채 조합은 이런 분위기를 배가시킨다. 해체 건축에서도 드러났듯이 공간 골격을 구성하는 통사론적 구조도 특정한 목적을 갖는 조형 조작이 가해질 경우 그 자체로서 독립적 의미 형성 기능을 갖기도 한다 도 240.

　이상 살펴본 바와 같이 연속 공간은 정형화된 한두 가지 법칙이 전체 구성을 지배하는 것을 거부한다. 이런 점에서 연속 공간은 임의성(randomness)의 개념을 공유하는 것으로 이해될 수 있다. 그러나 연속 공간의 최종 목표는 이러한 임의성은 아니다. 연속 공간에 있어서 임의성은 구성 요소를 배열하기 시작하는 출발점일 뿐 최종 목표는 그러한 연속 사이에 자연스러운 스토리가 구성되는 상태를 지향한다. 앞뒤 요소들 사이에 공식화된 문법적 관계만 존재하지 않을 뿐 연속 공간의 경우에도 전체 구성에 있어서는 조화를 바탕으로 한 커다란 스토리가 느껴질 수 있어야 한다.

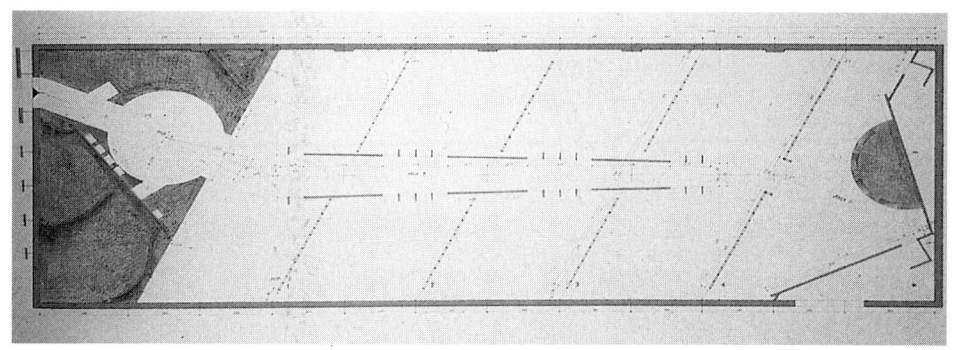

도 240
카를로타 드 베빌라크 & 페데리카 갈부시에리(Carlotta de Bevilacque & Federica Galbusieri), 아르테미드 로스앤젤레스 쇼룸 (Artemide Los Angeles Showroom), 로스앤젤레스, 캘리포니아, 1988

연속 공간에 나타난 이러한 양면성은 픽처레스크(picturesgue)라는 개념으로 설명될 수 있다. 픽처레스크는 신비롭고 경외로운 상태로 존재하는 자연의 다양하면서도 조화로운 구성력을 지칭한다. 자연은 무수히 다양한 요소들로 구성되어 있으면서도 이것이 무책임한 분산으로 끝나지 않고 평화로운 조화의 상태로 유지하게 해주는 엄격한 구성력을 내면에 갖고 있다. 연속 공간에서 추구하는 임의적이면서도 조화로운 구성 상태는 바로 자연의 비밀인 이러한 픽처레스크의 개념을 바탕으로 갖는 것으로 이해된다. 이런 점에서 연속 공간에 나타난 상대주의적 공간 특성은 모던 픽처레스크(Modern Picturesque)쯤으로 불릴 수 있다.

테라니 오피스(Terragni Office)의 코모 빌딩(A Building in Como) 입면 계획안은 위와 같은 모던 픽처레스크의 개념을 2차원 상태로 잘 나타내주고 있다. 이 입면은 어느 것 하나 서로 같은 것이 없는 여러 조각의 사각형들이 나란히 병렬하며 구성되어 있다 그러나 이러한 비정형성은 무질서한 분산으로 끝나지 않고 최종적으로 안정감있는 구성의 상태로 나타난다. 사각형 조각들의 배경으로 깔린 풍경은 이런 픽처레스크의 개념을 명확히 해준다. 도시의 풍경 사이사이에 나무가 섞여 구성된 뒷 배경은 현대 도시 속 조형 환경의 다양한 임의성을 상징하는 것 같아 보인다. 이와 같은 현대 도시의 상황 속에서 건물은 지나치게 정형화되어도 안되며 반대로 덩달아 무질서한 채 남아 있어도 안된다. 주변 조형 환경의 다양한 임의성은 받아들이되 최종적으로는 조화로운 하나의 스토리로 읽혀질 수 있어야 한다. '포괄적 표면(comprehensive surface)'이라는 이 드로잉의 부제는 이런 개념을 함축적으로 표현해주

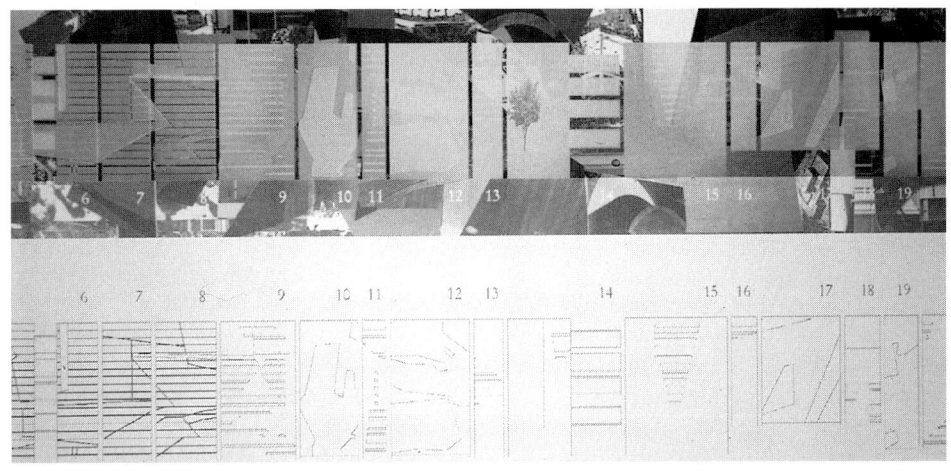

도 241
테라니 오피스(Terragni Office), 코모 빌딩(A Building in Como)

고 있다 도 241.

포르장파르(Portzamparc)의 디디비 구역(Le Quartier DDB)은 모던 픽처레스크의 개념을 3차원상의 연속 공간으로 잘 보여주고 있는 예에 해당된다. 여러 채의 건물들이 모여서 작은 규모의 마을 같은 환경을 형성하고 있는 이 복합 단지는 다양한 형태의 건물들을 연속적으로 배열함으로써 구성되어 있다. 그러나 이러한 다양성은 다시 한 번 무질서한 분산으로 끝나지 않고 중앙의 광장을 중심으로 한 공동체적 질서로 나타나고 있다 도 242.

픽처레스크 구성은 공간 속 동선의 기본 개념을 변화시켰다. 이전의 기능주의적 공간 속에서 동선은 효율적 이동을 수행해주는 기능체의 개념으로 정의되었다. 이에 반해 픽처레스크 공간 속에서 동선은 걸어가면서 다양한 장면을 즐기는 체험적 이동의 개념으로 정의된다. 특히 현대 건축의 상대주의 공간 개념이 적용된 모던 픽처레스크 구성은 사용자 측의 적극적 참여를 포함하는 종합 환경의 의미로서 공간을 정의한다. 이것은 절대주의 구성하에서 공간이 일직선 복도로 정의되면서 사용자에게 수동적으로 강요되던 것과는 정반대의 개념이다. 모던 픽처레스크 공간은 그 속을 걸어감에 따라 주변 환경이 연속적으로 변하면서 사용자의 주관적 심리 반응을 유발한다. 이것은 건축이 한 장의 고정된 그림에 비유되던 절대주의적 시각에서 벗어나 연속적 장면의 총합이라는 영화적 구성으로 정의됨을 의미한다. 연속적 장면의 총합으로 구성

도 242
크리스티안 드 포르장파르크
(Christian de Portzamparc),
디디비 구역(Le Quartier DDB),
생투앙(Saint-Ouen), 프랑스, 1993
ⓒ Christian de Portzamparc/
ADAGP, Paris-IKA, Seoul, 1999

되는 하나의 공간적 스토리 속을 걸으면서 사용자는 자신의 감상적 체험을 공간의 특성에 동일화시키게 된다. 이와 같이 일련의 상대주의화 과정을 통해 모던 픽처레스크 공간은 가장 리얼리티가 높은 참여적 환경의 개념으로 정의된다.

지금까지 소개한 산책로나 연속 공간 등과 같은 탈포디즘 개념의 상대주의 공간은 미로(labyrinth)에서 그 절정에 달한다. 미로는 고대 이집트나 중세와 같은 종교적 신비주의를 바탕으로 삼는 문화권에서부터 은밀한 내면적 공간의 형태로 존재해 왔다. 이때의 미로는 직접적 의사 소통을 불가능하게 만드는 폐쇄적 물리 구조를 가졌다. 이와 같은 신비주의적 미로는 초월적 상태에 도달하는 과정으로 정의되었기 때문에 그것을 사용하는 사람들에게는 공간 선택의 자유가 주어지지 않았다. 신비주의적 미로 속에서 사람은 처음부터 정해진 목표를 향해 극도로 복잡한 공간 속을 한 방향으로만 진행하도록 몰림을 당했다. 공간 속은 복잡했고 사람은 그 속에서 어디쯤 가고 있는지 모른 채 길을 잃기가 일쑤였다. 그러나 미로 속의 통로는 한 방향으로만 나 있었기 때문에 공간이 복잡하거나 그 속에서 길을 잃었다 해도 그 방향으로만 계속 움직이면 자기도 모르는 사이에 목적지에 도달해 있었다. 이러한 공간 구조는 절대주의 공간의 전형적 예에 해당되며 그런 점에서 위와 같은 전통 문화에서의 미로는 절대주의 미로쯤으로 불릴 수 있다. 절대주의 미로 속에서 사람들은 처음부터 정해진 공간 과정을 거치며 동선 몰이를 당하는 피동적 이동체에 불과했다.

동선 몰이 개념의 절대주의 미로는 독단적 기능주의 건축에서 본격적으로 양산되기 시작했다. 독단적 기능주의가 전성을 누리던 시기에는 효율적 산업 생산을 위한 중앙 통제 체제를 중심으로 사회 조직 전체가 구성되고 운용되었다. 동선 몰이는 이러한 중앙 통제 체제가 건축에서 가장 극명하게 나타난 경우에 해당된다. 모든 공간은 똑같은 모듈에 의해 가지런히 구획되어 반복되었으며 이러한 구성을 총괄하는 뼈대 개념의 일직선 복도를 통해서 사람들은 다시 한 번 동선 몰이를 당하는 피동적 이동체로 전락했다. 앞에서 설명한 엘리트주의식 결정론은 이러한 동선 몰이를 합리화시키는 배경 논리 역할을 하였다. 건축가는 도면을 놓고 선 몇 개를 긋고 여기에 층수와 호수를 기입하는 것만으로 사용자의 동선 몰이를 마음대로 결정할 수 있었다.

이러한 구성은 산업 현장에서의 포디즘식 컨베이어 벨트(conveyor belt)에 비유될 수 있다. 컨베이어 벨트는 더 많은 재화의 생산이라는 산업 자본주의의 미덕을 완수하기 위해 중단 없이 돌아가야 했다. 컨베이어 벨트가 멈추거나 거꾸로 움직이거나 혹은 서로 얽히는 일은 곧 그 생산 체계의 존재 이유가 상실됨을 의미했다. 이와 동일한 시대 정신의 논리에 의해 독단적 기능주의 건축에서 사용자의 동선은 건축가에 의해 일직선 복도의 조합 형태로 사전에 치밀하게 계획되고 결정지어졌다. 그리고 사용자는 이처럼 건축가가 미리 짜놓은 공간 구성을 그대로 따라다녀야 하는 동선 몰이를 당하였다.

후기 산업 자본주의기에 접어들어 탈포디즘식 사회 운용 체계가 확산되면서 미로의 개념도 위와 같은 절대주의 미로에서 상대주의 미로로 바뀌어 새롭게 시도되었다. 여기서 상대주의라 함은 지금까지 설명되어진 상대주의 공간의 내용들과 동일하게 이해될 수 있다. 그리고 상대주의 미로라 함은 넓은 의미로 볼 때 이러한 상대주의 공간의 개념이 미로라는 특정 공간 구조에 적용되어 나타난 결과를 일컫는다. 상대주의 미로는 절대주의 미로에서의 동선 몰이식 공간 개념에 반대하여 공간에 대한 기대감을 유발하고 사용자에게 동선 결정의 선택권을 부여함으

도 243
아라카와(Arakawa),
메종 데스텡 레버시블
(Maison Destin Reversible)

도 244
아우렐리오 갈페티(Aurelio Galfetti), 벨린초나 카스텔그란데 복원(Restoration of the Castelgrande in Bellinzona), 벨린초나, 스위스, 1981-1988

로서 다양한 공간감을 제공하려는 공간 개념을 갖는다. 좁은 의미에서의 상대주의 미로는 그 결과 나타나는 새로운 공간 형태를 일컫는다도 243.

상대주의 미로를 결정짓는 가장 큰 특징은 그것이 관계적 공간(relational space)으로 구성된다는 점이다. 관계적 공간이란 건축가가 만들어놓은 몇 가지 건축적 장치들 사이의 관계적 법칙으로부터 무한대의 다양한 체험이 제공되는 공간 구조를 일컫는다. 건축가는 공간을 형성하는 데 필요한 최소한도의 건축적 장치만 마련해준 후 공간의 감상과 동선 처리는 사용자의 의도에 맡기게 된다. 사용자는 그러한 건축적 장치들 사이의 관계적 법칙으로부터 형성되는 다양한 경우의 수 가운데 각자의 감성에 맞는 내용을 선별하여 공간 체험을 즐길 수 있다. 탈권적 분산화라는 후기 산업 자본주의의 새로운 시대 흐름 아래에서 공간의 사용자는 더이상 건축가의 의도대로 동선 몰이를 당할 필요가 없게 되었다. 사용자는 공간과 관련된 모든 사항에서 스스로 선택할 권리를 갖는다. 이와 같이 사용자에게 선택권을 돌려주는 개념의 관계적 공간으로 가장 많이 쓰이는 기법은 갈래길이다.

갈페티(Galfetti)의 벨린초나 카스텔그란데 복원(Restoration of the Castelgrande in Bellinzona)은 갈래길을 이용한 상대주의 미로의 좋은 예를 보여준다. 이 공간 속에서 사용자는 세 갈래 길 가운데 한 가지를 스스로 선택해야 되는 지점을 맞닥뜨리게 된다. 그 세 갈래 길은 중앙의 통로형 공간과 좌우측의 계단실로 구성되어 있다. 세 갈래 길 너머의 목적지에는 어렴풋한 빛줄기만이 비출 뿐 선택을 강요하는 구체적 유인 요소는 보이지 않는다. 이 공간이 동굴 속이라는 사실은 이와 같은 상대주의 미로의 느낌을 배가시켜준다도 244.

세 갈래 길은 홀라인(Hollein)에 의해서 다시 한 번 사용되고 있다. 홀라인의 프랑크푸르트 현대 미술관(Frankfurt Museum of Modern Art) 실내에서도 갈페티의 경우와 매우 유사한 세 갈래 길이 사용자의 선택을 기다리고 있다. 홀라인의 실내에서는 여기에 더하여 세 갈래 길과 맞닿아 꺾인 좌우 측벽의 모서리 부분에 각각 하나씩의 통로를 더 둠으로써 결과적으로 사용자는 다섯 갈래길 가운데 하나를 선택하도록 되어 있다. 이 때 이 같은 5중 선택이 혼란으로 느껴지지 않고 다양한 공간 경험으로 느껴지는 이유는 갈래길 이외의 공간 구조는 가능한 한 단순한 추상적 분위기로 처리되었기 때문이다. 이러한 처리 덕분에 사용자의 관심은 갈래길의 선택에 집중되면서 각 길의 반대쪽 상태에 대한 추측이 가능해지는 등 관계적 공간의 체험 효과가 배가되고 있다 도 245.

도 245
한스 홀라인(Hans Hollein), 프랑크푸르트 현대 미술관(Frankfurt Museum of Modern Art), 프랑크푸르트, 독일, 1991

상대주의적 미로를 이와 같이 관계적 공간에 의해 정의할 경우 공간 구조는 의외로 단순한 상태로 나타나게 된다. 이것은 미로는 복잡할 것이라는 상식과 반대되는 역설 같은 것이다. 공간의 체험적인 질은 반드시 복잡한 구도 속에서 얻어지는 것은 아니다. 공간의 운용 방식 또한 중요한 기준이 될 수 있다. 건축가에 의한 동선 몰이가 부재한 상태에서 사용자의 자발적 선택에 의해 체험되는 공간은 가장 단순한 형태로 주어지더라도 얼마든지 즐거운 체험의 대상이 될 수 있다.

요우르단(Jourdan)의 카셀 도큐멘타 홀(Documenta Hall in Kassel)은 이런 내용을 잘 보여주는 예이다. 주르단은 이 건물의 실내에서 갈래길을 홀라인의 예에서 보다 오히려 더 적은 두 개로 줄임으로써 상대주의 미로가 지니는 위와 같은 단순성의 역설을 잘 보여주고 있다. 주르단의 실내에서는 벽체의 1층 왼쪽 구석에 정사각형 개구부를 갖는 통로와 2층 오른쪽 구석에 계단을 오른 후 이어지는 통로의 두 갈래 길이 제시되어 있다. 공간 전체의 분위기는 미니멀리즘 공간으로 분류될

도 246
요켐 요우르단(Jochem Jourdan), 카셀 도큐멘타 홀(Documenta Hall in Kassel), 카셀, 독일, 1989-1992

만큼 극도로 추상화되어 있다. 그러나 이처럼 두 개의 갈래길을 완전히 다르게 처리한 후 좌우 양끝으로 떼어놓음으로써 선택으로부터 얻어지는 체험의 강도는 훨씬 강하게 느껴질 수 있다. 사용자가 두 갈래 길 중 어느 하나를 선택해서 들어가보기 전에는 앞에 무엇이 있는지 알 수 없게 되어 있다. 이처럼 호기심이 자극되면서 두 갈래 길의 선택에서 파생되는 관계적 법칙의 경우의 수는 그 만큼 다양해지게 된다. 두 갈래 길 중 반드시 이쪽으로 가야한다는 건축가 쪽에서의 동선 몰이식 강요는 어디에서도 느껴지지 않는 대신 호기심을 자극하고 추측 연상을 유발시킴으로써 사용자의 자발적 선택을 유인해내고 있다 도 246.

관계적 공간의 개념을 특히 동선을 담당하는 이동 부재에 집중시켜 처리할 경우 상대주의 미로는 임의적 방향성(random direction)이라는 또다른 공간적 특성을 갖게 된다. 임의적 방향성은 앞에 언급된 산책로의 개념과 갈래길 개념을 함께 갖는 것으로 해석될 수 있다. 대형 공간 속에서 동선의 이동을 담당하는 브리지, 복도, 계단, 경사로, 에스컬레이터 등의 선형 부재를 갈래길처럼 분산시키는 방법은 임의적 방향성을 처리하는 대표적 기법 가운데 하나이다. 솜(SOM)의 해군 합동 지휘소(Naval Systems Commands Consolidation) 계획안은 이러한 개념의 임의적 방향성을 잘 보여주고 있다. 솜의 대형 실내 공간 속에서 위와 같은 선형 이동 부재들은 자유로운 방향으로 이쪽저쪽을 가로지르며 지나가고 있다. 동선은 차단되거나 꺾이다가 갈래길을 만난다. 이쪽 공간에서 저쪽 공간으로 이동하는 방법은 한 방향으로 선험적으로 계획되어 강요되는 것이 아니라 중간에 여러 번의 선택 과정을 거치며 다양한 관계적 법칙의 상태로 주어진다. 사용자는 이러한 관계적 법칙들로부터 스스로 이동 방법을 선택할 수 있다 도 247.

볼아게(Wohlhage)의 텔토 카날 사무소 건물(Office Building on Teltow Canal)에서는 위아래로 엇갈리며 교차하는 도시 속 입체 도로망으로부터 차용한 임의적 동선 구조가 대형 공간을 가로지르며 형성되어 있다. 사용자는 이러한 동선 구조 속을 일일이 옮겨다니며 직접 체험함으로써 각자 다양한 공간 스토리를 스스로 창조해낼 수 있다. 공간의 성격은 건축가에 의해 선험적으로 결정되는 것이 아니라 사용자의 경험적 개입에 의해 각자의 상태에 따라 다양하게 정의된다. 이러한 다양한 내용은 어떤 절대적 기준에 의해 거부되거나 정리되지 않고 그 자체가 모두 이 공간의 특징이 된다. 공간의 특징은 각자의 주관적 감상에 따라 결정되는 상대적 경험의 대상이지 한 가지 순서와 모델을 강요하는 결정론적 학습의 대상은 아니다 도 248.

파웰-터크 파트너십(Pawell-Tuck Partnership)의 녹음 스튜디오(Recording Studio)에서는 네 개층을 오르는 계단, 브리지, 경사로 등의 동선 구조가 극도의 분산적 방향성을 보이면서 구성되어 있다. 이러

도 247
솜(SOM), 해군 합동 지휘소 (Naval Systems Commands Consolidation), 버지니아, 1992

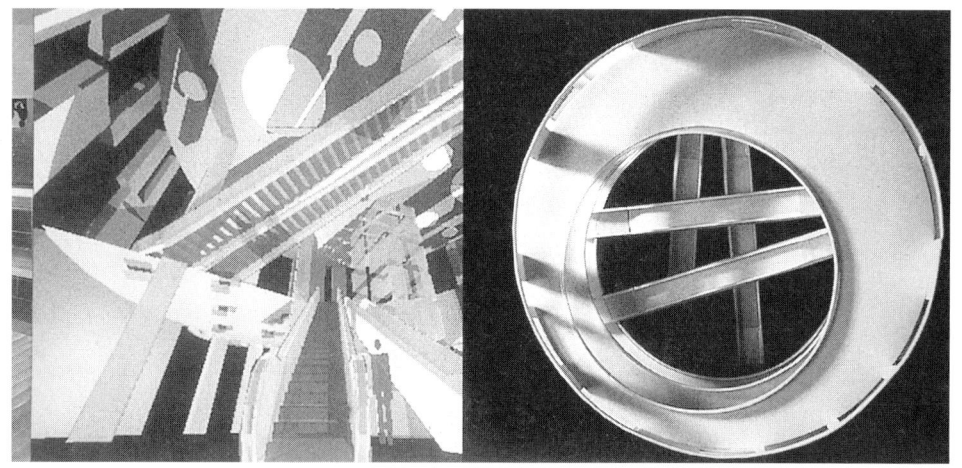

도 248
레온 볼아게(Leon Wohlhage),
텔토 카날 사무소 건물(Office
Building on Teltow Canal),
베를린, 독일, 1996

한 동선 구조는 사용자에게 다양한 공간 경험의 최대치를 보장해준다. 오르다 꺾이고 쉼터를 만났다가 다시 반대 방향으로 꺾이는 등 이 건물 안에서는 수직 방향으로의 지그재그식 동선 구조가 형성되어 있다. 피라네지(Piranesi)의 미로 동선 구조에 대한 축소판쯤으로 이해될 수 있는 이 실내 공간 속에서 사용자는 무수히 꺾이는 동선의 변화에 의해 계단을 오르는 수고를 잊고 긴장감 넘치는 공간 경험을 하게 된다. 한 번 꺾일 때마다 시시각각 변하는 주위의 장면은 사용자에게 끊임없이 다음 장면에 대한 기대를 유발시키며 동선 이동을 유인한다. 이 공간 속에서 사용자는 더이상 동선 몰이를 강요당하지 않는다. 그 대신 사용자는 방향이 바뀜에 따라 임의적으로 주어지는 다양한 장면을 유람 즐기듯 선택해서 즐길 수 있는 상대주의 미로의 매력을 만끽할 수 있다도 249.

하디, 홀츠만 & 파이퍼 파트너십(Hardy, Holzman & Pfeiffer Partnership)의 맥컬러그 학생 회관 및 아트 센터(Mccullough Student Center And Arts Center)에서는 동선을 포함한 각실의 실내 구성이라는 공간 전체의 구도에 있어서 임의적 방향성의 개념이 적용되고 있다. 이 건물에서는 각 실들이 마치 구슬을 뿌려놓듯이 임의적으로 분산 배치되어 있다. 이 사이사이를 연결해주는 동선은 이에 따라 자연스럽게 임의적 방향성을 획득하고 있다. 이러한 실내 공간 속에는 어느 한 방향으로도 주도적 축이 존재하지 않으며 어느 한 군데 곧은 직선 동선이 형성되어 있지 않다. 마치 오랜 기간에 걸쳐 자연 발생적으로 형성된 골목길

도 249
파웰-터크 파트너십(Pawell-Tuck Partnership), 녹음 스튜디오 (Recording Studio), 런던

도 250
하디, 홀츠만 & 파이퍼 파트너십 (Hardy, Holzman & Pfeiffer Partnership),
맥컬러그 학생 회관 및 아트 센터 (Mccullough Student Center And Arts Center), 미들베리 대학 (Middlebury College),
버몬트, 1991

사이를 거니는 듯한 극도의 비정형적 질서만이 공간 전체에 꽉 차있을 뿐이다. 이 공간 속에는 통로는 있으나 목표는 감추어져 보이지 않는다. 다음 장면은 가려져 암시되고 있을 뿐 한 치 앞의 상태도 실제로 볼 수는 없다. 다음 장면은 끊임없이 추측되고 연상되어야 한다. 시선은 차단되고 길은 꺾이며 다시 갈래길을 만나게 된다. 사용자는 절대주의 미로 속에서의 숨막히는 동선 몰이에서 벗어나 흥미진진한 연속 장면을 감상하

도 251
엠브이알디브이(MVRDV),
슬로터 공원 수영장(Sloter Park
Swimming Pool), 네덜란드, 1994

며 임의적 구성 상태를 각자의 마음 속에서 스스로 재구성함으로써 공간에 대한 완벽한 인지 상태를 획득하게 된다 도 250.

엠브이알디브이(MVRDV)의 슬로터 공원 수영장(Sloter Park Swimming Pool)에서는 공간을 구성하는 물리적 골격 자체에 임의성의 개념이 적용되어 있다. 이 건물에서는 천장 슬라브의 일부분이 다른 부분보다 두껍게 처리되면서 공간 속으로 돌출하여 매달려 있다. 이렇게 처리된 천장 부분 속에는 하나의 실과 이동 동선이 담겨져 있다. 이와는 반대로 뻥뚫린 실내 공간을 가로지르는 계단은 아무 구획이 되어 있지 않은 공간 속에 최소한의 영역을 암시하는 기능을 하고 있다. 이처럼 이 건물 속에서는 천장이 이동 동선이 되고 계단이 벽체 역할을 하는 등 벽과 길 사이의 전도 현상이 일어나면서 공간을 구성하는 절대적 질서의 역개념이 제시되고 있다. 공간 사이를 임의적 방향으로 가로지르는 단선의 계단은 이러한 절대 질서 흔들기의 공간 의도를 더욱 분명히 해주고 있다 도 251.

유럽에서는 현대 도시의 상황에 대한 해석으로부터 미로적 개념을 차용하려는 공통적 흐름이 형성되어 있다. 미술 분야에서의 상황주의(Situationism) 운동은 이것의 대표적 경우이다. 넓은 의미에서의 상황주의는 도시 문제를 포함한 현대 자본주의 문명의 폐해 문제를 고발하는 사회성 짙은 예술 운동이었다. 상황주의 예술가 가운데 콩스탕(Constant)은 이런 문제를 특히 도시 환경의 관점에서 해석하여 가장 건축적인 개념으로 제시하고 있는데 미로는 그 핵심적 내용을 점한다.

콩스탕은 외부 공간에서의 공동체 생활이라는 유럽 전통 도시의 소중한 장점이 현대 기계 문명에 의해 파괴된 현상을 개탄하면서 이것으로부터 자신의 예술적 모티브를 개진하고 있다. 콩스탕은 전파 미디어가 사람들을 집안에만 머무는 이기주의자로 만들었으며 박스형 건물을 일렬로 세우는 모더니즘식 도시 환경은 이런 상황을 부채질한 주범이라는 해석을 남긴다. 현대 도시 속 절대주의 공간의 폐해를 고발하는 과정을 거쳐 콩스탕은 디스토피아(distopia)적 분위기로 가득찬 상대주의 미로 공간을 그 대안으로 제시한다. 음악당을 위한 시가(Ode A L'Odeon)라는 콩스탕의 그림에서는 유클리드적 공간 질서가 붕괴된 채 임의적 공간 소통이 자유스럽게 일어나는 상대주의 미로가 제시되어 있다. 이 그림 속에는 현대 물질 문명을 일군 규범적 질서 가운데 하나였던 유클리드 공간이 결과적으로 현대 도시 속에 극도의 혼란과 타락밖에 남긴 것이 더 있느냐는 다다적 고발의 내용이 담겨 있다 도 252.

현대 물질 문명의 폐해를 네오 다다와 냉소적 팝 분위기로 고발하는 예술가 페체(Pesce) 역시 현대 도시 속에서 소외된 인간 존재의 상태를 미로 개념을 이용하여 해석해내고 있다. 페체의 12인의 공동 부락(Commune For Twelve People)이라는 실내 설치 작품 역시 상대주

도 252
콩스탕(Constant), 음악당을 위한 시가(Ode A L'Odeon), 1969

도 253
가에타노 페체(Gaetano Pesce), 12인의 공동 부락(Commune For Twelve People), 1971-1972

의 미로를 이용하여 공동체 생활의 부활을 주장하고 있다. 페체의 작품에서는 십자가 모양의 12인용 공동 식탁을 갖는 작은 마당이 공간의 중심으로 제시되고 있다. 이것은 공동체적 외부 공간이 말살되어가는 현대 도시의 물리적 골격에 대한 대안적 공간 개념으로 이해될 수 있다. 또한 이곳 중앙 마당을 중심으로 여러 방향으로 퍼져나가는 계단은 앞에서 소개한 임의성의 개념을 갖는 상대주의 미로로 이해될 수 있다.

페체의 상대주의 미로 역시 콘스탕의 그림에서와 마찬가지로 유클리드 좌표 질서에 기초한 모더니즘식 도시 개발의 폐해에 대한 부정적 대안으로 이해될 수 있다. 페체는 유럽 전통 도시 속에 남아 있는 미로 공간이 갖는 인간의 심리 치유 기능을 엄숙한 분위기의 실내 설치 작품으로 재현해내고 있다. 미로 공간은 인간에게 끊임없이 자신의 존재 상태를 자문하게 만드는 내적 여로의 기능을 갖는다. 미로 속에서 인간은 주변 환경에 대해 가장 적극적으로 스스로를 개입시킬 수 있다. 이것으로부터 인간은 스스로의 존재 상태를 결정지어주는 총체적 환경 이미지를 가슴 속에 하나씩 형성할 수 있게 된다. 공간 속에서 인간의 존재 상태는 절대적 질서에 의해 강요되어지는 것이 아니라 스스로의 체험적 이미지에 의해 상대적으로 결정되는 것이다 도 253.

보필(Bofill)은 페체의 실내 설치 작품에 나타난 상대주의 미로 구조를 매우 흡사한 모습으로 실제 건물에 실현시켜 보이고 있다. 보필의 라 무라야 로하(La Muralla Roja)라는 집합 주택에서는 자그마한 중앙 광장에서 출발한 지그재그식 미로를 따라 각 가호로 들어가는 동선이 배치되어 있다. 이 과정에서 시야는 잠시 가렸다가 트이면서 새로운 장면을 접하게 되는 등 사용자는 끊임 없는 공간 변화를 경험하게 된다. 동선이 꺾이면서 시선은 차단되지만 저기를 돌면 무엇이 나올까하는 기대감은 사용자를 점점 더 깊숙한 곳으로 유혹한다. 사용자는 새로운 자극과 놀라움에 대한 기대에 끌려 이길저길을 오르락내리락 거리는 공간 체험을 하게 된다. 절대주의 미로에서와 같은 선험적 공간 규범이 부재된 상대주의 미로 속에서는 그때그때의 매 순간 장면만이 유일한 현실로 나타난다. 사용자는 앞의 공간 상태를 미리 알지 못하고 다만 전진하면서 조금씩 본대로만 알게 될 뿐이다 도 254.

네덜란드 구조주의(Dutch Structuralism) 건축 역시 도시 외부 환경의 문제를 주요 모티브로 삼아 이것을 실내 공간 속에서 해결하려 한 건축 운동이었다. 이 가운데 실내 광장에 대해서는 앞에서 살펴보았다. 일부 구조주의 건축가들은 상대주의 미로 개념을 그러한 해결책으로 제시하였다. 블롬(Blom)은 그 가운데에서도 특히 카스바(Kasbah)라는 공간 구조를 상대주의 미로에 대한 모델로 차용하였다. 카스바는 좁은 뜻으로는 북아프리카 원주민 마을을 일컫는다. 이 마을들은 꼬불꼬불한 골목길을 공간의 물리적 특징으로 갖기 때문에 이 경우에 카스바는 미로와 동의어로 인식될 수 있다. 확장된 의미에서의 카스바는 유곽 지대를 은유적으로 나타내는 말이기도 한데 이것은 유곽 지대 역시 꼬불꼬불한 골목길을 물리적 구조로 갖기 때문인 것으로 이해된다. 이처럼 카스바는 미로 개념을 유곽 지대라는 특수한 공간 형태에 유추시켜 정의해주는 상징성이 강한 모델이다. 그리고 그러한 상징성의 내용은 미로 공간이 갖는 반(反)정리 기능을 의미하는 것으로 이해될 수 있다.

인간은 집을 짓고 마을을 이루어 살아가면서 인공 환경으로부터 생산과 휴식이라는 두 가지 기본적인 기능을 취한다. 이 가운데 첫 번째 목적 아래에서 공간은 효율적인 하부 구조(infrastructure)의 개념으로 정의한다. 이것을 위하여 공간은 규칙적이고 네모 반듯한 형태로 나타나면서 극단적인 정리 기능을 갖추게 되었다. 이런 형태의 공간이 전성

도 254
리카르도 보필(Ricardo Bofill), 라 무라야 로하(La Muralla Roja), 엘리칸테(Alicante), 스페인, 1969-1972

을 누리며 양산된 때가 바로 모더니즘기였다. 모더니즘을 완성시킨 산업 자본주의 아래에서 공간은 '빨리가고 똑바로 걷고 넓은 시야를 가짐으로써 앞의 상태를 예측 가능하게 한다' 라는 시대 가치를 실현시켜주기 위해서 가장 효율적인 정리 기능을 수행할 수 있어야 했다. 더 많은 생산을 위해 구성원들의 행태와 커뮤니케이션을 통제하고 물류 이동의 효율을 확보해야 했기 때문에 공간은 단순화되고 균일화되어갔다.

이처럼 극단적 정리 기능을 갖는 공간만이 양산되며 도를 넘어서기 시작하면서 현대의 물질 문명병이라는 심리적 불안 상태가 나타나기 시작하였다. 네모 반듯하고 완전히 뚫린 모더니즘의 균질 공간에는 심리적 휴식 공간이 없었기 때문이다. 통제된 시스템 속에서 생산 활동에 전념한 뒤에 사람들은 항상 심리적 휴식을 필요로 하게 되며 그것은 닫힌 공간 안에서 감추어지고 싶은 행태로 드러난다. 이렇게 혼자서만 하고 싶은 행동을 담을 수 있는 공간이 바로 반정리 기능을 갖는 공간들이다. 그리고 블롬이 제시한 카스바의 모델은 미로 개념을 이러한 반정리 기능으로부터 정의해내려는 시도로 이해된다.

블롬(Blom)의 '어번 루프에서 카스바로(From Urban Roof To Kasbah)' 라는 건물은 위와 같은 미로의 의미를 잘 나타내준다. 특히 제목에 쓰인 어번 루프라는 말은 좁은 의미로는 르 코르뷔지에의 평지붕, 그리고 넓은 의미로는 모더니즘식 도시 개발이 남긴 고층 숲의 스카이라인을 상징하는 것으로 해석될 수 있다. 이런 점에서 블롬은 이 건물에서 모더니즘의 절대주의 공간에 반대하는 의미로 카스바의 미로 공간을 제시하고 있음을 분명히 알 수 있다. 반정리 기능이라는 심리적 여과 장치를 갖지 못한 모더니즘의 절대주의 공간은 결국 삭막한 도시 환경을 양산하고 말았다. 현대 문명이 겪고 있는 인간성 상실이라는 문명병은 극단적 정리 기능만 갖는 기형적 인공 환경이 초래한 결벽증에 해당된다. 블롬은 이것에 대한 대안으로 유곽이라는 반정리 기능의 의미를 갖는 카스바를 제시하였다. 심리적 배설과 휴식에는 복잡하고 지저분한 반정리 기능의 공간이 필요하다. 카스바에 담긴 상대주의 미로의 의미는 이처럼 쉬면서 나를 잠시 감출 수 있는 포근하고 내향적인 공간과 잘 부합되는 개념이었다 도 255.

미로가 지니는 반정리 기능을 성적인 주제와 연관시켜 해석하려는 이러한 시도는 모태 공간이라는 주제로 발전한다. 동굴이나 여성의

도 255
피트 블롬(Piet Blom),
'어번 루프에서 카스바로(From Urban Roof To Kasbah)',
헹겔로(Hengelo), 네덜란드, 1972-1973

질(womb)과 같은 모태 공간은 신비로운 또 하나의 세계를 상징하는 건축적 개념으로 자주 차용되어 왔다. 근대 건축 이후의 시기만 보더라도 아르 누보(Art Nouveau) 건축, 가우디(Gaudi), 슈비터스(Schwitters), 표현주의(Expressionism) 건축 등과 같은 많은 예에서 동굴과 질 공간 같은 모태 공간은 중요한 건축적 주제로 차용되었다. 현대 건축에서도 팝 건축, 네오 다다 계열의 건축, 그리고 신 표현주의(New Expressionism) 건축 등에서 모태 공간은 자주 등장한다. 이때 모태 공간이 상징하는 '신비로운 또 하나의 세계'라는 개념이 바로 절대주의 균질 공간에 반대되는 상대주의 미로를 지칭하는 것으로 이해될 수 있다.

니키 드 생트 팔르(Niki De Saint Phalle)의 그녀(Hon)라는 전시 공간은 여성의 몸체로 전체 윤곽을 잡은 후 다리 사이의 질 부분을 출입구로 처리함으로써 모태 공간 속으로의 유인 의도를 분명히 밝히고 있다. 사람들은 성인이 되어서도 가장 창피한 나만의 배냇짓을 할 수 있는 질 속 같은 모태 공간이 필요하다. 큰 공간 속에서 좁은 질 속으로 미끄러져 들어가는 미로 경험은 이러한 모태 공간을 향한 욕구를 충족시켜주는 심리적 치유 기능을 갖는다. 입구를 통과한 관람객은 임신부의 배처럼 볼록하게 처리된 전시 공간 속에서 마치 태아가 된 듯한 경험을 하게 된다.

신 표현주의 건축가 도메니그(Domenig)의 에겐베르그 다목적

홀(Multi-Purpose Hall In Egenberg)에서는 모태 공간 속을 암시하는 공간 모습으로 실내가 처리되어 있다. 이 건물의 실내는 질을 구성하는 단층 근육과 흡사한 공간 골격에 의해 구성되어 있다. 이 건물의 실내는 비정형적이고 비효율적인 공간 구조를 갖지만 질 속 같은 포근하고 편안한 느낌을 준다. 이 건물의 실내에서는 여러 겹의 모태 공간을 확인하며 폭신하게 안겨 쉬고 싶은 또다른 종류의 미로 경험을 할 수 있다 도 256.

네델란드 태생이면서 뉴욕5 건축가였던 헤이덕(Hejduk)도 도시 해석으로부터 미로의 모티브를 차용한 적이 있었다. 헤이덕은 뉴욕5 건축이 본격화되기 직전인 1960년대 초중반기에 남긴 일련의 계획안에서 미로의 개념으로 구획된 사각 공간의 예를 많이 남기고 있다. 헤이덕의 다이아몬드 박물관 시(Diamond Museum C)에서는 벽체와 기하 단위들의 조합으로부터 미로 구도가 형성되어 있다. 이러한 미로 구도는 사이사이에 자그마한 실내 영역을 갖는다거나 혹은 공간 전체적으로 구심적 확산 구도를 갖는 등 새로운 질서로 재편되어 나타난다. 이것은 미로가 질서를 흐트러뜨리는 공간 구도라는 일반적인 상식과 반대되는 미로 개념일 수 있다. 헤이덕의 이러한 새로운 미로 개념은 자신의 뉴욕5 건축 어휘인 복합 공간 구도를 이용하여 미로를 표현한 것으로 이해될 수 있다 도 257.

도 256
권터 도메니그(Guenter Domenig), 에겐베르그 다목적 홀(Multi-Purpose Hall In Egenberg), 그라츠(Graz), 오스트리아, 1974-1979

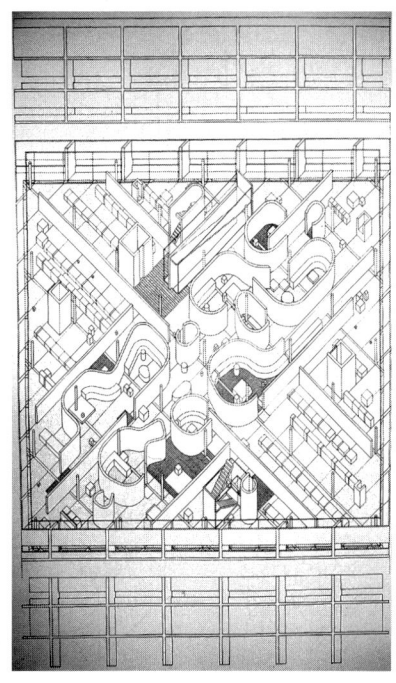 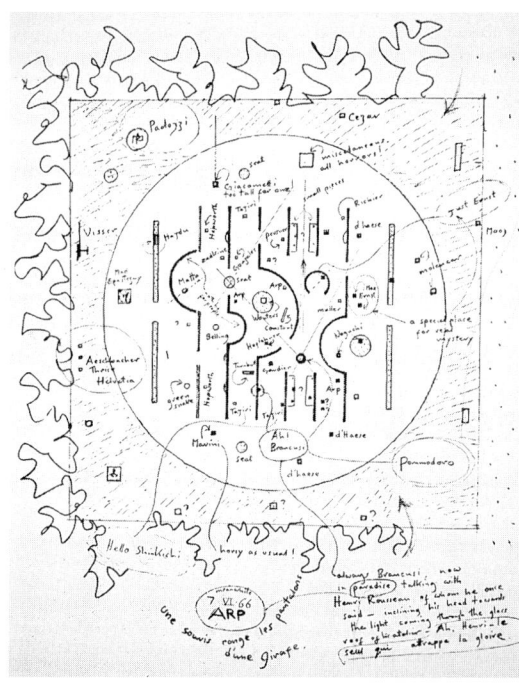

혹은 이보다 좀더 넓은 범위에서 보았을 때 다이아몬드 박물관에 나타난 헤이덕의 미로는 이와 같은 시기인 1960년대에 상황주의나 구조주의 건축에서 시도되었던 도시 해석 경향의 영향을 받은 것으로 추측될 수도 있다. 구조주의 건축가였던 반 에이크(Van Eyck)의 조각 파빌리온(Sculpture Pavilion) 평면도는 헤이덕의 미로와 유사점을 보여준다. '미로 연구'라는 부제가 붙은 반 에이크의 이 건물에서도 미로의 중간중간에 크고 작은 반원형의 영역이 형성되어 있다. 혹은 미로 구도 자체를 통해서도 새로운 질서 의지를 드러내는 등 미로를 활용한 복합 공간적 질서 형성이 시도되고 있다. 이것은 인간의 조형 환경에 요구되는 질서 기능 자체는 유지하되 모더니즘의 균질 공간이 유발한 건축 환경의 삭막함에 대한 치유적 대안의 개념으로 복합 공간을 활용한 미로적 질서를 제시한 것으로 이해될 수 있다 도 258.

도 257 ◀
존 헤이덕(John Hejduk), 다이아몬드 박물관 시(Diamond Museum C), 1963-1967

도 258 ▲
알도 반 에이크(Aldo Van Eyck), 조각 파빌리온(Sculpture Pavilion), 아른헴(Arnhem), 네덜란드, 1966

이상과 같은 내용들은 모두 유럽을 중심으로 도시 공간을 해석하는 과정의 일환으로 시도된 것들이었다. 이러한 전통은 최근까지도 계속되고 있다. 홀(Holl)은 유럽의 오래된 도시에 남아 있는 골목길을 해

도 259
스티븐 홀(Steven Holl),
〈포르타 비토리아 Porta Vitoria〉,
밀란(Milan), 이탈리아, 1986

석하여 그것으로부터 상대주의 미로 개념의 공간 구도를 찾아내고 있다. 홀은 이러한 작업 내용을 일련의 드로잉을 통해 남기고 있으며 이 가운데 일부는 그의 실제 작품에 응용되기도 한다. 홀의 〈포르타 비토리아 Porta Vitoria〉라는 드로잉에는 유럽의 골목길에서 추출된 상대주의 미로 모델이 제시되어 있다. 홀의 미로를 구성하는 공간 골격은 지금까지 위에서 소개되어 온 내용의 범위 내에 속하는 것으로 판단될 수 있다. 목적지가 지워져 있고 동선은 분산되어 있으며 막다른 길이 나오다 갈래길이 쳐져 있다 도 259.

이처럼 미로 탐구의 예들이 꾸준히 이어지는 이유는 미로라는 공간 개념이 지금 우리의 사회 문명 사조인 후기 산업 자본주의의 운영 메커니즘에 잘 부합되기 때문인 것으로 이해된다. 탈 모던적 후기 산업 자본주의 아래에서 경제 운영 체계나 사회 조직 체계 혹은 전자 매체 체계 등과 같은 사회 전반의 운영 원리에서 미로적 논리 모델이 다시 등장하고 있다. 이것은 성기 모더니즘을 이끌었던 논리 모델인 일직선적 의사 소통 체계가 다양한 복합 구도로 바뀌었음을 의미하는 것이다. 이러한 내용은 현대 도시를 구성하는 도심 외부 공간의 해석과도 일치한다. 선험적이고 총체적인 공간 통제 규칙이 더이상 무의미해진 현대 도시의 복합 공간 속에서 조형 환경을 결정짓는 유일한 논리 구도는 매 순간마다의 선택이 연속으로 이어지는 다중 채널뿐인 것이다.

6 카오스와 무질서적 질서

임의성의 개념이 예술적 주제로서 타당성을 가질 수 있는 이유는 그것이 우리 현실 세계의 실제 상황을 잘 반영하는 높은 리얼리티를 갖는다는 데에 있다. 서양의 예술 사조라는 것이 어떤 면에서는 각 시대의 이상에 맞는 리얼리티를 찾아 표현하는 작업으로 정의될 수 있다. 이런 가운데 모더니즘까지의 예술 사조들은 예술 세계에서 제시되는 리얼리티는 어떤 방식이든지 간에 예술가의 손을 거쳐 각색된 것이어야 한다는 기본 개념을 공통으로 갖고 있었다. 결정론적 배경 위에 성립된 모더니즘의 기능주의 건축에서는 이러한 현상이 특히 심해서 기능적 효율을 우선시 하여 계획된 건축 세계를 통해 현실 세계가 개선된다는 기계론적 믿음이 양식 사조를 이끈 원동력이었다. 기능주의 건축에서의 리얼리티는 불완전한 현실 세계를 완전한 상태로 정리 개선 함으로써 얻어지는 것으로 정의 되었고 따라서 현실 세계보다는 우위에 있다는 이상주의 형태로 나타나게 되었다.

위와 같은 이상주의적 리얼리티는 문명 변혁기에 모더니즘이라는 새로운 문명 체계가 자리잡는 데 일정한 역할을 한 것은 사실이었다. 그런데 문제는 기계론적이고 결정론적이며 이상주의적인 리얼리티 개념이 우리의 현실 세계 모습과 너무 동떨어진 것이라는 데에 있다. 특히 개발을 통한 숨가쁜 현실 개선이 이제 더이상 미덕이 아닌 후기 산업 자본주의 시대에 접어들면서 기능주의식 리얼리티는 현실 세계를 파괴하는 것으로 비판 받는 상황 반전이 일어나게 되었다. 이 같은 새로운 시대 상황 아래에서 건축적 리얼리티는 현실 세계를 가장 잘 반영하는 말 그대로의 '리얼한 리얼리티'로 정의되었다. 우리의 현실 세계는 건축가가 도면 위에 긋는 직선 몇 가닥에 의해 질서 정연한 유토피아로 결코 탈바꿈할 수 없다는 현실론적 인식에 바탕을 둔 상식적인 리얼리티관이 새로운 예술적 기준으로 추구되었다.

아키텍처 스튜디오(Architecture Studio)의 '시장 재개발(Rebuilding of Souks)'이라는 드로잉은 위와 같은 개념을 잘 보여주는 예이다. 성기 모더니즘하에서 재래 시장 재개발은 기존 콘텍스트를 모두 헐어버리고 박스형 건물을 새로 짓는 방식으로 진행되었을 것이다. 그러나 이곳 아키텍처 스튜디오의 드로잉에서 시장 재개발은 시장 속의 혼잡스럽고 다양한 현실 골격을 그대로 유지하면서 주변 건물들의 파사드 개선을 시도하는 방향으로 정의되고 있다 도 260. 지금까지 소개한 여러 종류의 상대주의 공간 운동들은 모두 이처럼 현실을 있는 그대로 해석하여 예술적 모티브로 삼으려는 새로운 리얼리즘 운동으로 이해될 수 있다.

도 260
아키텍처 스튜디오(Architecture Studio), '시장 재개발(Rebuilding of Souks)', 베이루트(Beirut), 레바논, 1994

임의성의 개념은 이러한 후기 산업 사회적 리얼리즘을 대표하는 리얼리티 개념이다. 서매러스(Samaras)의 재개발 #27(Reconstruction #27)은 이런 내용을 잘 보여주는 예이다. 이 작품에서 임의성은 현대 도시의 물리적 질서 상황, 사람의 생활 행태, 공간을 이해하고 사용하는 동선 행태 등 여러 사항과 관련지어 우리 주변에서 일어나는 일상 속의 실제 현상을 가장 포괄적이고 리얼하게 정의해주는 개념으로 제시되고 있다. 시대가 바뀌어 현실 세계를 정리, 개선하려는 기능주의적 리얼리티가 이제 더이상 현실 세계에 대한 우월적 상태로 인정되지 못하고 오히려 가장 비현실적 발상으로 비난받기 시작하였다. 이 같은 후기 산업 사회적 상황에서 임의성이라는 주제는 기능주의적 리얼리티를 대체하는 새로운 기준인 '리얼한 리얼리티'를 대표하는 개념으로 정의되고 있다. 임의성의 개념 아래 시도되었던 여러 종류의 상대주의 건축 운동에 대해서는 앞에서 살펴보았다. 여기서는 마지막으로 임의성 개념의 결정판이라고 할 수 있는 혼잡(congestion)과 카오스(Chaos)에 대해 언급하고자 한다 도 261.

콜하스(Koolhaas)는 혼잡이라는 개념을 자신의 기본적인 건축

도 261
루카스 서매러스(Lucas Samaras),
재개발 #27(Reconstruction #27),
1977

모티브로 적극 활용하여 대형 공간 설계에 적용하고 있다. 콜하스의 〈매력적 세계로서의 도시 The City of the Captive Globe〉라는 드로잉은 이런 내용을 잘 보여주는 예이다. 콜하스는 혼잡이라는 개념을 대도시 속에서 벌어지는 일상적 현상으로부터 정의한다. 대도시의 도심 공간은 수 많은 사람들이 각각의 일상을 영위하는 집합체로서 이곳에서는 그야말로 무한대로 다양한 생활 행태들이 벌어진다. 특히 대중 상업 문화 시대에 대도시의 다운 타운에서 벌어지는 상행위는 점점 더 긴장감 넘치고 현란한 외부 조형 환경을 만들어내고 있다. 대도시의 다운 타운은 항상 생기찬 군중들의 일상 활동으로 넘쳐나는 박동의 현장이다. 혼잡 문화 (culture of congestion)는 현대 도시를 대표하는 특징 가운데 하나이다 도 262.

이처럼 대도시의 다운 타운은 더도 덜도 아닌 그대로 하나의 리얼리티로서 지금 이 시대 이순간의 가장 생생한 기록이라는 사실적 당위성을 갖는다. 그리고 이러한 리얼리티는 가감 없이 그대로 예술 세계의 모델이 되어야 한다. 인간의 손으로 만들어지는 조형 환경은 다양하게 전

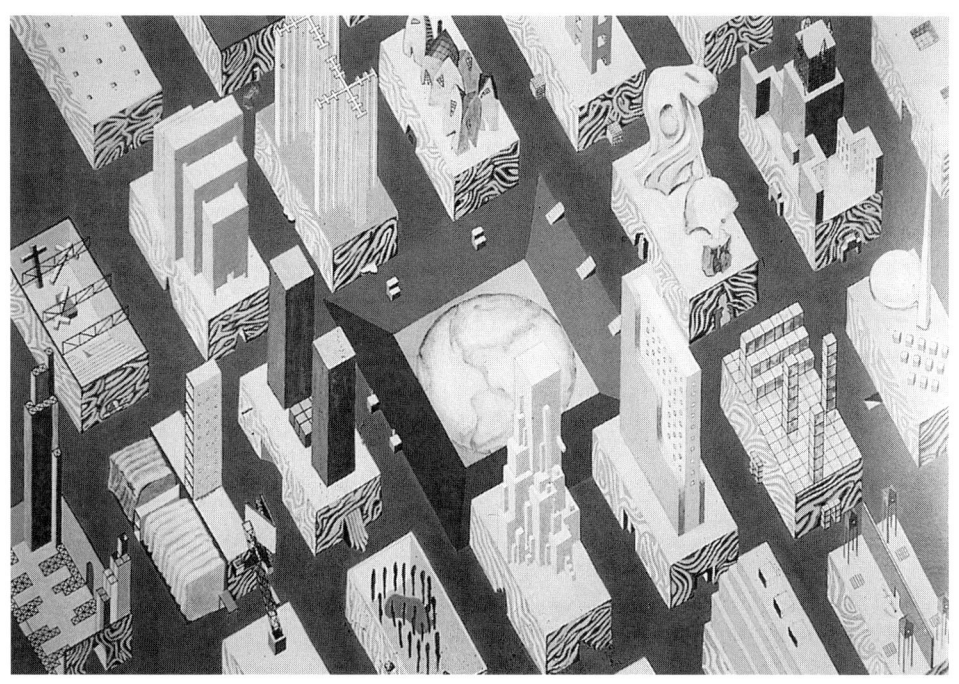

도 262
렘 콜하스(Rem Koolhaas),
〈매력적 세계로서의 도시 *The City of the Captive Globe*〉, 1972

개되는 도심 속 리얼리티 상황을 더이상 박스 행태나 일직선 복도 같은 몇 가지의 획일화된 기능으로 제약해서는 안된다. 콜하스의 혼잡 개념은 이 같은 새로운 개념의 리얼리티를 있는 그대로 받아들여 건축적 모티브로 삼겠다는 디자인 전략이다. 혼잡 개념에 바탕한 콜하스의 조형 환경은 다운 타운 속 리얼리티를 가능한 한 일어나는 현상 그 자체로 담아내려는 용기(vessel)의 개념으로 정의된다.

　　콜하스의 혼잡 개념은 뉴욕의 분석으로부터 나왔다. 콜하스는 모더니즘 마천루의 대명사처럼 되어버린 뉴욕이 사실은 현실적 욕망의 집약판으로서 바로 위와 같은 새로운 개념의 리얼리티가 생생히 숨쉬며 전개되는 곳이라는 사실을 찾아내었다. 콜하스는 뉴욕으로 대표되는 현대 도시의 혼잡 상황을 '일시적 광란 상태(delirious)'라 부르며 현대판 리얼리티의 기본 개념으로 삼았다. 대도시의 다운 타운은 언뜻 보기에는 무질서하고 혼란스러워 보인다. 그러나 대도시의 혼잡 상황을 구성하는 수많은 관계적 요소 사이에는 절묘한 상호 견제력에 의한 일정한 질서가 내재되어 있다. 이 때문에 대도시의 혼잡 상황은 결코 무질서한 파괴로 끝나지 않고 지속적으로 유지되는 것이다. 콜하스는 대도시의 혼잡 상황을 구성하는 이와 같은 개념의 내재적 질서를 찾아내어 몇 십 가지의 도형적 구도로 유형화시킨 후 이것들을 조합하여 건물의 물리적 골격을 구성한다. 사람들은 이렇게 제공되는 공간 속에서 도심의 다운 타운에서와 똑같이 생생한 일상 생활을 영위하며 혼잡 상황을 연출하게 된다. 그리고 이것은 그 자체가 그대로 건물의 디자인 요소로 작용하게 된다.

콜하스의 쥐시외 캠퍼스 도서관(Bibliotheque, Campus de Jussieu) 계획안은 위와 같은 내용을 잘 보여주는 예이다. 이 건물은 도심의 공간 구성을 해석하여 얻어낸 기하학적 질서들에 의해 전체 골격이 형성된다. 기하학적 질서는 평면상으로 뿐 아니라 입단면상으로도 작용하여 건물의 골격을 입체적으로 결정하게 된다. 이렇게 구성되는 공간 속에서 사람들은 자신들의 행태를 획일화시키려는 어떠한 제약도 느끼지 못한다. 그저 도심에서와 마찬가지로 현대적 욕망으로 가득찬 분주한 일상 생활을 자연스럽게 행하기만 하면 된다. 도심의 혼잡 상황을 담아내는 그릇의 골격을 이처럼 기하적적 질서로 번안하려는 의도는 현대의 산업 생산 시스템과 최소한의 보조를 맞추겠다는 콜하스의 문명관에서 비롯된다. 도심에서 벌어지는 흥미 진진한 혼잡 행위는 기본적으로 산업 자본주의에 의해 축적된 부가 재운용되는 과정에서 발생한 현상이다. 그러므로 이것을 담아내는 골격은 현대의 산업 생산 시스템이 적용될 수 있는 최소한의 효율적 질서를 가져야 한다. 콜하스의 혼잡 문화관은 현대의 기계 산업 생산관을 바탕으로 한 현실론적 리얼리즘으로 정의될 수 있다도 263, 264.

콜하스는 이상과 같은 자신의 건축관을 디자인 모티브로 삼아 다이나믹한 창작력이 돋보이는 많은 계획안들을 발표하고 있다. 그러나 아직 그의 건축관이 충분히 반영된 실제 건물은 지어지지 않고 있다. 이에 반해 다른 건축가들의 대형 상업 건물 가운데 콜하스의 혼잡 문화 개념과 같은 범위에서 이해될 수 있는 예들이 발견된다. 누벨(Nouvel)의 라파예트 갤러리(Galeries Lafayette)는 이러한 내용을 잘 보여주는 예이다. 하이테크 건축가인 누벨은 특히 유리가 지니는 다양한 가능성을 탐구하는 자신만의 독특한 경향을 보여준다. 이때 유리의 가능성 중에는 공학 기술적 가능성뿐 아니라 조형적 표현 능력이라는 예술적 가능성도 중요한 부분을 차지한다. 누벨은 이처럼 표면 상태, 투과도, 색채 등

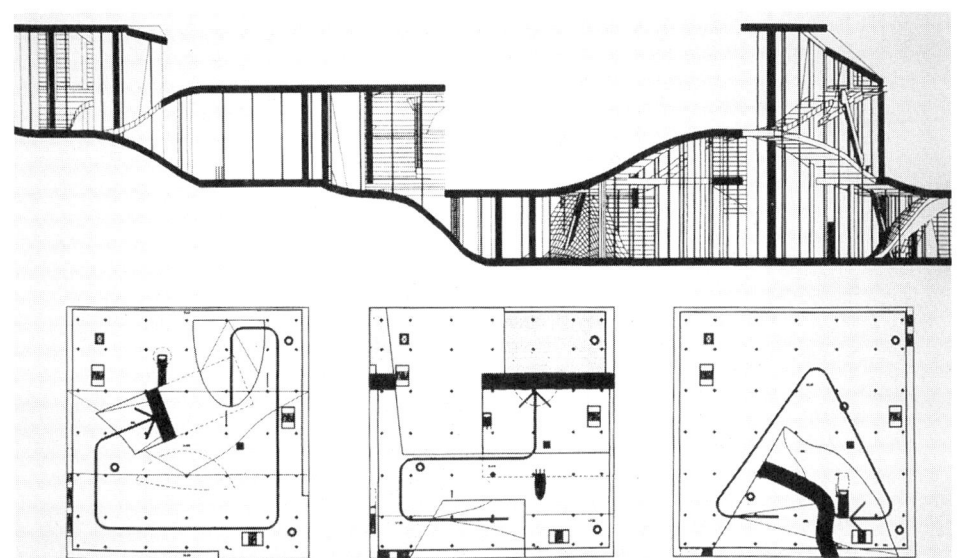

도 263
렘 콜하스(Rem Koolhaas),
쥐시외 캠퍼스 도서관
(Bibliotheque, Campus de
Jussieu), 파리, 프랑스, 1992

도 264
렘 콜하스(Rem Koolhaas),
쥐시외 캠퍼스 도서관
(Bibliotheque, Campus de
Jussieu), 파리, 프랑스, 1992

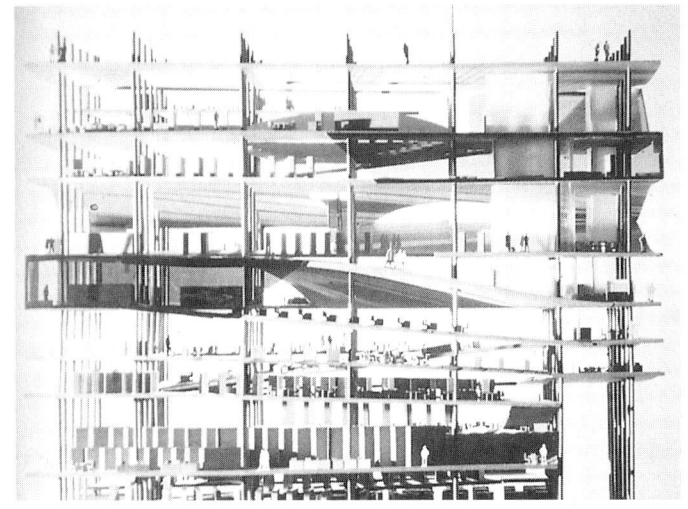

의 조형 요소와 관련지어 유리가 갖는 풍부한 예술적 표현 능력을 활용하여 현란한 환상 세계를 연출해낸다. 혼잡 문화의 개념은 이와 같은 누벨의 최종적 환상 세계를 구성하는 조형 요소의 하나로 차용되고 있다. 상업 공간을 가득 채우고 있는 상품, 진열대, 조명 등과 같은 구성 요소

297 상대주의 공간

들은 투명한 유리를 통하여 투과되고 반사되어 보이면서 그 자체로서 형형색색 현란한 도심 속 혼란 현장과 동격으로 나타난다. 마지막으로 이 사이를 오가는 사람들의 소비 행위가 그대로 낱낱이 비추어 보임으로써 혼잡 문화를 이식시켜 얻어지는 건축적 장면은 완성된다 도 265.

크람(Kramm)의 차일갤러리(Zeilgalerie) 역시 누벨의 갤러리와 동일선상에서 이해될 수 있다. 이 건물에서는 상업적 욕망에 들떠 브리지를 가로지르고 계단을 오르내리며 이곳저곳을 부산하게 오가는 대중들의 소비 행위가 건물을 구성하는 가장 중요한 조형 요소로 쓰이고 있다. 밝은 빛으로 가득찬 유리 속 겹 공간은 사람들의 소비 행위를 두 겹, 세 겹으로 겹쳐 투과시킴으로써 혼잡 문화가 갖는 환상 기능을 배가시켜 주고 있다 도 266.

이상 살펴본 바와 같이 '혼잡 문화'라는 개념은 현대 도시를 구성

도 265 ◀
장 누벨(Jean Nouvel), 라파예트 갤러리(Galeries Lafayette), 베를린(Berlin), 독일, 1993-1996

도 266 ▲
뤼디거 크람(Ruediger Kramm), 차일갤러리(Zeilgalerie), 프랑크푸르트(Frankfurt), 독일

도 267
렘 콜하스(Rem Koolhaas),
예술 및 미디어 테크노 센터(Center for Art and Media Techno),
카를스루에(Karlsruhe), 독일, 1990

하는 임의적 질서 상황을 주로 구성원들의 행태적 관점에서 파악하여 디자인 모티브로 차용하려는 전략이다. 그리고 그러한 임의적 질서 상황을 결정짓는 가장 중요한 요소인 상행위적 현상들은 혼잡 문화의 대표적 모델이 되고 있다. 이런 점에서 혼잡 문화의 개념은 현대 문명의 특징적 현상 가운데 하나인 대중 상업 문화에 적합한 이미지를 찾는 작업으로 이해될 수 있다. 팝 건축은 대중 상업 문화의 건축적 이미지를 주로 오브제 차원에서 찾는 작업이었던 데 반해 혼잡 문화의 개념은 이것을 일정 규모 이상의 대형 공간 속에서 벌어지는 상행위의 흔적으로 정의해내고 있다. 콜하스는 대형 공간 속에 담겨진 혼잡 문화의 이미지를 '대형화의 미학(Aesthetics of Bigness)'이라는 독립적 가치로 규정 지으며 우리 시대를 대표하는 사회 예술적 현상 가운데 하나로 자리 매김하고 있다. 콜하스의 예술 및 미디어 테크노 센터(Center for Art and Media Techno)는 이런 내용을 잘 보여주는 예이다 도 267.

우리의 조형 환경 속에서 관찰되는 임의적 혼잡 문화는 건축에만 국한된 개념은 아니다. 이 개념은 넓게 보면 현대 과학의 거의 모든 분야에서 새로운 주제로 다루어지고 있는 카오스(Chaos) 이론의 일부분으로 이해될 수 있다. 카오스 이론이란 말 그대로 우리를 둘러싸고 벌어지는 자연 현상과 사회 현상이 사실은 불규칙 혼돈의 상태라는 가정 위에 그러한 혼돈 상태의 운영 메카니즘을 파악해내려는 시도이다. 이전까지 자연 현상과 사회 현상은 정형화된 공식과 법칙에 의해 모두 설명되어질 수 있다고 믿어져 왔다. 절대주의적 세계관이 지배하던 전통 문명 아래에서나 혹은 정역학적 산업 기계 생산 방식이 절대 절명의 지배력을 행사하던 모더니즘 문명 아래에서의 모든 학문과 예술 문화 활동은 그러한 정형화된 공식과 법칙을 찾는 작업이었다. 이때에는 현실보다

도 268
브루노 무나리(Bruno Munari), 〈분절된 조각 Articulated Sculpture〉

우위에 선 선험적 가정이 전제되어야만 사회의 질서가 유지되고 인류의 문명은 그러한 가정의 선도 아래 더 나은 미래로 발전할 수 있다고 믿어졌다. 그러나 이미 고대 그리스 철학자들에 의해 밝혀졌듯이 우리 주변의 현상들 가운데 많은 부분은 공식화된 논리적 규칙에 의해서 설명되어질 수 없다는 사실이 후기 산업 자본주의의 상대주의적 가치와 맞물리면서 이제는 새로운 과학적 상식이 되어가고 있다. 카오스 이론은 이러한 상식의 바탕 위에 현실 세계의 불규칙한 혼돈 현상의 본질을 규명함으로써 이것이 붕괴적 멸망으로 끝나지 않고 나름대로의 질서를 유지하며 발전해가는 비밀을 밝혀내는 등의 시도를 하고 있다.

건축의 경우는 사람들이 살아갈 수 있는 공간을 만들어야 한다는 전제 조건이 있기 때문에 카오스의 개념을 적용하는 데 한계가 있는 것이 사실이다. 특히 카오스 이론이라는 것이 현실 세계의 진실을 더 잘 설명해줄 수 있는 모델을 찾는 작업임을 생각해볼 때 카오스 개념을 적용시킨 건물에서 공사비의 증가나 기능적 난맥상 등과 같은 비현실적 요소가 한계치를 넘어 발생한다면 이것은 자기 모순의 한계로 판단할 수 있다. 이러한 장르적 배경을 생각해볼 때 지금까지 소개한 여러 종류의 상대주의 공간들이 어떤 면에서는 카오스 개념이 건축에 적용될 수 있는 현실적인 예들에 해당된다고 볼 수 있다. 여기에 덧붙여 조금 더 카오스의 개념이 명확히 적용된 몇 개의 예를 더 살펴볼 수 있다.

무나리(Munari)의 〈분절된 조각 Articulated Sculpture〉이라는 작품은 조형 환경에 있어서의 카오스 개념을 잘 나타내준다. 이 작품에

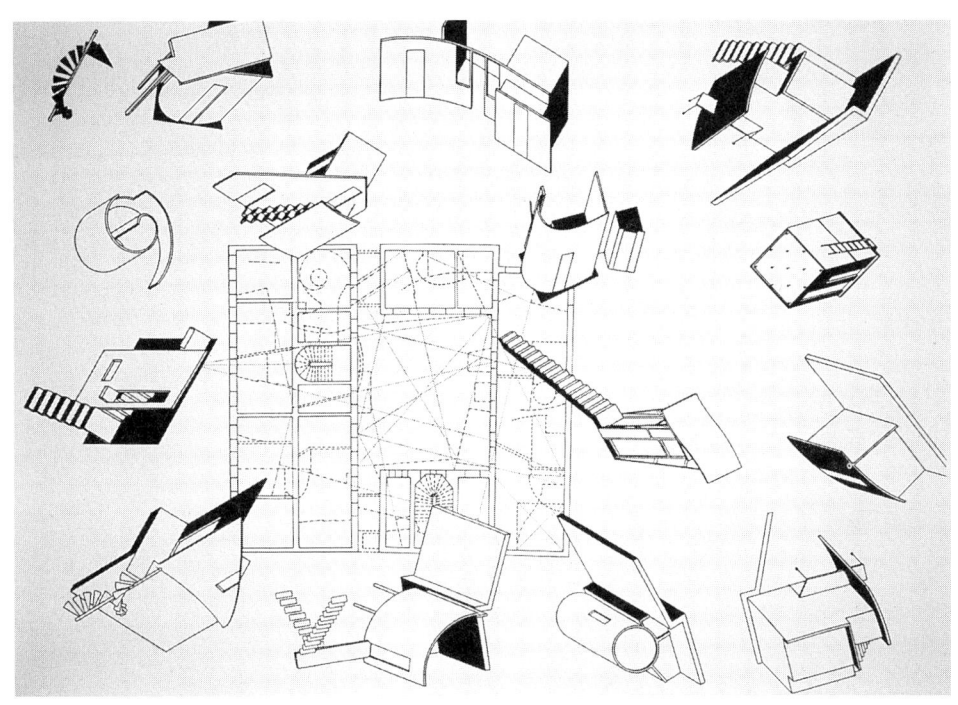

도 269
라이네르 & 아우어(Lainer & Auer), 복합 주거(Housing Complex), 비엔나, 1990

서는 작은 사각형 공간이라는 하나의 모듈 단위가 수평 수직 방향으로 반복하며 분절되어 가는 데 있어서 기존의 정형화된 복제 방식에서 벗어나 불규칙하고 분산적인 양상을 보여주고 있다. 이것은 모듈이 동일 요소의 개념으로 단순 반복되면서 대량 생산 시스템의 요구 조건을 만족시키던 모더니즘식 환경 질서 개념에서 벗어나 모듈을 변이의 대상으로 이해하겠다는 카오스적 질서관을 나타내는 것으로 이해된다. 이와 같은 카오스적 환경 질서 속에서 모듈은 더이상 현실 세계를 획일적 단위로 재단하는 기능을 수행하지 않는다. 그 대신 모듈은 무수히 다양한 모습으로 변하면서 현실 세계와 접목될 수 있는 적응력을 갖게 된다도 268.

무나리의 변이적 모듈 개념은 라이네르 & 아우어(Lainer & Auer)의 복합 주거(Housing Complex)에서 비슷한 양상으로 반복되고 있다. 이 건물에서도 하나의 방이라는 건축적 모듈 단위가 주제-변주의 개념과 흡사한 변형 방식에 의해 다양한 조형 단위로 분화되어 있다. 건물의 최종 모습은 이러한 조형 단위들이 중첩 관입되면서 몇 개의 병

풍을 불규칙하게 포개놓는 듯한 변이의 개념을 표현하고 있다 도 269.

이와 같이 변이적 분화가 무질서적 붕괴로 끝나지 않고 하나의 구조물을 지탱할 수 있는 비밀은 요소 간 상호 의지력에 있다. 하나의 조형 단위는 이것이 아무리 불규칙한 구성 체계로 이루어진다 하더라도 각 구성 요소는 인접 요소들과 힘의 균형을 이루게 되는 상태까지 끊임없이 스스로를 조절하며 움직이게 된다. 이때 이러한 조절 능력이 바로 요소 간의 상호 의지력인 것이다. 상호 의지력에 의한 조절 작용은 요소들 사이에서만 일어나는 것이 아니고 전체 구도로까지 확산되어 최종 조형 단위가 안정적 상태로 서 있을 수 있을 때까지 계속 일어나게 된다. 그 결과 불안정해보이는 조형 환경도 사실은 내재적으로 충분히 안정된 구조적 균형 상태를 확보하게 되는 것이다. 우리가 불규칙하게 구성된 조형 단위를 보고 불안감을 느끼는 이유는 규칙적 구성만이 안정된 것이라고 관습적으로 믿어온 편견 때문이다. 일종의 학습된 강요 같은 이러한 편견 때문에 불규칙한 구성 뒤에 숨어 있는 상호 의지력이라는 내재적 질서 기능은 처음부터 관심 밖의 대상으로 무시되어 왔다. 카오스 개념이 주변의 조형 환경에 더 근접한 리얼리즘적 진리로 탐구되기 시작하면서 불규칙한 구성을 또 하나의 조화적 상태로 유지시켜주는 상호 의지력은 중요한 질서기능으로 주목받고 있다.

라페냐 & 토레스(Lapena & Torres)의 캡 마르티네트 하우스 (House in Cap Martinet)는 평면 상태에서의 상호 의지력을 잘 보여주는 예이다. 이 건물에서는 축이나 그리드 같이 정형적 질서를 구성하는 규율은 전혀 존재하지 않는다. 그 흔한 직선도 몇 미터 이상 뻗지 못하고 꺾이다 끊기를 반복하고 있다. 집 전체가 마치 빅뱅을 맞은 것처럼 확산적이며 분산적인 구도를 이루고 있다. 그러나 이 집의 불규칙성은 불안한 무질서로 느껴지지 않고 그 자체가 또 하나의 새로운 질서로 나타나고 있다. 분산적 사선 구도 역시 눈에 거슬리지 않고 또 하나의 새로운 조화로 느껴진다. 불규칙적 조화쯤으로 불릴 수 있는 이러한 카오스적 상태는 꺾이고 끊기며 계속 이어지는 직선 요소들 사이의 상호 의지력으로부터 형성된다. 이러한 상호 의지력은 몇 개의 공식으로 규칙화될 수는 없지만 끊임없이 작용하여 전체 구도가 최적(optimum)의 조화로운 상태에 도달하여 이 상태를 유지하는 것으로 귀결된다. 그 결과 이 주택에서는 각 방이 사각 공간이 아닌 점을 제외하고는 공간 전체가

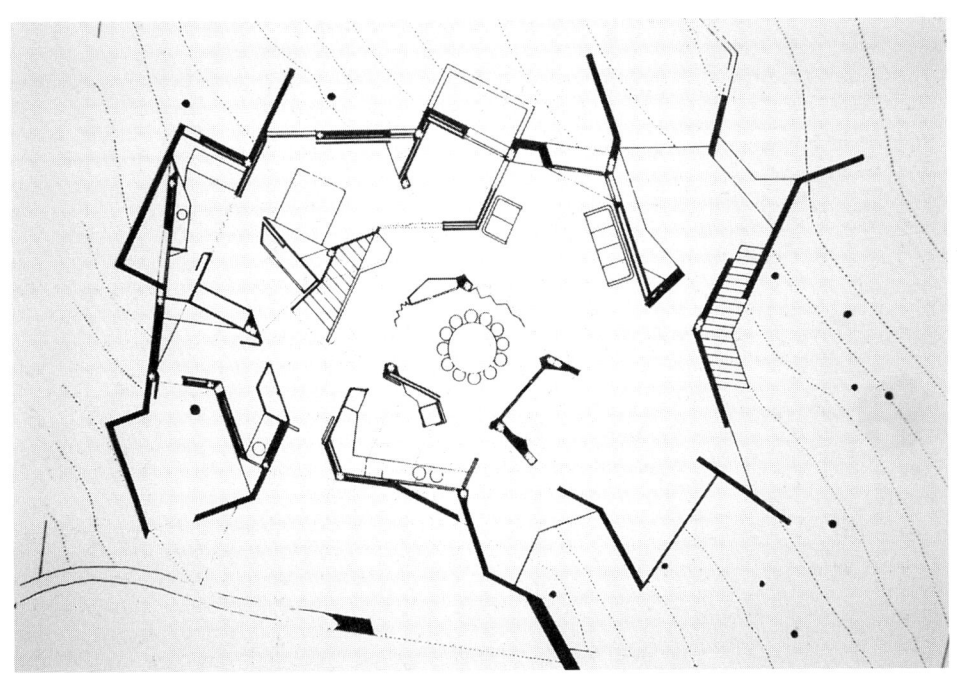

도 270
라페냐 & 토레스(Lapena & Torres), 캡 마르티네트 하우스(House in Cap Martinete), 이비자(Ibiza), 스페인, 1987

물 흐르듯 원만한 동선 구도를 가지며 무산적(霧散的)질서의 상태에 이르고 있다 도 270.

하디, 홀츠만 & 파이퍼 파트너십(Hardy, Holzman & Pfeiffer Partnership)의 로스앤젤레스 현대 미술관(Los Angeles Museum of Modern Art) 계획안에서는 공간 단위가 사각 육면체로 이루어지지만 이것들을 복수 개 조합하는 방식에 있어서는 비선형적 구성 방식이라는 또다른 카오스적 질서 개념이 차용되고 있다. 절대주의적 질서 체계 아래에서 모든 현상은 선형적 논리 구조로 설명되어질 수 있다고 믿어졌다. 유클리드 논리학에서의 삼단 논법은 이것의 대표적 예이다. 이러한 논리 구조하에서는 일정한 양의 초기 조건만 주어지면 그 이후 상태는 규칙화된 공식에 의해 자동적으로 결정되어져야 했다. 이것은 곧 선형적 논리 구조가 결정론적 사고를 배경으로 가짐을 의미한다. 또한 결정론적 사고는 기본적으로 미래 상황에 대한 예측 가능성을 전제 조건으로 갖는다. 이러한 결정론적 사고가 산업 생산 방식이나 건물의 기능 해석 등에 적용된 것이 기계론적 논리 구조이다. 이 모든 절대주의 논리 모델

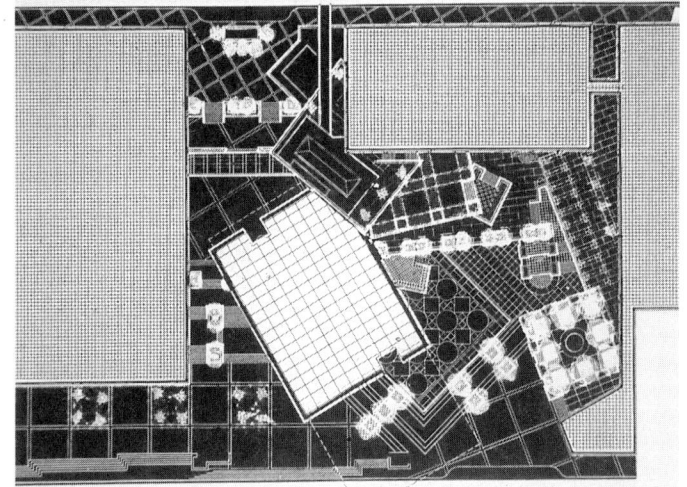

도 271
하디, 홀츠만 & 파이퍼 파트너십
(Hardy, Holzman & Pfeiffer
Partnership), 로스앤젤레스
현대 미술관(Los Angeles Museum
of Modern Art), 로스앤젤레스,
캘리포니아, 1980

들은 세상 질서가 몇 개의 공식으로 설명될 수 있는 정형적 질서로 정리되어야만 더 나은 상태로 발전할 수 있다는 이상주의적 조형관을 공유한다.

하디, 홀츠만 & 파이퍼 파트너십의 이 건물에서는 선형적 논리 구조를 형성하는 이와 같은 절대주의적 가정이 우리 주변의 실제 상황과 무관한 것으로 거부되고 있다. 선형적 논리 구조는 처음부터 전체틀이 짜여진 일직선적 질서만을 강요하기 때문에 충격 흡수력과 같은 가변성이 극도로 결여되어 있다. 그렇기 때문에 현실 세계의 무수히 다양한 변화 요소를 수용할 수 없는 한계를 지닌다. 현실 세계의 현상들이 선형 논리 구조의 가정대로 예측 가능한 질서로 정리될 수 있을 때에 한해서만 이 논리 구조는 타당성을 가질 수 있다.

그러나 이미 100년 가까이 모더니즘 문명을 운영해본 결과 이 가정은 가장 비현실적인 횡포로 드러났다. 질서정연하게 정리된 대도시 조형 환경은 오히려 현대 문명의 온갖 혼란상의 원천지로 전락해 버렸다. 현실 세계에서의 현상들이란 비선형적 순서에 의해 발생하며 따라서 불규칙적이고 예측 불가능하며 주기적이지 못하다. 하디, 홀츠만 & 파이퍼 파트너십의 건물에서는 이와 같이 실제 상황을 이루고 있는 현실적 질서 상태를 전체의 구성 모티브로 활용하고 있다. 이 건물은 복합 단지(complex)의 프로그램을 가짐에도 불구하고 각 공간 단위들 사이에 어떠한 규칙성도 존재하지 않는다. 공간 단위들의 크기부터가 모두 다르며 이것들이 조합되는 방식도 불규칙적인 비선형 구조의 전형적 모습을 보여주고 있다. 복수 개의 공간들이 복합 단지를 구성할 때면 하나의 공식처럼 당연하게 차용되던 일렬식 선형 구조는 철저히 부정되고 있다. 크고 작은 공간들은 상호간의 교차 각도를 무수히 바꿔가며 위아래로 중첩되고 앞뒤 옆으로 중복되며 비선형적 구조를 형성하고 있다도271.

카오스 개념은 지금까지 소개한 것과 같은 분산적 상태에서만 존재하는 것은 아니다. 그리드 구성을 갖는 조형 구도 속에서도 그러한 그리드를 채우는 방식 여하에 따라 카오스적 질서가 얻어질 수 있다. 이런 경우의 카오스적 질서는 '부분과 전체 사이의 위계' 라는 개념에 의해 정의될 수 있다. 절대주의적 질서 체계에서 전체(the whole)는 항상 선험적으로 가정되며 부분들(parts)은 이렇게 가정된 전체의 상태를 설명해주는 구성 요소로 정의된다. 전체는 부분들을 지배하지만 부분들은 전체에 아무런 영향을 끼칠 수 없다. 전체는 부분들의 산술적 총합으로 정의된다. 이때 부분들 사이의 관계는 논리적 공식에 의해 규칙화될 수 있으며 이러한 공식으로부터 전체의 상태는 예측될 수 있다고 믿어진다. 이에 반해 카오스적 질서 체계에서 전체와 부분들은 동등한 위계를 가지며 상호 영향을 끼칠 수 있다. 전체는 처음부터 정해지지 않으며 부분들이 다 모이면 그 상태가 곧 전체가 된다. 부분들 사이에는 논리적 공식에 의해 설명될 수 있는 규칙적 관계가 존재하지 않으므로 전체 역시 예측되거나 가정될 수 없다. 혹은 전체는 고정된 한 가지 상태로 존재하지 않는다. 부분들이 상호 작용하고 더해지는 매 과정이 모두 전체가 될 수 있다. 이렇기 때문에 전체는 특별한 의미나 위계적 중요성을 갖지 못하며 그저 여러 존재 상태 가운데 하나일 뿐이다.

엠브이알디브이(MVRDV)의 호른 지구(The Hoorn Quadrat) 계획안은 이와 같은 개념의 카오스적 질서 상태를 잘 나타내주고 있다. 이 계획안에서는 그리드 분할에 의해 전체 면적이 구성되고 있다. 이런 구성은 바둑판식 구획이라는 모더니즘의 도시 개발 방식과 같은 것으로 보일 수 있다. 그러나 각 그리드 단위를 채우는 기본 방향에 있어서 이 계획안은 모더니즘 방식과 정반대의 카오스적 질서 개념을 차용하고 있다. 이 계획안에서는 그리드를 채우는 데 있어서 선험적으로 결정되어

도 272
엠브이알디브이(MVRDV),
호른 지구(The Hoorn Quadrat),
네덜란드, 1992

도 273
엠브이알디브이(MVRDV),
보조코스 노인 아파트(WoZoCo's Apartment for Elderly People)
암스테르담-오스도르프(Amsterdam-Osdorf), 네덜란드, 1994-1997

강요되는 전체의 상태가 존재하지 않는다. 전체는 부분들이 모여서 형성된 어느 한 순간의 상태로 존재할 뿐이다. 부분들이 모이는 방식 또한 어떠한 규칙성도 갖지 않은채 지금까지 설명한 것과 같은 모듈-변이, 상호 의지력, 비선형 구도 등과 같은 카오스적 구성 개념들의 집합체처럼 보인다 도 272.

엠브이알디브이의 보조코스 노인 아파트(WoZoCo's Apartment for Elderly People)는 이러한 개념이 입면 구성에 적용된 예를 보여준다. 이 건물의 입면 역시 기본 골격은 모듈이 반복되면서 정형적으로 구획되어 있다. 그러나 이번에도 역시 모듈을 채워넣어 얻어지는 전체 상태는 최종적으로 카오스적 질서 개념에 의해 형성되어 있다. 각 모듈을 개구부와 발코니로 채워넣으면서 얻어지는 전체 상태에는 규칙적 반복에 의한 정형적 질서는 전혀 나타나지 않고 있다. 오히려 그 반대로 각 모듈은 변이의 개념에 의해 자유롭게 분화되고 있으며 이것들이 할당되는 방식에 있어서도 무작위적 결정 기준이 작용했음을 분명히 알 수 있다. 그럼에도 전체 상태는 불쾌한 혼란으로 나타나지 않는다. 나름대로의 내재적 상호 의지력에 의해 불규칙적 질서라는 새로운 개념의 존재 상태가 얻어지고 있다. 내재적 질서로서의 임의성은 현실 세계의 불규칙한 현상을 이해하는 단서이다 도 273.

참고문헌 *저자 알파벳 순에 의함

A Star is Born, the city as a stage, ed. by Bart Lootsma et al. (Bussum, The Netherlands: THOTH, 1996)

Architectonic Space, fifteen lessons on the disposition of the human habitat, ed. by Dom H. van der Laan (Leiden, The Netherlands: E. J. Brill, 1983)

Architects' People, ed. by Russell Ellis and Dana Cuff (Oxford, England: Oxford University Press, 1989)

architectura espanola 1994, El Croquis n.70

architectura espanola 1995, El Croquis n.76

architectura espanola 1996, El Croquis n.81/82

Architektur Jahrbuch 1993 (Muenchen, Germany: Prestel, 1993)

Architektur Jahrbuch 1994 (Muenchen, Germany: Prestel, 1994)

Architektur Jahrbuch 1995 (Muenchen, Germany: Prestel, 1995)

Architektur Jahrbuch 1996 (Muenchen, Germany: Prestel, 1996)

Architektur Jahrbuch 1997 (Muenchen, Germany: Prestel, 1997)

Art in Theory 1900-1990, an anthology of changing ideas, ed. by Charles Harrison & Paul Wood (Oxford, United Kingdom: Blackwell, 1996)

Arts & Architecture, The Entenza Years, ed. by Barbara Goldstein (Cambridge, Ma.: The MIT Press, 1990)

Autonomy and Ideology, Positioning an Avant-Garde in America, ed. by R. E. Somol (New York: The Monacelli Press, 1997)

Kenneth Baker, *Minimalism, art of circumstamce* (New York: Abbeville Press, 1988)

Georges Boudaille and Patrick Javault, *L'Art Abstrait* (Paris: Nouvelles Editions Francaises, 1990)

Frances Colpitt, *Minimal Art, the critical perspective* (Seattle, Wa.: University of Washington Press, 1994)

Complexity, JPVA (no.6).

Contemporary British Architects, Recent Projects from the Atchitecture Room of the Royal Academy Summer Exhibition (Muenchen, Germany: Prestel, 1996)

Thomas Crow, *The Rise of the Sixties* (New York: Harry N. Abrams, 1996)

Constantino Dardi, *Il Gioco Sapiente, tendenza della nuova architettura* (Padova, Italia: Marsilio Editori, 1971)

Dan Graham, Ausgewaehlte Schriften, herausgegeben von Ulrich Wilmes (Stuttgart, Germany: Oktagon-Verlag, 1994)

Philip Drew, *Third Generation, the changing meaning of architecture* (New York: Praeger Publishers, 1972)

Guenther Feuerstein, *Visionaere Architektur, Wien 1958-88* (Berlin: Ernst & Sohn, 1988)

Jonathan Fineberg, *Art since 1940, strategies of Being* (London: Laurence King, 1995)

Five Architects (New York: Wittenborn, 1972)

Diane Ghirardo, *Architecture after Modernism* (London: Thames and Hudson, 1996)

Gevork Hartoonian, *Modernity and Its Other, a post-script to contemporary architecture* (Texas A & M University Press, 1997)

David Harvey, *Justice, Nature & the Geography of Difference* (Cambridge, Ma.: Blackwell Publishers, 1996)

Carmen Humbel, *Junge Schweizer Architekten* (Basel, Germany: Birkhaeuser Verlag, 1996)

Jaarboek Architectuur Vlaanderen 90-93, Ministerie Van de Vlaamse Gemeenschap (1993)

Jaarboek Architectuur Vlaanderen 94-95, Ministerie Van de Vlaamse Gemeenschap (1995)

Lesley Jackson, *'contemporary', architecture and interiors of the 1950s* (London: Phaidon, 1994)

Graham Jahn, *Contemporary Australian Architecture* (East Roseville, Australia: G+B Arts International Ltd., 1994)

Jahrbuch fuer Licht und Architektur, herausgegeben von Ingeborg Flagge (Berlin: Ernst & Sohn, 1995)

Charles Jencks, *Architecture Today* (London: Academy Editions, 1988)

Ross King, *Emancipating Space* (New York: The Guilford Press, 1996)

Heinrich Klotz, *Moderne und Postmoderne, Architektur der Gegenwart 1960-1980* (Braunschweig, Germany: Friedr. Vieweg & Sohn, 1985)

Heinrich Klotz and Waltraud Krase, *Neue Museumsbauten in der Bundesrepublik Deutschland* (Stuttgart, Germany: Ernst Klett Verlag GmbH und Co., 1985)

Rem Koolhaas, *delirious new york* (Rotterdam, The Netherlands: 010 Publishers, 1994)

Rosalind E. Krauss, *Passages in Modern Sculpture* (Cambridge, Ma.: The MIT Press, 1998)

Wojciech Lesnikowski, *The New French Architecture* (New York: Rizzoli, 1990)

Modern American Houses, ed. by Clifford A. Pearson (New York: Harry N. Abrams, 1996)

Modern Landscape Architecture, a critical review, ed. by Marc Treib (Cambridge, Ma.: The MIT Press, 1993)

Neues Bauen in den Alpen, herausgegeben von Christophe Mayr Fingerle (Basel, Germany: Birkhaeuser Verlag, 1995)

New York Architecture, 1970 to 1990 (Muenchen, Germany: Prestel, 1989)

Paolo Portoghesi, *Dopo L'Architettura Moderna* (Bari, Italia: Laterza & Figli, 1981)

Ludovico Quaroni, *Progettare un Edificio, otto lezioni di architettura* (Milano, Italia: Gabriele Mazzotta, 1977)

Rethinking Architecture, a reader in cultural theory, ed. by Neil Leach (London: Routledge, 1997)

Revision der Moderne, herausgegeben von Heinrich Klotz (Muenchen, Germany: Prestel-Verlag, 1984)

Situacionistas arte, politica urbanismo, ed. by Libero Andreotti & Xavier Costa (Barcelona, Spain: Museu d'Art Contemporani de Barcelona, 1996)

Michael Sorkin, *exquisite corpse, writing on buildings* (London: Verso, 1991)

The Spiritual in Art: Abstract Painting 1890-1985, ed. by Maurice Tuchman (New York: Abbeville Press, 1986)

James Steele, *Architecture Today* (London: Phaidon, 1997)

Manfredo Tafuri, *Five architects N.Y.* (Mapoli, Italia: Officina Edizione, 1981)

Alexander Tzonis and Liane Lefaivre, *Architecture in Europe since 1968, memory and invention* (London: Thames and Hudson, 1992)

Alexander Tzonis and Liane Lefaivre, *Architecture in North America since 1960, memory and invention* (London: Thames and Hudson, 1995)

Paul Wood et al., *Modernism in Dispute, art since the forties* (New Haven, Ct.: Yale University Press, 1994)

도판목록

도 1   필립 존슨(Philip Johnson), 글라스 하우스(Glass House), 뉴 캐나안(New Canaan), 코네티컷, 1949

도 2   필립 존슨(Philip Johnson), 글라스 하우스(Glass House), 뉴 캐나안(New Canaan), 코네티컷, 1949

도 3   미스 반 데 로에(Mies van der Rohe), 일리노이 공과대학 화학관(Chemistry Building, IIT), 시카고, 1945

도 4   울리히 프란첸(Ulrich Franzen), 프란첸 하우스(Franzen House), 웨스트체스터 카운티(Westchester County), 뉴욕 주, 1956

도 5   조지 넬슨(George Nelson), 커크패트릭 하우스(Kirkpatrick House), 캘러머 주(Kalamazoo), 미시간, 1958

도 6   로버트 피츠패트릭(Robert Fitzpatrick), 피츠패트릭 하우스(Fitzpatrick House), 요크타운(Yorktown), 뉴욕 주, 1969

도 7   휴 네웰 야콥슨(Hugh Hewell Jacobsen), 휴지 하우스(Huge House), 머클레인(McLean), 버지니아, 1982

도 8   필립 존슨(Philip Johnson), 크네세스 티페레스 이스라엘 유태 교회당(Kneses Tifereth Israel Synagogue), 포트 체스터(Port Chester), 뉴욕 주, 1954-1956

도 9   레온 볼아게(Leon Wohlhage), 르네-생트니-스쿨(Renee-Sintenis-School), 베를린, 독일, 1987-1994

도 10 스티븐 에를리히(Steven Ehrlich), 슐만 주택(Schulman Residence), 브렌트우드(Brentwood), 캘리포니아, 1989-1992

도 11 스티븐 에를리히(Steven Ehrlich), 밀러-마자레이 주택(Miller-Mazarey Residence), 로스엔젤레스, 캘리포니아, 1986

도 12 마이클 홉킨스(Michael Hopkins), 홉킨스 하우스(Hopkins House), 런던, 1977

도 13 바턴 마이어스(Barton Myers), 울프 하우스(Wolf House), 토론토(Toronto), 캐나다, 1955

도 14 헬무트 슐리츠(Helmut Schulitz), 헬무트 슐리츠 하우스(Helmut Schulitz House), 캘리포니아, 1976

도 15 토마스 헤르초크(Thomas Herzog), 슬렌더 빌딩(Slender Building), 베를린, 독일, 1984

도 16 리처드 노이트라(Richard Neutra), 해양 메디컬 빌딩(Mariners Medical Building), 뉴 포트 비치(New Port Beach), 캘리포니아, 1963

도 17 리처드 노이트라(Richard Neutra), 한쉬 하우스(Hansch House), 시에라 마드레(Sierra Madre), 캘리포니아, 1955

도 18 폴 루돌프(Paul Rudolph), 코헨 하우스(Cohen House), 새러소타(Sarasota), 플로리다, 1956

도 19 마르셀 브로이어(Marcel Breuer), 슈텔린 하우스(Staehelin House), 펠드마일렌(Feldmeilen), 스위스, 1958

도 20 피에르 쾨니히(Pierre Koenig), 케이스 스터디 하우스 #21(Case Study House #21), 로스앤젤레스, 캘리포니아, 1958

도 21 피에르 쾨니히(Pierre Koenig), 케이스 스터디 하우스 #22(Case Study House #22), 할리우드(Hollywood), 캘리포니아, 1960

도 22 찰스 & 레이 에임즈(Charles & Ray Eames), 에임즈 하우스(Eames House), 퍼시픽 팰리세이데스(Pacific Palisades), 캘리포니아, 1949

도 23 요세 루이스 세르트(Jose Luis Sert), 세르트 하우스(Sert House), 케임브리지(Cambridge), 메사추세츠, 1959

도 24 해리 자이들러(Harry Seidler), 로즈 하우스(Rose House), 투라무라(Turramurra), 오스트레일리아, 1950

도 25 마르셀 브로이어(Marcel Breuer), 스타키 하우스(Starkey House), 덜루스(Duluth), 미네소타, 1958

도 26 스티븐 홀(Steven Holl), 페이스 컬렉션 쇼룸(Pace Collection Showroom), 뉴욕 시, 1986

도 27 코닝 아이젠베르크(Koning Eisenberg), 아이젠베르크 하우스(Eisenberg House), 샌타 모니카(Santa Monica), 캘리포니아, 1989

도 28 렘 콜하스(Rem Koolhaas), 네덜란드 건축 학교(Netherlands Architecture Institute), 로테르담(Rotterdam), 네덜란드, 1988

도 29 렘 콜하스(Rem Koolhaas), 넥서스 월드(Nexus World), 복합 주거(Residential Complex), 후쿠오카(Fukuoka), 일본, 1991

도 30 스테파네 벨 & 뤽 모렐(Stephane Beel & Luc Morel), 지역 은행 사무소(Regional Bank Office), 브루게(Brugge), 벨기에, 1991

도 31 코르첵(Korchek), '피카소와 미로의 작품을 이용한 콜라주 스터디(Collage Study with Works by Picasso and Miro)', 프리-페브리케이트 시트-메탈 하우스(Pre-fabricated sheet-metal house), 미스(Mies)가 지도한 일리노이 공과대학 건축학과 스튜디오의 학생작품, 1969-1972

도 32 엘스워스 켈리(Ellsworth Kelly), '베스트팔렌 지역 박물관을 위한 프로젝트(Projet pour Westfalisches Landesmuseum)', 1992

도 33 미스 반 데 로에(Mies van der Rohe), 뉴 내셔널 갤러리(New National Gallery), 베를린, 독일, 1962-1968

도 34 루이스 칸(Louis Kahn), 데카 국회 의사당(National Assembly Building at Decca), 방글라데시, 1962-1974

도 35 루이스 칸(Louis Kahn), 브린모어 대학 기숙사(Dormitory at Brynmawr College), 펜실베이니아, 1960-1965

도 36 루이스 칸(Louis Kahn), '이집트의 모티브에 기초한 벽체 연구(Study for a Wall Based on Egyptian Motives)', 1951-1953

도 37 루이스 바라간(Luis Barragan), 카푸치나스 사크라멘타리아스 델 푸리스모 코라존 데 마리아(Chapel for the Capuchinas Sacramentarias del Purismo Corazon de Maria), 멕시코 시티, 1952-1955

도 38 리카르도 레고레타(Ricardo Legoretta), 르노 공장(Renault Factory), 두랑고(Durango), 멕시코, 1984

도 39 알도 로시(Aldo Rossi), 세그라테 비밀 결사대 기념비(Monument ai Partigliani a Segrate), 세그라테 시청 광장(City Square at Segrate), 이탈리아, 1965

도 40 롤랑 시무네(Roland Simounet), 툴롱 개인 주택(Private House at Toulon), 바르(Var), 프랑스, 1975

도 41 엔리크 브라운(Enrique Browne), 달팽이 하우스(Snail House), 산티아고(Santiago), 칠레, 1987

도 42 주르다 & 페로댕(Jourda & Perraudin), 기념비 전시(Memorial Exhibit), 리옹(Lyon), 프랑스, 1987

도 43 아돌프 크리샤니츠(Adolf Krischanitz), 신세계 학교(Neue Welt Schule), 비엔나(Vienna), 오스트리아, 1994

도 44 호에 구드(Joe Goode), '무제: 계단(Untitled: Staircase)', 1971

도 45 이냐시오 비센스 & 호세 에이 알 아벤고자르(Ignacio Vicens & Jose A. R. Abengozar), 사회 과학 빌딩(Social Sciences Building), 팜프로나(Pamplona), 스페인, 1994-1996

도 46 루디 릭시오티(Rudy Ricciotti), 비트롤 스타디움(Le Stadium Vitrolles), 비트롤, 프랑스, 1994-1995

도 47 에두아르드 소투 모라(Edouard Souto Moura), 알그레이브 하우스(Algrave House), 알그레이브, 포르투갈, 1989

도 48 부스만 & 하버러(Busmann & Haberer), 미팅 센터(The Meeting Center), 부퍼탈(Wuppertal), 독일, 1994

도 49 캄포 바에사(Campo Baeza), 그라시아 마르코스 하우스(Gracia Marcos House), 마드리드(Madrid), 1991

도 50 루이지 스노치(Luigi Snozzi), 베르나스코니 하우스(Bernasconi House), 카로나(Carona), 스위스, 1989

도 51 파우슨 & 실베스트린(Pawson & Silvestrin), 핸드툴스 전시회(Handtools Exhibition)

도 52 피터 메르클리(Peter Maerkli), 다소릴리에비 주택 및 한스 조셉손 스쿨(Case per Dassorilievi e Sculture di Hans Josephsohn), 조르니코(Giornico), 스위스, 1990-1992

도 53 캄포 바에사(Campo Baeza), 알리카르테 대학 도서관(Library at the University of Alicarte), 알리카르테(Alicarte), 스페인, 1995

도 54 리처드 세라(Richard Serra), '쌍둥이: 토니와 메리 에드너에게(Twins: To Tony and Mary Edna)', 1972
ⓒ Richard Serra/ARS, New York-IKA, Seoul, 1999

도 55 크리스토프 위에(Christophe Huet), 욜리 하우스(Joly House), 루시용(Roussillon), 프랑스, 1989

도 56 미스 반 데 로에(Mies van der Rohe), '단순 주거에 대한 콜라주 스터디(Collage Studies of a Simple Dwelling House)', 일리노이 공과대학 건축학과 4학년 스튜디오 지도 작품

도 57 리비오 바키니(Livio Vacchini), 코스타-테네로 하우스(House in Costa-

Tenero), 티치노(Ticino), 스위스, 1990
도 58 캄포 바에사(Campo Baeza), 가스파르 하우스(Gaspar House), 카디츠(Cadiz), 스페인, 1988
도 59 아르네 야콥센(Arne Jacobsen), 시리즈 7 체어스(Series 7 chairs), 1995
도 60 카코 파트너십(Kaakko Partnership), 레저 스튜디오(Leisure Studio), 에스포(Espoo), 핀란드(Finland), 1992
도 61 에니쉬 카푸르(Anish Kapoor), 〈무제 *Untitled*〉, 1995
도 62 도널드 자드(Donald Judd), 〈무제 *Untitled*〉, 1969
ⓒ Donald Judd/Licensed by VAGA-IKA, Seoul, 1999
도 63 에르시야 & 캄포(Ercilla & Campo), 가라델레구이 가족 주거(Garadelegui Family Dwelling), 알라바(Alava), 스페인, 1997
도 64 셀 마드리데요스 & 후안 카를로스 산초(Sel Madridejos & Juan Carlos Sancho), 카레타스 대학 내 스쿨 파빌리온(School Pavilion in Carretas College), 마드리드(Madrid), 1990-1991
도 65 비엘 아레츠(Wiel Arets), 발스 경찰서(Police Station at Vaals), 발스, 네덜란드, 1993-1995
도 66 카를로스 페라테르 & 호앙 기베르노(Carlos Ferrater & Joan Guibernau), 바이드레라 일가구 주택(Single-family House in Vallvidrera), 바르셀로나(Barcelona), 스페인, 1995-1996
도 67 데이비드 치퍼필드(David Chipperfield), 닉 나이트 하우스(Nick Knight House), 서리(Surrey), 영국, 1987
도 68 루이지 스노치(Luigi Snozzi), 베르나스코니 주택(Casa Bernasconi), 카로나(Carona), 이탈리아, 1989
도 69 에르시야 & 캄포(Ercilla & Campo), 리오 플로리드 키오스크(Rio Florid Kiosk), 알라바(Alava), 스페인, 1996
도 70 랄프 쿠세 & 클라스 고리스(Ralf Coussee & Klaas Goris), 엔지니어스 오피스(Engineer's Office), 루셀라레(Roeselare), 벨기에, 1994
도 71 아네터 지공 & 마이크 가이어(Annette Gigon & Mike Guyer), 키르히너 박물관(Kirchner Museum), 다보스(Davos), 스위스, 1989-1992
도 72 타다오 안도(Tadao Ando), 물의 신전(Water Temple), 아와지 아일랜드(Awaji Island), 일본, 1989-1991
도 73 제임스 커틀러(James Cutler), 메디나 창고(Garage at Medina), 워싱턴
도 74 타다오 안도(Tadao Ando), 마운트 로코 채플(Chapel on Mount Rokko), 고베(Kobe), 일본, 1985-1986
도 75 헤르초크 & 드 모이론(Herzog & de Meuron), 시그널 박스 아우프 뎀 볼프(Signal Box Auf dem Wolf), 바젤(Basel), 스위스, 1992-1995
도 76 도미닉 페로(Dominique Perrault), 프랑스 국립 도서관(French National Library), 파리, 1997
도 77 카를로 바움슐라겔 & 디트마르 에베를레(Carlo Baumschlager & Dietmar Eberle), 엘티더블유 빌딩(LTW Building), 볼푸르트(Wolfurt), 오스트리아, 1994

도 78 헤르초크 & 드 모이론, 고에츠 컬렉션 갤러리(Gallery for Goetz Collection of Contemporary Art), 뮌헨(Munich), 독일, 1992
도 79 롤랑 풀랭(Roland Poulin), 〈어두움 Sombre〉, 1986
도 80 사이먼 웅거스(Simon Ungers), 티 하우스(T-House), 윌턴(Wilton), 뉴욕 주, 1988-1994
도 81 벤 반 베르켈(Ben van Berkel), 케이엔피 오피스 빌딩(KNP Office Building), 힐베르숨(Hilversum), 네덜란드, 1993
도 82 데이비드 치퍼필드(David Chipperfield), 닉 나이트 하우스(Nick Knight House), 서리(Surrey), 영국, 1987-1989
도 83 클라우디오 실베스트린(Claudio Silvestrin), 네우엔도르프 빌라(Neuendorf Villa), 마요르카(Mallorca), 스페인, 1991
도 84 캄포 바에사(Campo Baeza), 벨릴라 드 산 안토니오 학교 증축(School Addition in Velilla de San Antonio), 마드리드(Madrid), 1991
도 85 제임스 터렐(James Turrell), 〈론도 Rondo〉, 1968-1969
도 86 클라우디오 실베스트린(Claudio Silvestrin), 네우엔도르프 빌라(Neuendorf Villa), 마요르카(Mallorca), 스페인, 1991
도 87 데니 카라반(Dani Karavan), 〈마콤 Makom〉, 1982
도 88 찰스 무어(Charles Moore), 샌타 바버러 캘리포니아 주립대학 교수회관(Faculty Club at the University of California Santa Barbara), 샌타 바버러, 캘리포니아, 1966-1968
도 89 에드워드 킬링스워스(Edward Killingsworth), 하우스 비(House B), 라 욜라(La Jolla), 캘리포니아, 1959-1960
도 90 폴 루돌프(Paul Rudolph), 예일 대학 조형예술대학(Art and Architecture Building at Yale University), 뉴 헤이번(New Haven), 코네티컷, 1959-1964
도 91 카를로 스카르파(Carlo Scarpa), 집소테카 카노비아나(Gipsoteca Canoviana), 트레비소(Treviso), 이탈리아, 1955-1957
도 92 드 코크넹크(De Kokninck), '건물확장 연구(Research for Extending the Building)', 1965
도 93 로버트 벤투리(Robert Venturi), 반나 벤투리 하우스(Vanna Venturi House), 체스넛 힐(Chesnut Hill), 펜실베이니아, 1963
도 94 찰스 무어(Charles Moore), 클로츠 하우스(Klotz House), 웨스터리(Westerly), 로드 아일랜드(Rhode Island), 1967-1970
도 95 찰스 무어(Charles Moore), 무어 하우스(Moore House), 뉴 헤이븐(New Haven), 코네티컷(Connecticut), 1966
도 96 카를로 모레티(Carlo Moretti), 밀란 근교 주택(Residence near Milan), 갈라라테(Gallarate), 이탈리아, 1972-1974
도 97 존 헤이덕(John Hejduk), 쿠퍼 유니온 파운데이션 빌딩 개축(Cooper Union Foundation Building Renovation), 뉴욕 시, 1975
도 98 로버트 스턴(Robert Stern), 풀 하우스(Pool House), 그리니치(Greenwich), 코네티컷, 1973-1974
도 99 살바티 & 트레솔디(Salvati & Tresoldi), 미지아노 근교 1가구 주택(One-

도 100 찰스 과스메이(Charles Gwathmey), 엘리아 바쉬 하우스(Elia Bash House), 캘리폰(Califon), 뉴저지, 1972

도 101 로버트 벤투리(Robert Venturi), 프러그 하우스 투(Frug House II) 계획안, 1965

도 102 리처드 마이어(Richard Meier), 바르셀로나 현대 미술관(Barcelona Museum of Contemporary Art), 바르셀로나(Barcelona), 스페인, 1987-1995

도 103 리처드 마이어(Richard Meier), 울름 전시 및 집회 건물(Exhibition and Assembly Building at Ulm), 울름, 독일, 1986-1993

도 104 리처드 마이어(Richard Meier), 스미스 하우스(Smith House), 다리엔(Darien), 코네티컷, 1967

도 105 리처드 마이어(Richard Meier), 스미스 하우스(Smith House), 다리엔(Darien), 실내 공간, 코네티컷, 1967

도 106 리처드 마이어(Richard Meier), 아테네움(The Atheneum), 뉴 하모니(New Harmony), 인디애나, 1975-1979

도 107 리처드 마이어(Richard Meier), 프랑크푸르트 장식 예술 박물관(Museum for the Decorative Arts in Frankfurt am Main), 프랑크푸르트, 독일, 1979-1985

도 108 찰스 과스메이(Charles Gwathmey), 스트라우스 하우스(Strauss House), 퍼체스(Purchase), 뉴욕 주, 1968

도 109 찰스 과스메이(Charles Gwathmey), 과스메이 주택 및 스튜디오(Gwathmey House and Studio), 아마간세트(Amagansett), 뉴욕 주, 1965

도 110 찰스 과스메이(Charles Gwathmey), 세이그너 하우스(Sagner House), 사우스 오렌지(South Orange), 뉴저지, 1973-1974

도 111 찰스 과스메이(Charles Gwathmey), 드 메닐 하우스(de Menil House), 이스트 햄프턴(East Hampton), 뉴욕 주, 1979

도 112 피터 아이젠만(Peter Eisenman), 하우스 포(House IV), 폴스 빌리지(Falls Village), 코네티컷, 1971

도 113 피터 아이젠만(Peter Eisenman), 하우스 포(House IV), 폴스 빌리지(Falls Village), 코네티컷, 1971

도 114 피터 아이젠만(Peter Eisenman), 하우스 원(House I), 프린스턴(Princeton), 뉴저지, 1967-1968

도 115 피터 아이젠만(Peter Eisenman), 하우스 투(House II), 하드윅(Hardwick), 버몬트, 1969-1970

도 116 피터 아이젠만(Peter Eisenman), 하우스 스리(House III), 레이크빌(Lakeville), 코네티컷, 1969-1970

도 117 마이클 그레이브스(Michael Graves), 킬리 게스트 하우스(Keeley Guest House), 프린스턴(Princeton), 뉴저지, 1972

도 118 마이클 그레이브스(Michael Graves), 클레그호른 하우스 증축(Claghorn House Addition), 프린스턴(Princeton), 뉴저지, 1973-1974

도 119 마이클 그레이브스(Michael Graves), 스나이더만 하우스(Snyderman House), 포트 웨인(Fort Wayne), 인디애나, 1972

도 120 마이클 그레이브스(Michael Graves), 한젤만 하우스(Hanselman House), 포트 웨인(Fort Wayne), 인디애나, 1967

도 121 마이클 그레이브스(Michael Graves), 스나이더만 하우스(Snyderman House), 포트 웨인(Fort Wayne), 인디애나, 1972

도 122 마이클 그레이브스(Michael Graves), 스나이더만 하우스(Snyderman House), 포트 웨인(Fort Wayne), 인디아나, 1972

도 123 존 헤이덕(John Hejduk), 텍사스 하우스 원(Texas House I), 1954-1963

도 124 존 헤이덕(John Hejduk), 1/2 하우스(1/2 House), 1966

도 125 존 헤이덕(John Hejduk), 북동남서 하우스(North East South West House), 1974-1979

도 126 존 헤이덕(John Hejduk), 다이아몬드 하우스 비(Diamond House B), 1963-1967

도 127 존 헤이덕(John Hejduk), 쿠퍼 유니온 파운데이션 빌딩 개축(Cooper Union Foundation Building Renovation), 뉴욕 시, 1968-1974

도 128 더크 후이처(Dirk Huizer), 〈큐브 *Cube*〉, 1984

도 129 스티븐 홀(Steven Holl), 디 이 쇼 사(社) 오피스 및 매장(D.E. Shaw & Co. Offices and Trading Area), 뉴욕 시, 1991-1992

도 130 아라타 이소자키(Arata Isozaki), 비외르손 스튜디오 & 하우스(Bjoerson Studio & House), 베니스(Venice), 캘리포니아, 1981-1986

도 131 스텐리 사이토비츠(Stanley Saitowitz), 뉴 베이 에어리어 하우스(House at New Bay Area), 스틴손 비치(Stinson Beach), 캘리포니아

도 132 후안 나바로 발데웨그(Juan Navarro Baldeweg), 알타미라 선사 동굴 박물관(Museum of the Altamira Prehistoric Caves), 칸타브리아(Cantabria), 스페인, 1995

도 133 렘 콜하스(Rem Koolhaas), 더치 하우스(A Dutch House), 네덜란드, 1992-1993

도 134 장-미셸 빌모트(Jean-Michel Wilmotte), 카르나발레 박물관(Musee Carnavalet), 파리, 1989

도 135 리저(Leeser), 사진 작가를 위한 홈-스튜디오(Home-Studio for Photographers), 뉴욕 시

도 136 크루엑 섹스턴(Krueck Sexton), 스테인리스 스틸 아파트(The Stainless Steel Apartment), 시카고, 1992

도 137 리처드 마이어(Richard Meier), 바르셀로나 현대 미술관(Museum of Contemporary Art in Barcelona), 바르셀로나, 스페인, 1987-1995

도 138 스티븐 홀(Steven Holl), 디 이 쇼 사(社) 오피스 및 매장(D.E. Shaw & Co. Offices and Trading Area), 뉴욕 시, 1992

도 139 마이어런 골드핑거(Myron Goldfinger), 트리 하우스(A Tree House), 와카부크(Waccabuc), 뉴욕 주

도 140 알폰소 카노 핀토스(Alfonso Cano Pintos), 티만파야 공원 방문객 센터

(Timanfaya Park Visitors Center), 스페인

도 141 엘레이 기간테스 & 엘리아 젱헬리스(Elei Gigantes & Elia Zenghelis), 칼키아데스 빌라(Villa Chalkiades), 레스보스(Lesbos), 그리스, 1989

도 142 하리리 & 하리리(Hariri & Hariri), 뉴 캐나안 하우스(New Canaan House), 뉴 캐나안, 코네티컷, 1989-1992

도 143 헬린 & 시토넨(Helin & Siitonen), 포르사 수영 목욕탕(Forssa Swimming Baths), 베시헬미(Vesihelmi), 핀란드, 1993

도 144 귄터 도메니그(Guenther Domenig), 스톤 하우스(Stone House), 캐른튼(Kaerten), 오스트리아, 1986

도 145 이 엔 닐스(E. N. Niles), 웨스턴 주택(Weston Residence), 말리부(Malibu), 캘리포니아, 1988-1993

도 146 알바로 시자(Siza), 갈리시안 현대 미술 센터(Galician Center of Contemporary Art), 산티아고 데 콤포스텔라(Santiago de Compostela), 스페인, 1988-1993

도 147 굴리크센 & 카이라모 & 보르말라(Gullichsen & Kairamo & Vormala), 피에크세메키 시민회관(Civic Center in Pieksa″ma″ki), 피에크세메키, 핀란드, 1983-1989

도 148 볼레스 & 윌슨(Bolles & Wilson), 줌토발 소비자 센터(Customer Center Zumtobal)

도 149 프랭클린 디 이스라엘(Franklin D. Israel), 브라이트 & 어소시에이츠(Bright and Associates), 베니스(Venice), 캘리포니아, 1991

도 150 프레데릭 피셔(Frederick Fisher), 캘핀 하우스(Calpin House), 베니스(Venice), 캘리포니아, 1978

도 151 캄포 바에사(Campo Baeza), 카디스 공립 학교(Public School in Cadiz), 카디스, 스페인, 1995

도 152 스미스밀러 & 호킨슨(Smith-Miller & Hawkinson), 뉴 라인 시네마 오피스(New Line Cinema Office), 뉴욕 시, 1990-1992

도 153 조지 라날리(George Ranalli), 로프트 룸(The Loft Room), 뉴욕 시

도 154 스티븐 홀(Steven Holl), 후쿠오카 하우징(Fukuoka Housing), 후쿠오카, 일본, 1989-1991

도 155 에이치 피 뵈른들(H. P. Woerndl), 글루크 후프(Gluck Hupf), 몬트제(Mondsee), 오스트리아, 1993

도 156 마스 & 반 레이스 & 브리스(Maas & van Rijs & Vries), 더블 하우스(Double House), 위트레흐트(Utrecht), 네덜란드, 1995-1997

도 157 멜빈 샤르네이(Melvin Charney), '룸 202(Room 202)', 1979

도 158 헨트리크 페트슈니그(Hentrich Petschnigg), 본 포룸(Forum in Bonn), 본, 독일, 1992

도 159 호세 모랄레스 & 후안 곤살레스(Jose Morales & Juan Gonzales), 코리페 타운 홀(Coripe Town Hall), 세비야(Sevilla), 스페인, 1995

도 160 클라우디오 실베스트린(Claudio Silvestrin), 바커-밀 아파트(Barker-Mill Apartment), 런던

도 161 스티븐 홀(Steven Holl), 성 이그나치우스 채플(Chapel of St. Ignatius), 시애틀 대학(Seattle University) 내, 워싱턴, 1994-1997
도 162 톰 코박(Tom Kovac), '동굴을 파낸 것도 아니고 주물을 뜬 것도 아닌: 제3언어 에 의한 건축(Neither Carved Nor Moulded: An Architecture of the Third Term)', 1997
도 163 크루엑 섹스턴(Krueck Sexton), 페인티드 아파트(The Painted Apartment), 시카고, 1983
도 164 레리 벨(Larry Bell), '빙산과 그것의 그림자(Iceberg and Its Shadow)', 1975
도 165 난다 비고(Nanda Vigo), '단일 공간(Monospazio)', 밀란(Milan), 이탈리아, 1973-1975
도 166 헤르초크 & 드 모이론(Herzog & De Meuron), 캐리커처 만화 박물관(Caricature and Cartoon Museum), 바젤(Basel), 스위스, 1994-1996
도 167 비엘 아레츠(Wiel Arets), 쿠이익 경찰서(Police Station in Cuijk), 쿠이익, 네덜란드, 1994-1997
도 168 알바로 시자(Alvaro Siza), 핀투 & 소투 마이요르 은행(Pinto & Sotto Mayor Bank), 올리베이라 데 아제마이스(Oliveira de Azemeis), 포르투갈, 1971-1974
도 169 쿠노 브룰만(Cuno Brullmann), 재외 스위스인 센터(Auslandschweizer-Zentrum), 브루넨(Brunnen), 스위스
도 170 필립 스타르크(Philippe Starck), 아사히 불꽃(Asahi La Flamme), 도쿄(Tokyo), 일본, 1989
도 171 찰스 무어(Charles Moore), 침머만 하우스(Zimmermann House), 페어팩스 카운티(Fairfax County), 버지니아, 1972-1975
도 172 안네 라카톤 & 장 필립 바살(Anne Lacaton & Jean Philippe Vassal), 라타피 하우스(Latapie House), 보르되(Bordeus), 프랑스, 1993
도 173 루치아노 파브로(Luciano Fabro), '반(半)반사 반투명(Mezzo specchiato mezzo trasparente)', 1965
도 174 딜러 & 스코피도(Diller & Scofido), 합판 주택(Plywood House), 웨스트체스터(Westchester), 뉴욕 주, 1980
도 175 비엘 아레츠(Wiel Arets), 에르푸르트 기차 역사(Erfurt Railway Station), 독일, 1995
도 176 도미닉 페로(Dominique Perrault), 프랑스 국립 도서관(French National Library), 파리, 1995
도 177 아키텍처 스튜디오(Archtecture Studio), 대학 기숙사(University Residence), 파리, 1989-1996
도 178 볼프강 빈터 & 베르트홀트 회르벨트(Wolfgang Winter & Berthold Hoerbelt), 상자 주택(Kastenhaeuser)
도 179 테라니 오피스(Terragni Office), 베이루트 시장(The Beirut Souk), 베이루트, 레바논
도 180 요하네스 키스텔(Johannes Kister), 전시 건축(Ausstellungs Architektur),

도 181 쾰른(Köln), 독일, 1995
도 181 에밀리오 툰옹 & 루이스 마레노 만시야(Emilio Tunon & Luis Mareno Mansilla), 미술 및 고고 지리학 박물관(Fine Art and Archaegeology Museum), 자모라(Zamora), 스페인, 1993-1996
도 182 고트프리트 뵘(Gottfried Boehm), 독일 은행(Deutsche Bank), 룩셈부르크, 1987-1991
도 183 장 누벨(Jean Nouvel), 프리드리히 슈타트 파사겐 블록207(Friedrichstadtpassagen Block 207), 베를린(Berlin), 독일, 1996
도 184 마이클 그레이브스(Michael Graves), 후쿠오카 하이야트 리전시 호텔 & 사무실 건물(Fukuoka Hyatt Regency Hotel & Office Building), 후쿠오카(Fukuoka), 일본, 1990
도 185 에셔(Escher), 〈상대성 *Relativity*〉, 1953
도 186 안토니오 산마르틴 & 마누엘 오르티스(Antonio Sanmartin & Manuel Ortiz), 수도원 개축(Rehabilitation du Couvent), 후에스카(Huesca), 스페인, 1994-1996
도 187 카를로 스카르파(Carlo Scarpa), 마시에리 파운데이션(Masieri Foundation), 베니스(Venice), 이탈리아, 1983
도 188 장-미셸 빌모트(Jean-Michel Wilmotte), 장-자크 뒤트코 갤러리(Galerie Jean-Jacques Dutko), 파리, 1992
도 189 스티븐 홀(Steven Holl), 스토어프론트 갤러리(Storefront Gallery), 뉴욕 시, 1991-1992
도 190 히로시 나카오(Hiroshi Nakao), 블랙 마르샤 원(Black Marcia I), 일본, 1990-1994
도 191 존스 파트너스(Jones Partners), 하이 시에러스 캐빈스(High Sierras Cabins), 캘리포니아
도 192 한스 홀라인(Hans Hollein), 독일 은행 시각 디자인(Visual Design for the German Bank), 프랑크푸르트(Frankfurt), 독일, 1973
도 193 조지 라날리(George Ranalli), 퍼스트 오브 오거스트 스토어(First of August Store), 뉴욕 시, 1984
도 194 아라타 이소자키(Arata Isozaki), 굼마현(縣) 미술관(Gumma Prefectural Museum of Fine Arts), 다카사키(Takasaki), 일본, 1971-1974
도 195 오스발트 마티아스 웅게르스(Oswald Mathias Ungers), 프리드리히 슈타트 파사겐 블럭 205(Friedrichstadtpassagen Block 205), 베를린, 독일
도 196 캄포 바에사(Campo Baeza), 산 페르밍 퍼블릭 스쿨(San Fermin Public School), 마드리드(Madrid), 1985
도 197 비엘 아레츠(Wiel Arets), 뮌스터 예술 아카데미(Academy of Art in Muenster), 뮌스터, 독일, 1995
도 198 나탈리니 & 수퍼스튜디오(Natalini & Superstudio), 록펠러 센터 (Rockefeller Center), 1969
도 199 스탠리 타이거만(Stanley Tigerman), 포마이카 쇼 룸(Formica Show Room), 시카고, 1986

도 200 앙리 시리아니(Henri Ciriani), 누아지 투(Noisy II), 마른느-라-발레 신도시(Ville nouvelle de Marne-la-Vallee), 프랑스, 1975-1980

도 201 리처드 마이어(Richard Meier), 하트포드 세머네리(Hartford Seminary), 하트포드, 코네티컷, 1978-1981

도 202 찰스 과스메이(Charles Gwathmey), 워너 오토 홀(Werner Otto Hall), 하버드 대학(Harvard University) 내, 케임브리지(Cambridge), 메사추세츠(Massachusetts), 1989-1991

도 203 아키텍처 스튜디오(Archtecture Studio), 부활 교회(Church of the Resurrection), 파리, 1986-1989

도 204 페프 사수르카(Pep Zazurca), 콘셉시온 스쿨(Concepcion School), 바르셀로나(Barcelona), 스페인, 1991

도 205 비토리오 그레고티(Vittorio Gregotti), 밀란의 아파트(Apartment in Milan), 밀란, 이탈리아, 1975-1977

도 206 바턴 마이어스(Barton Myers), 세빌 만국 박람회 미국관(United States Pavilion at Seville World's Fair), 세비야(Sevilla), 스페인, 1989

도 207 도인톄르 & 이스타 & 크라메르 & 반 빌레겐(Duintjer & Istha & Kramer & van Willegen), 아카데믹 메디칼 센터(Academic Medical Center), 암스테르담(Amsterdam), 네덜란드, 1968-1983

도 208 헤르만 헤르츠베르게르(Herman Hertzberger), 사회 사업 및 고용부(Ministry of Social Affairs and Employment), 헤이그(The Hague), 네덜란드, 1987-1990

도 209 쿤 반 벨센(Koen van Velsen), 제볼데 공립 도서관(Public Library Zeewolde), 제볼데, 네덜란드, 1990

도 210 렘 콜하스(Rem Koolhaas), 아가디르 컨벤션 센터(Agadir Convention Center), 모로코, 1990

도 211 피터 쿨카(Peter Kulka), 켐니츠 2002 스포츠 스타디움(Sportstadion Chemnitz 2002), 켐니츠, 독일, 1994

도 212 한스 홀라인(Hans Hollein), 산탄데르 은행 본부 사옥(Banco de Santander HQS), 마드리드(Madrid), 1997

도 213 크리스토프 랑호프(Christoph Langhof), 베를린 프레스 하우스(Berlin Presshaus), 베를린, 독일, 1992

도 214 캄포 바에사(Campo Baeza), 오리후엘라 공공 도서관(Orihuela Public Library), 오리후엘라, 스페인, 1992

도 215 알티케이엘(RTKL), 타우슨 타운 센터(Towson Town Center), 타우슨, 메릴랜드, 1984-1990

도 216 존 포르트만(John Portman), 웨스틴 피치트리 플라자(Westin Peachtree Plaza), 애틀랜타(Atlanta), 조지아, 1976

도 217 알티케이엘(RTKL), 그랜드 하이야트 워싱턴(Grand Hyatt Washington), 워싱턴 디 씨(Washington D. C.), 1986-1987

도 218 로저 인터내셔널(Rosser Int.), 홀턴 카운티 센터(Fulton County Center),

도 219 오스발트 마티아스 웅게르스(Oswald Mathias Ungers), 건축 박물관

(Architecture Museum), 프랑크푸르트(Frankfurt), 독일, 1983

도 220 바턴 마이어스(Barton Myers), 서리터스 공연 예술 센터(Cerritos Center for the Performing Arts), 캘리포니아, 1987-1993

도 221 야우히아이넨 시제이에이(Jauhiainen CJA), 네스테 사옥 확장(Neste HQS Extension), 에스포(Espoo), 핀란드, 1994

도 222 드리에센 & 메르스만 & 토마에스(Driesen & Meersman & Thomaes), 세빌 만국 박람회 벨기에관(Belgian Pavilion at Seville World's Fair), 세비야 (Sevilla), 스페인, 1992

도 223 프랑크 반 클링게렌(Frank van Klingeren), 트 카레가트 복합 기능 커뮤니티 센터(Multi-functional Community Center 't Karregat), 에인트호벤 (Eindhoven), 네덜란드, 1970-1973

도 224 필립 스타르크(Philippe Starck), 도쿄 오페라 하우스(Tokyo Opera House), 도쿄(Tokyo), 일본, 1987

도 225 아키텍처 스튜디오(Architecture Studio), 유럽 특허 사무국 오피스 (European Patents Office), 헤이그(The Hague), 네덜란드, 1989

도 226 산체스 아르키텍토스(Sanchez Arquitectos), 피노 수아레스 시장(Pino Suarez Market), 멕시코, 1992

도 227 렌조 피아노(Renzo Piano), 빌딩 워크숍 뉴 메트로폴리스(Building Workshop New Metropolis), 암스테르담(Amsterdam), 네덜란드, 1995

도 228 메카누 아키텍텐(Mecanoo Architekten), 우트레크트 공과대학 경제 경영학 교수 회관(Faculty Building of Economics and Management at Utrecht Polytechnic University), 우트레크트, 네덜란드, 1995

도 229 리처드 마이어(Richard Meier), 프랑크푸르트 장식 예술 박물관(Museum for the Decorative Arts), 프랑크푸르트(Frankfurt), 독일, 1979-1985

도 230 렌조 피아노(Renzo Piano), 커머셜 센터 베르시 투(Commercial Center Bercy 2), 파리

도 231 아키텍처 스튜디오(Architecture Studio), 쥘 베른 고등학교(Jules VerneHigh School), 일 드 프랑스(Ile-de-France), 프랑스, 1993

도 232 존 포트만(John Portman), 엠바르카데로 센터(Embarcadero Center), 샌 프란시스코(San Francisco), 캘리포니아, 1976

도 233 다니엘 나바스 & 네우스 솔레(Daniel Navas & Neus Sole), 에스파라구에라 시민 회관(Esparraguera Civic Center), 에스파라구에라, 1991

도 234 알바로 시자(Alvaro Siza), 갈리시안 현대 미술관(Galician Center of Contemporary Art), 산티아고 데 콤포스텔라(Santiago del Compostela), 스페인, 1988-1993

도 235 찰스 무어(Charles Moore), 크레스지 칼리지(Kresge College), 산타 크루스 (Santa Cruz), 캘리포니아, 1970-1973

도 236 찰스 무어(Charles Moore), 후드 박물관(Hood Museum), 다트머스 대학 (Dartmouth College)내, 하노버(Hanover), 뉴 햄프셔, 1986

도 237 한스 홀라인(Hans Hollein), 비엔나 시 공립 학교(Public School of the City of Vienna), 비엔나, 1990

도 238 프랭크 게리(Frank Gehry), 미드-애틀랜틱 도요타 배급소(Mid-Atlantic Toyota Distributors), 글렌 버니(Glen Burnie), 메릴랜드, 1978
도 239 멜빈 샤르네이(Melvin Charney), '로지에에서 포포바까지(From Laugier to Popova)', 1985
도 240 카를로타 드 베빌라크 & 페데리카 갈부시에리(Carlotta de Bevilacque & Federica Galbusieri), 아르테미드 로스앤젤레스 쇼룸(Artemide Los Angeles Showroom), 로스앤젤레스, 캘리포니아, 1988
도 241 테라니 오피스(Terragni Office), 코모 빌딩(A Building in Como)
도 242 크리스티아 드 포르장파르(Christian de Portzamparc), 디디비 구역(Le Quartier DDB), 생투앙(Saint-Ouen), 프랑스, 1993
ⓒ Christian de Portzamparc/ADAGP, Paris-IKA, Seoul, 1999
도 243 아라카와(Arakawa), 메종 데스텡 레버시블(Maison Destin Reversible)
도 244 아우렐리오 갈페티(Aurelio Galfetti), 벨린초나 카스텔그란데 복원(Restoration of the Castelgrande in Bellinzona), 벨린초나, 스위스, 1981-1988
도 245 한스 홀라인(Hans Hollein), 프랑크푸르트 현대 미술관(Frankfurt Museum of Modern Art), 프랑크푸르트, 독일, 1991
도 246 요켐 요우르단(Jochem Jourdan), 카셀 도큐멘타 홀(Documenta Hall in Kassel), 카셀, 독일, 1989-1992
도 247 솜(SOM), 해군 합동 지휘소(Naval Systems Commands Consolidation), 버지니아, 1992
도 248 레온 볼아게(Leon Wohlhage), 텔토 카날 사무소 건물(Office Building on Teltow Canal), 베를린, 독일, 1996
도 249 파웰-터크 파트너십(Pawell-Tuck Partnership), 녹음 스튜디오(Recording Studio), 런던
도 250 하디, 홀츠만 & 파이퍼 파트너십(Hardy, Holzman & Pfeiffer Partnership), 맥컬러그 학생 회관 및 아트 센터(Mccullough Student Center And Arts Center), 미들베리 대학(Middlebury College), 버몬트, 1991
도 251 엠브이알디브이(MVRDV), 슬로터 공원 수영장(Sloter Park Swimming Pool), 네덜란드, 1994
도 252 콩스탕(Constant), 음악당을 위한 시가(Ode A L'Odeon), 1969
도 253 가에타노 페체(Gaetano Pesce), 12인의 공동 부락(Commune For Twelve People), 1971-1972
도 254 리카르도 보필(Ricardo Bofill), 라 무라야 로하(La Muralla Roja), 엘리칸테(Alicante), 스페인, 1969-1972
도 255 피트 블롬(Piet Blom), '어번 루프에서 카스바로(From Urban Roof To Kasbah)', 헹겔로(Hengelo), 네덜란드, 1972-1973
도 256 귄터 도메니그(Guenter Domenig), 에겐베르그 다목적 홀(Multi-Purpose Hall In Egenberg), 그라츠(Graz), 오스트리아, 1974-1979
도 257 존 헤이덕(John Hejduk), 다이아몬드 박물관 시(Diamond Museum C), 1963-1967

도 258 알도 반 에이크(Aldo Van Eyck), 조각 파빌리온(Sculpture Pavilion), 아른헴(Arnhem), 네덜란드, 1966

도 259 스티븐 홀(Steven Holl), 〈포르타 비토리아(Porta Vitoria)〉, 밀란(Milan), 이탈리아, 1986

도 260 아키텍처 스튜디오(Architecture Studio), '시장 재개발(Rebuilding of Souks)', 베이루트(Beirut), 레바논, 1994

도 261 루카스 서매러스(Lucas Samaras), 재개발 #27(Reconstruction #27), 1977

도 262 렘 콜하스(Rem Koolhaas), 〈매력적 세계로서의 도시 *The City of the Captive Globe*〉, 1972

도 263 렘 콜하스(Rem Koolhaas), 쥐시외 캠퍼스 도서관(Bibliotheque, Campus de Jussieu), 파리, 프랑스, 1992

도 264 렘 콜하스(Rem Koolhaas), 쥐시외 캠퍼스 도서관(Bibliotheque, Campus de Jussieu), 파리, 프랑스, 1992

도 265 장 누벨(Jean Nouvel), 라파예트 갤러리(Galeries Lafayette), 베를린(Berlin), 독일, 1993-1996

도 266 뤼디거 크람(Ruediger Kramm), 차일갤러리(Zeilgalerie), 프랑크푸르트(Frankfurt), 독일

도 267 렘 콜하스(Rem Koolhaas), 예술 및 미디어 테크노 센터(Center for Art and Media Techno), 카를스루에(Karlsruhe), 독일, 1990

도 268 브루노 무나리(Bruno Munari), 〈분절된 조각 *Articulated Sculpture*〉

도 269 라이네르 & 아우어(Lainer & Auer), 복합 주거(Housing Complex), 비엔나, 1990

도 270 라페냐 & 토레스(Lapena & Torres), 캡 마르티네트 하우스(House in Cap Martinete), 이비자(Ibiza), 스페인, 1987

도 271 하디, 홀츠만 & 파이퍼 파트너십(Hardy, Holzman & Pfeiffer Partnership), 로스앤젤레스 현대 미술관(Los Angeles Museum of Modern Art), 로스앤젤레스, 캘리포니아, 1980

도 272 엠브이알디브이(MVRDV), 호른 지구(The Hoorn Quadrat), 네덜란드, 1992

도 273 엠브이알디브이(MVRDV), 보조코스 노인 아파트(WoZoCo's Apartment for Elderly People) 암스테르담-오스도르프(Amsterdam-Osdorf), 네덜란드, 1994-1997

찾아보기
이탤릭체로 표기된 숫자는 도판번호입니다.

가

가라델레구이 가족 주거 87, *63*
가변형 공간 223-225
가스파르 하우스 79, *58*
갈리시안 현대 미술 센터 182, 265, *146*, *234*
갈페티, 아우렐리오 277, 278, *244*
건축적 결정론 → 결정론
게리, 프랭크 222, 271, *238*
결정론 261, 276, 280, 292, 303
겹 공간 27-34, 118, 119, 120-122, 127-128, 135, 141-142, 153, 189, 204, 208, 209, 230, 252, 298
고에츠 컬렉션 갤러리 105, *78*
골드핑거, 마이어런 176, *139*
과스메이, 찰스 136, 138, 143-146, 160, 164, 235-236, *100*, *108-111*, *202*
과스메이 주택 및 스튜디오 144, *109*
구드, 호에 60-62, *44*
구조주의 건축 241-242, 286, 290
굴리크센 & 카이라모 & 보르말라 183-184, *147*
굼마현(縣) 미술관 228-229, *194*
균질 공간 13-42, 46, 47, 140
그라시아 마르코스 하우스 66-67, *49*
그랜드 하이야트 워싱턴 249, *217*
그레고티, 비토리오 237-238, *205*
그레이브스, 마이클 131, 138, 152-158, 160, 163, 218-219, *117-122*, *184*
그레이엄, 댄 199-201
그로피우스, 발터 37, 121, 132
그리드 226-238, 305
글라스 하우스 13-16, 20, 24, 32, 35, 46, *1-2*

나

글루크 후프 189, *155*
기간테스 & 젱헬리스 178, *141*

나바스 & 솔레 264-265, *233*
나카오, 히로시 223-224, *190*
나탈리니 & 수퍼스튜디오 231-232, *198*
네덜란드 건축 학교 39-40, *28*
네스테 사옥 확장 253, *221*
네오-데스틸 35, 68
네오 모더니즘 35-42, 67-68, 69, 71, 132, 133, 140
네오-코르뷔지안 35, 39, 68
네오-팔라디아니즘 136
네우엔도르프 빌라 112, 115, *83*, *86*
넥서스 월드 40, *29*
넬슨, 조지 17-18, 28, *5*
노이트라, 리처드 27-28, 29, 30, 31, 32, *16-17*
놀란드, 케네스 114-115
누벨, 장 217-218, 296-298, *183*, *265*
누아지 투 233-234, *200*
뉴 라인 시네마 오피스 186-187, *152*
뉴 베이 에어리어 하우스 167-168, *131*
뉴 브루탈리즘 → 브루탈리즘
뉴만, 바네트 74
뉴욕5 건축 22, 35, 53, 68, 111, 123, 130-164, 165, 178, 179, 183, 186, 191, 271, 289
뉴 캐나안 하우스 179, *142*
뉴 프리덤 121, 123, 125, 130
니키 드 생트 팔르 288
닉 나이트 하우스 90, 110-111, *67*,

82
닐스, 이 엔 181, 182, *145*

다

다소릴리에비 주택 및 한스 조셉손 스쿨 71, *52*
다이아몬드 박물관 시 289-290, *257*
다이아몬드 하우스 비 161-162, *126*
달팽이 하우스 59, *41*
대중 건축 117, 118, 119, 125, 133, 137, 165, 208, 213, 252, 266, 267
더블 하우스 189, *156*
더치 하우스 168-170, *133*
데 스틸 35, 36, 37, 38, 39, 52, 69, 76, 77, 124, 159, 162
데카 국회 의사당 48, 122, *34*
도메니그, 귄터 180-181, 288, *144*, *256*
도미노 시스템 138, 140, 145, 146, 158
도에스부르그, 테오 반 158, 162
도쿄 오페라 하우스 256, *224*
드 메닐 하우스 145-146, *111*
드 코크넥크 124-125, *92*
드리에센 & 메르스만 & 토마에스 255, *222*
디디비 구역 274, *242*
디 이 쇼 사(社) 오피스 및 매장 166, 174-175, *129*, *138*
딜러 & 스코피디오 210-211, *174*

라

라 무라야 로하 집합 주택 285-286, *254*
라날리, 조지 187-188, 228, *153*, *193*
라이네르 & 아우어 301-302, *269*
라이트, 프랭크 로이드 27, 28, 30, 136, 159, 162

라카톤 & 바살 209, *172*
라타피 하우스 209, *172*
라파예트 갤러리 296-298, *265*
라페냐 & 토레스 302-303, *270*
랑호프, 크리스토프 245, *213*
레고레타, 리카르도 56, *38*
레이노, 장-피에르 229-230, 238
로스, 아돌프 39, 41, 45, 52, 76
로스엔젤레스 현대 미술관 303-305, *271*
로시, 알도 56-57, 131, *39*
로저 인터내셔널 250-251, *218*
로즈 하우스 36, 37, *24*
로지에 271
로카, 미구엘 안젤 56
로코코 173, 174, 175, 197
로프트 룸 187-188, *153*
록펠러 센터 231-232, *198*
롱샹 교회 20
루돌프, 폴 29, 119, 120-121, *18*, *90*
루셀라레 엔지니어스 오피스 93-94, *70*
룩셈부르크 독일 은행 217, *182*
르 위트 84, 91-92, 93
르 코르뷔지에 20, 30, 35, 36, 37, 39, 41, 45, 49, 99, 130, 132, 138, 140, 143, 145, 158, 160, 161, 245, 287
르네-생트니-스쿨 21, *9*
르노 공장 56, *38*
리미널 스페이스 122, 123, 124, 183
리오 플로리드 키오스크 92-93, *69*
리옹 기념비 전시 60, *42*
리저 171-172, *135*
리트벨트, 게리트 35-36, 124
릭시오티, 루디 63, *46*

마

마드리데요스 & 산초 88-89, *64*
마든, 브리스 104-105
마스 & 반 레이스 & 브리스 189, *156*

마시에리 파운데이션 222, *187*
마운트 로코 채플 100-101, *74*
마이어, 리처드 22, 23-24, 137-143, 144, 145, 160, 164, 173-174, 178, 191, 192, 234-235, 262, *102-107*, 도*137*, *201*, *229*
마이어스, 바턴 24-25, 240, 252-253, *13*, *206*, *220*
맥컬러그 학생 회관 및 아트 센터 281-282, *250*
메디나 창고 99-100, *73*
메르클리, 피터 71, *52*
메카누 아키텍텐 260, *228*
모노크롬 113-114, 115
모던 로코코 173-175, 191, 195, 196
모던 리바이벌 → 네오 모더니즘
모던 픽처레스크 273, 274
모던 휴머니즘 245
모라, 에두아르드 소투 64, 65, *47*
모랄레스 & 곤살레스 191-192, *159*
모레티, 카를로 131, *96*
모렐레, 프랑소와 107-108
몬드리안 38, 44, 45, 52, 158, 162
무나리, 브루노 300-301, *268*
무어, 찰스 118, 119, 121, 127, 128-129, 137, 208, 252, 267-268, 269, *88*, *94-95*, *171*, *235-236*
무어 하우스 128-129, *95*
물의 신전 98-99, *72*
뮌스터 예술 아카데미 231, *197*
미니멀리즘 14, 18, 20, 27, 32, 35, 40, 41, 42, 43-116, 117, 177, 186, 194, 201, 204, 211, 230, 231, 279
미드-애틀랜틱 도요타 배급소 271, *238*
미로 138, 262, 275-291
미스 반 데 로에 13, 14, 15, 16, 18, 20, 24, 27, 32, 36, 37, 39, 41, 45, 46, 47, 50, 52, 76-77, 117, 132, 140-141, 159,

3, *31*, *36*, *56*
미자노 근교 1가구 주택 134, *99*
밀란 근교 주택 131, *96*
밀란의 아파트 237-238, *205*
밀러-마자레이 주택 22-23, *11*

바

바라간, 루이스 55, *37*
바로크 173, 174
바르셀로나 현대 미술관 137-138, 173-174, *102*, *137*
바에사, 캄포 66-67, 79, 112-113, 186, 230-231, 246, *49*, *53*, *58*, *84*, *151*, *196*, *214*
바움슐라겔 & 에베를레 103, 104, *77*
바이드레라 일가구 주택 90, *66*
바이오 리얼리즘 28, 31, 32
바커-밀 아파트 194, *160*
바키니, 리비오 77-78, *57*
반 벨센, 쿤 242-243, *209*
반 에이크, 알도 290, *258*
반 클링게렌, 프랭크 255, *223*
반나 벤투리 하우스 126-127, *93*
발데웨그, 후안 나바로 168, *132*
발스 경찰서 89-90, *65*
방 속의 방 188
베르나스코니 하우스 68-69, 90-91, *50*, *68*
베르켈, 벤 반 109-110, *81*
베를린 프레스 하우스 245, *213*
베빌라크 & 갈부시에리 271-272, *240*
베이루트 시장 계획안 213-214, *179*
벤투리, 로버트 118, 119, 121, 126-127, 137-138, *93*, *101*
벨, 레리 198, *164*
벨 & 모렐 40-42, *30*
벨린초나 카스텔그란테 277, *244*
벨릴라 드 산 안토니오 학교 증축 112-113, *84*
보조코스 노인 아파트 307, *273*

보츠 프렉티스 하우스 124
보타, 마리오 68
보필, 리카르도 285-286, *254*
복합 공간 20, 22, 53, 66, 109, 111, 112, 113, 117-202, 204, 211, 219, 220, 222, 263, 271, 289, 290
본 포룸 191, *158*
볼레스 & 윌슨 184, *148*
볼아게, 레온 21, 280, *9*, *248*
볼하임, 리차드 83
뵈른들, 에이치 피 188-189, *155*
뵘, 고트프리트 217, 218, *182*
부렌, 다니엘 190-191
부버탈 미팅 센터 64-65, *48*
부스만 & 하버러 64-65, *48*
부활 교회 236-237, *203*
북동남서 하우스 160-161, *125*
브라운, 엔리크 59, *41*
브라이트 & 어소시에이츠 184-185, *149*
브로이어, 마르셀 30-31, 37-38, *19*, *25*
브린모어 대학 기숙사 49-50, *35*
브루탈리즘 49, *99*
브룰만, 쿠노 205, *169*
브린모어 대학 기숙사 121-122
블랙 마르샤 원 223-224, *190*
블롬, 피트 286-287, *255*
비고, 난다 198-199, *165*
비물성화 100-101, 102-103, 104, 105, 194, 204
비물질화 → 비물성화
비센스 & 아벤고자르 62, 66, *45*
비엔나 시 공립 학교 268-270, *237*
비외르손 스튜디오 & 하우스 166-167, *130*
비트롤 스타디움 63, *46*
빈터 & 회르벨트 213, *178*
빌딩 워크숍 뉴 메트로폴리스 259, *227*
빌모트, 장-미셸 170, 222-223, *134*,

188

사

사수르카, 페프 237, *204*
사이토비츠, 스탠리 167-168, *131*
사진 작가를 위한 홈-스튜디오 171-172, *135*
산 페르밍 퍼블릭 스쿨 230-231, *196*
산마르틴 & 오르티스 221-222, *186*
산체스 아르키텍토스 258, *226*
산탄데르 은행 본부 사옥 244-245, *212*
살바티 & 트레솔디 134-135, *99*
상대주의 공간 20, 53, 66, 82, 203-307
상자 주택 213, *177*
상황주의 284, 290
샤르네이, 멜빈 190, 271, 157, *239*
새러소터 스쿨 29, 119
샌타 바버라 캘리포니아 주립대학 118, *88*
서리터스 공연 예술 센터 252-253, *219*
서매러스, 루카스 293, *261*
성 이그나치우스 채플 196, *161*
세그라테 비밀 결사대 기념비 57, *39*
세라, 리처드 52, 70, 74-75, 95, *54*
세르트, 요세 루이스 33-34, *23*
세르트 하우스 33-34, *23*
세빌 만국 박람회 미국관 240, *206*
세빌 만국 박람회 벨기에관 255, *222*
세이그너 하우스 145, *110*
섹스턴, 크루엑 172-173, 197, *136*, *163*
솜(SOM) 280, *247*
성글 & 스틱 스타일 134
슈텔린 하우스 30-31, *19*
수퍼스튜디오 → 나탈리니 & 수퍼스튜디오
슐만 주택 21-22, *10*

슐리츠, 헬무트 25-26, *14*
스나이더만 하우스 155, 156-158, *119, 121-122*
스노치, 루이지 68-69, 90-91, *50, 68*
스미스 하우스 140-142, *104-105*
스미스밀러 & 호킨슨 186-187, 188, 192, *152*
스카르파, 카를로 123-124, 222, 223, *91, 187*
스타르크, 필립 206, 255-256, *224*
스타인 드 몬치 빌라 132
스타키 하우스 37-38, *25*
스턴, 로버트 118, 133, 134, *98*
스테인리스 스틸 아파트 172-173, *136*
스토어프론트 갤러리 223, *189*
스톤 하우스 180-181, *144*
스트라우스 하우스 144, *108*
슬렌더 빌딩 26, *15*
슬로터 공원 수영장 283, *251*
시그널 박스 아우프 뎀 볼프 101-102, *75*
시리아니, 앙리 233-234, 235, *200*
시무네, 롤랑 58-59, *40*
시자, 알바로 182, 204, 265, *146, 168, 234*
시트로엥 타입 140, 145, 146
신 구성주의 35, 39, 68
신세계 학교 60, *43*
신 표현주의 70, 180, 288, 289
신 합리주의 53, 56, 57, 131
실내 광장 239-251, 252, 253
실베스트린, 클라우디오 112, 115, 194-195, *83, 86, 160*

아

아가디르 컨벤션 센터 243, *210*
아레츠, 비엘 89-90, 201-202, 211-212, 231, *65, 167, 175, 197*
아르테미드 로스엔젤레스 쇼룸 271-272, *240*
아른헴 조각 파빌리온 290, *258*
아사히 불꽃 206, *170*
아이젠만, 피터 131, 138, 146-153, 160, 270, *112-116*
아이젠베르크, 코닝 39, *27*
아이젠베르크 하우스 39, *27*
아키텍처 스튜디오 213, 236-237, 257, 263, 292-293, *177, 203, 225, 231*
아테네움 142, *106*
안도, 타다오 98-99, 100-101, 102, *72, 74*
안드레, 칼 44, *62*
알그레이브 하우스 64, *47*
알리카르테 대학 도서관 72, *53*
알타미라 선사 동굴 박물관 168, *132*
알티케이엘 247, 248, 249, *215, 217*
야콥슨, 아르네 80, *59*
야콥슨, 휴 네웰 19-20, 28, *7*
야우히아이넨 시제이에이 253, *221*
어번 루프에서 카스바로 287, *255*
어윈, 로버트 81, *195*
에겐베르그 다목적 홀 289, *256*
에르시야 & 캉포 87, 92-93, *63, 69*
에르푸르트 기차 역사 211-212, *175*
에를리히, 스티븐 21-23, 24, *10-11*
에셔 165, 220-221, *185*
에스파라구에라 시민 회관 265, *233*
에스포 레저 스튜디오 82, *61*
에임즈, 찰스 & 레이 31, 32, *22*
에임즈 하우스 32, *22*
엘르우드 31
엘리아 바셔 하우스 136
엘디더블유 빌딩 103-104, *77*
엠바르카데로 센터 263-264, *232*
엠브이알디브이 283, 305-307, *251, 272-273*
연속 공간 181, 261, 267-276
예술 및 미디어 테크노 센터 299, *267*
예술과 건축 31
예술적 통일성 76

예일 대학교 조형 예술 대학 120-121, 90
예일 잉글 미술 센터 97-98
오리후엘라 공공 도서관 246, 214
오픈 플랜 255
요우르단, 요쳄 278-279, 246
우트레크트 공과 대학 경영 경영학 교수 회관 260, 228
울름 전시 및 집회 건물 138-140, 103
울프 하우스 24-25, 13
웅거스, 사이먼 109, 80
웅게르스, 오스발트 마티아스 229, 252, 195, 219
유럽 특허 사무국 오피스 257, 225
워너 오토 홀 235-236, 202
원시주의 115, 116
웨스턴 주택 181, 145
웨스트체스터 합판 주택 210-211, 174
웨스틴 피치트리 플라자 248-249, 216
윌리엄 지 프릭케 하우스 136
의미론 152, 153, 270
1/2 하우스 160, 124
이소자키, 아라타 166-167, 228-229, 130, 194
이스라엘, 프랭클린 디 184-185, 186, 149
일리노이 공과대학 화학관 16, 3
임의성 272, 273, 283, 292, 293, 299
임의적 방향성 279-280, 281, 283

자

자드, 도널드 74, 84, 85-86, 87, 62
자이들러, 해리 36-37, 24
자모라 미술 및 고고 지리학 박물관 216-217, 181
장-자크 뒤트코 갤러리 222-223, 188
재외 스위스인 센터 205, 169
제3 세대 118
제로 스페이스 230
제볼데 공립 도서관 242-243, 209

존스 파트너스 224-225, 191
존슨, 필립 13-16, 19, 20-21, 24, 25, 27, 28, 32, 35, 46, 78, 1-2, 8
주르다 & 페로댕 60, 42
줌토발 소비자 센터 184, 148
쥐시에 캠퍼스 도서관 296, 263-264
쥘 베른 고등학교 263, 231
지공 & 가이어 96-97, 71
지역 은행 사무소 40-41, 30
지역주의(지역성) 19, 20, 54-57
집 속의 집 143, 208, 216, 218, 219, 252-253
집소테카 카노비아나 123, 91

차

차일갤러리 298, 266
촘스키 147
치퍼필드, 데이비드 90, 110-111, 67, 82
침머만 하우스 208, 171

카

카디스 공립 학교 186, 151
카라반, 데니 115-116, 87
카레타스 대학 내 스쿨 파빌리온 88-89, 64
카르나발레 박물관 170, 134
카셀 도큐멘타 홀 278-279, 246
카스바 286-287
카오스 243, 293, 299-307
카코 파트너십 82, 60
카푸치나스 사크리멘타리아스 델 푸리스모 코라존 데 마리아 채플 55, 37
칸, 루이스 46-51, 53, 60, 66, 97, 119, 120, 121-123, 124 도34-36
칼키아데스 빌라 178, 141

캐리커처 및 만화 박물관 201, *166*
캘핀 하우스 186, *150*
캡 마르티네트 하우스 302-303, *270*
커머셜 센터 베르시 투 262-263, *230*
커틀러, 제임스 99-100, 102, *73*
커크패트릭 하우스 17-18, *5*
컨테이너 건축 62, 63, 252-260
케이스 스터디 하우스 31-32, *20-21*
케이엔피 오피스 빌딩 109-110, *81*
켈리, 엘스위스 45, *32*
켈리포니아 스쿨 185, 271
켐니츠 2002 스포츠 스타디움 244, *211*
코르첵 41-42, *31*
코리페 타운 홀 191-192, *159*
코모 빌딩 273-274, *241*
코박, 톰 196-197, *162*
코스타-테네로 하우스 77-78, *57*
코헨 하우스 29, *18*
콘셉시온 스쿨 237, *204*
콘크리트 49-51, 96-102, 121
콜라주 153, 198, 199, 217, 226, 237
콩스탕 284, 285, *252*
쿨카, 피터 244, *211*
콜하스, 렘 39-40, 168-170, 243, 293-296, 299, *28-29, 133, 210, 262-264, 267*
쾨니히, 피에르 31, 32, *20-21*
쿠세 & 고리스 93-94, *70*
쿠이익 경찰서 201-202, *167*
쿠퍼 유니온 파운데이션 빌딩 개축 132-133, 162-163, *97, 127*
크네세스 티페레스 이스라엘 유태 교회당 20-21, *8*
크람, 뤼디거 298, *266*
크레스지 칼리지 267, 268, *235*
크룩스 하우스 163
크리샤니츠, 아돌프 60, *43*
클레그호른 하우스 증축 153-154, *118*
클렝, 이브스 74
클로츠 하우스 127, *94*

키르히너 박물관 96-97, *71*
키스텔, 요하네스 216, *180*
킬리 게스트 하우스 153, *117*

타

타베이라, 토마스 56
타운슨 타운 센터 247, *215*
타이거만, 스탠리 232-233, 238, *199*
탈포디즘 265-267, 275, 276
터렐, 제임스 113-114, *85*
테라니, 주세프 131, *159*
테라니 오피스 213-215, 216, 273-274, *179, 241*
테마 파크 248
테이싱 주택 35-36
텍사스 하우스 원 159-160, *123*
텔토 카날 사무소 건물 280, *248*
토탈 디자인 76, 81
통사 구조 147, 150, 151, 152, 153, 270, 271, 272
통사론 → 통사 구조
툰옹 & 만시야 216-217, *181*
툴롱 개인 주택 58, *40*
트 카레가트 복합 기능 코뮤니티 센터 255, *223*
트리 하우스 176, *139*
티 하우스 109, *80*
티만파야 공원 방문객 센터 176-178, *140*
티치노 스쿨 68
팀 텐 240-241

파

파른스워스 하우스 24, 25
파브로, 루치아노 210, *173*
파우슨 & 실베스트린 69, 70, 194, *51, 160*
파웰-터크 파트너십 280-281, *249*
팜프로나 사회 과학 빌딩 62, *45*

팝 건축 134, 226, 227, 244, 249, 270, 288, 299
퍼스트 오브 오거스트 스토어 228, *193*
페라테르 & 기베르노 90, *66*
페로, 미닉 103-104, 212, *76*, *176*
페이스 컬렉션 쇼룸 38-39, *26*
페인티드 아파트 197, *163*
페체, 가에타노 284-285
페트슈니그, 헨트리크 191, *158*
포디즘 261, 266, 276
포르사 수영 목욕탕 179, *143*
포르장파르, 크리스티안 드 274, *242*
포르타 비토리아 291, *259*
포르트만, 존 248-249, 263-264, *216*, *232*
포마이카 쇼룸 232-233, *199*
포스트 모더니즘 39, 69, 118, 163, 218, 228, 249
포스트 포디즘 → 탈 포디즘
포포바 271
폴랭, 롤랑 108, 109, *79*
풀 하우스 134, *98*
퓨리즘 145
프란첸, 울리히 16-17, 18, *4*
프란첸 하우스 16-17, *4*
프랑스 국립 도서관 103-104, 212, *76*, *176*
프랑크푸르트 건축 박물관 252, *219*
프랑크푸르트 독일 은행 시각 디자인 227, *192*
프랑크푸르트 장식 예술 박물관 143, 262, *107*, *229*
프랑크푸르트 현대 미술관 278, *245*
프라그 하우스 투 137-138, *101*
프리드리히 슈타트 파사겐 블럭 205 229, *195*
프리드리히 슈타트 파사겐 블럭 207 217-218, *183*
플라빈, 댄 193-194
플라톤의 형태 63, 64, 65, 67
피노 수아레스 시장 258, *226*

피라네지 281
피라미드 50-51, 63, 64, 218-219
피셔, 프레데릭 185-186, *150*
피아노, 렌조 259, 262-263, *227*, *230*
피에크세메키 시민회관 183-184, *147*
피츠패트릭, 로버트 18, *6*
피츠패트릭 하우스 18, *6*
픽처레스크 273, 274
핀토스, 알폰소 카노 176-178, *140*
핀투 & 소투 마이요르 은행 204, *168*

하

하디, 홀츠만 & 파이퍼 파트너십 281-282, 303-305, *250*, *271*
하리리 & 하리리 179, *142*
하우스 스리 150-151, *116*
하우스 식스 151
하우스 원 148-149, 150, 151, *114*
하우스 일레븐 에이 163
하우스 텐 151, 163
하우스 투 149-150, *115*
하우스 포 147-148, *112-113*
하이 시에러스 캐빈스 224-225, *191*
하이테크 건축 23, 187, 201, 259, 263, 296
하트포드 세머네리 234, 201
한쉬 하우스 28, *17*
한젤만 하우스 155-156, *120*
합리주의 130, 131, 138, 159, 191, 229, 237, 244, 245, 252, 271
해군 합동 지휘소 280, *247*
해밀턴, 리차드 226-227
해체 건축(해체주의, 해체주의 건축) 66, 70, 180, 270, 272
핸드툴스 전시회 69-71, *51*
헤르초크, 토마스 26, *15*
헤르초크 & 드 모이론 101-102, 105, 201, *75*, *78*, *166*
헤르츠베르게르, 헤르만 241-242, *208*

헤이그 사회 사업 및 고용부 청사 241-242, *208*
헤이덕, 존 132, 138, 158-164, 289-290, *97, 123-127, 257*
헬린 & 시토넨 179, *143*
헬무트 슐리츠 하우스 25-26, *14*
형태주의 15, 16, 20, 29, 46, 53, 54, 57, 66, 67, 84, 85, 109, 120, 121, 136, 176, 258
호른 지구 계획안 305-307, *272*
혼잡 243, 293-299
홉킨스, 마이클 23, 24, *12*
홀, 스티븐 38-39, 166, 174-175, 188, 195-196, 223, 291, *26, 129, 138, 154, 161, 189, 259*
홀라인, 한스 227, 244-245, 268-270, 278, *192, 212, 237, 245*
홉킨스 하우스 23, 24, 25, *12*
화이트-그레이 논쟁 133-135
후기 모더니즘 68, 131, 156, 234, 244, 254
후기 산업 자본주의 240, 245, 246, 247, 249, 261, 265, 266, 276, 277, 291, 292, 293
후기 포디즘 → 탈 포디즘
후드 박물관 267-268, 269, *236*
후에스카 수도원 개축 221-222, *186*
후이처, 더크 165, 166, *128*
후쿠오카 하우징 188, *154*
후쿠오카 하이야트 리전시 호텔 & 사무실 218-219, *184*
홀턴 카운티 센터 250-251, *218*
휴지 하우스 19-20, *7*